L'ENGRAIS MINÉRAL,

SA FORMATION,

SA COMPOSITION, SES EFFETS,

CONSÉQUENCES DE SON EMPLOI,

PAR

AL. DE BELENET,

JUGE AU TRIBUNAL DE PREMIÈRE INSTANCE DE VESOUL (H^{te}-SAONE).

BESANÇON,

IMPRIMERIE ET LITHOGRAPHIE DE J. JACQUIN,

Grande-Rue, 14, à la Vieille-Intendance.

1873.

L'ENGRAIS MINÉRAL,

SA FORMATION,

SA COMPOSITION, SES EFFETS,

CONSÉQUENCES DE SON EMPLOI,

PAR

AL. DE BELENET,

JUGE AU TRIBUNAL DE PREMIÈRE INSTANCE DE VESOUL (H^{te}-SAONE).

BESANÇON,

IMPRIMERIE ET LITHOGRAPHIE DE J. JACQUIN,

Grande-Rue, 14, à la Vieille-Intendance.

—

1873.

AVERTISSEMENT.

.

———

Ayant appris, par hasard, qu'une personne qui avait eu connaissance du résultat de mes recherches préparait une étude sur le même sujet, je m'empressai de faire insérer en toute hâte, dans plusieurs journaux, la lettre suivante, où j'établissais mes droits de priorité.

Lure, 19 avril 1869.

Monsieur le Rédacteur,

MM. Boussingault et Isidore Pierre, en analysant, avec une précision inconnue jusqu'alors dans la science, toutes les plantes de notre agriculture moderne, ont, en en comparant les éléments avec ceux du fumier, posé les bases d'une culture rationnelle, pouvant se résumer dans les deux axiomes suivants :

Nécessité 1° de restituer au sol une quantité au moins égale des substances qui lui ont été enlevées par la récolte, et 2° d'aborder, autant que faire se peut, la culture intensive, qui, par l'abondance des produits, permet d'abaisser les prix de revient.

M. Georges Ville, par ses innombrables expériences de laboratoire, confirmées par celles pratiquement opérées sous ses ordres, sur le domaine de Vincennes, mis par l'empereur à sa disposition, et, sous son inspiration, sur tous les points de la France, par l'élite de nos agriculteurs, a pu préciser le rôle que chacun des éléments nombreux renfermés dans la plante jouait dans l'acte mystérieux de sa végétation.

Cette voie expérimentale l'a conduit à réduire à quatre principaux les éléments qu'il convient de rendre à la terre : l'azote, la potasse, l'acide phosphorique et la chaux (1). Complétant son œuvre, il a classé tous les végétaux en quatre catégories distinctes, où chacune des trois premières subs-

---

(1) Il a postérieurement ajouté l'acide sulfurique par l'emploi du sulfate de chaux, et a proposé, en 1871, d'y joindre le chlore par celui du chlorure de potassium à 80°.

tances est la prédominante nécessaire ; la chaux semblant être d'une utilité à peu près égale pour tous.

Malheureusement la production de ces éléments est trop restreinte et les prix en sont trop élevés pour qu'il soit possible de les employer aujourd'hui avec profit comme engrais.

Georges Ville pressentait que le problème de l'abondance et du bon marché, une fois nettement posé, serait promptement résolu, et que les entrailles de la terre, mieux étudiées, livreraient avant peu à l'homme les richesses incalculables dont il avait besoin. Ses espérances vont être dépassées.

Je viens de découvrir ce que j'appellerai l'*engrais minéral*, qui est au fumier ce que le charbon de terre est au bois, et que Dieu, dans sa providentielle bonté pour l'homme, a placé en couches inépuisables de 40 à 100 mètres de puissance, presqu'à la surface de la terre et dans toutes les parties de sa France bien-aimée, pour nous engager à y puiser avec prodigalité, sans souci de l'avenir.

L'engrais minéral, formé bien longtemps avant l'apparition de l'homme sur la terre, lors de la grande épuration de l'atmosphère, du sol émergé et des eaux, contient [1], sur 100 parties, 4 à 5 d'huile minérale et de bitume, destinées à protéger nos plantes contre les déprédations toujours croissantes des insectes malfaisants, 2,850 d'azotate d'ammoniaque, et 5,860 d'azotate de potasse, c'est-à-dire 1,808 d'azote et 2,72 de potasse épurée, à l'état de combinaison la plus favorable à la végétation, lorsque le fumier n'en renferme que 0,40 et 0,52.

Le surplus se compose de 35 environ de carbonate de chaux, indispensable, comme chacun le sait, à toutes les plantes; 20 de silice gélatineuse, sans laquelle la paille des céréales serait impuissante à porter le poids d'un épi que va doubler la culture nouvelle; 10 d'alumine, dont la mission principale est de conserver l'humidité du sol; 0,50 d'oxyde de fer; 0,60 de soufre; plus, de 14 0/0 de charbon ligniteux en poudre impalpable qui, par son incroyable facilité d'absorption des gaz, joue un rôle si important dans l'acte de la végétation. On y trouve enfin de la magnésie, des phosphates et du chlore.

(1) Analyse que je dois à l'extrême obligeance de M. Maiche, jeune chimiste du plus grand mérite, ancien préparateur de M. l'abbé Moigno, aujourd'hui directeur de la belle fabrique d'amidonnerie de riz qu'il a créée à la Côte (Haute-Saône), pour le compte de MM. Martelet frères, banquier et maire à Lure.

Il renferme, comme le fumier, mais à plus fortes doses, toutes les substances qui entrent dans la composition des plantes et sont indispensables pour leur permettre d'atteindre la limite extrême de leur plus complet développement. Produit par la lente décomposition, dans un milieu spécial, des débris d'une luxuriante végétation, des mollusques, poissons et animaux de toutes sortes, qui ont, pendant de longues époques géologiques, peuplé la terre et les mers, il possède une énergie de quatre à cinq fois plus grande que le fumier de ferme et présente à vil prix, dans le plus parfait état d'assimilation, des substances qui ne peuvent être précieuses pour l'agriculture qu'à la condition essentielle de pouvoir être utilisées par elle avec profit.

La vérité ne doit pas être scellée sous le boisseau ! Aussi n'ai-je pu dissimuler aux personnes qui m'entouraient et l'importance de ma découverte et les conséquences inespérées qui en découleront nécessairement. L'éveil est aujourd'hui donné.

Comme, par suite d'un retard excessif, aussi imprévu qu'inexpliqué, dans l'envoi des analyses qu'avait bien voulu me promettre l'un des maîtres de la science, il m'est impossible de terminer un travail qui devrait l'être depuis longtemps, j'ai dû m'adresser au public, par la voie de votre journal, dans l'unique but de prendre, quant à présent, acte de priorité.

Depuis plus de quatre mois, ainsi que le prouve une volumineuse correspondance, l'étude attentive des schistes bitumineux du lias m'a donné la certitude (en dehors de toute analyse chimique dont j'étais privé) et de la nature et de la quotité des éléments utiles qu'ils renferment. La science n'a fait que confirmer mes inductions premières.

Très prochainement je publierai l'étude où, remontant le cours des âges, je chercherai à expliquer comment les principes essentiels à la végétation de plusieurs longues époques de la formation de la terre se sont enfin trouvés réunis, et par quelles admirables combinaisons chimiques Dieu les a concentrés dans l'engrais minéral, qui devait un jour permettre à l'homme d'affirmer plus que par le passé sa puissance sur le globe.

Je dirai comment, par suite de l'immensité du trésor nouveau qui se montre presque à nu sur tant de parties de notre beau pays, l'agriculture régénérée va doubler et tripler ses revenus sans plus de travail; comment sa prédominance sur l'industrie, sa sœur cadette, va donner à cette dernière une vitalité nouvelle.

L'augmentation des salaires, correspondant désormais à la vie à bon marché, amènera l'extinction de la mendicité, cette grande plaie de l'humanité actuelle, la diffusion des lumières, l'émancipation des masses, jointe à une stabilité plus grande des gouvernements, l'accord, jusqu'ici impossible, des principes de liberté et d'autorité, le rapide accroissement de la population et un développement inouï du commerce terrestre et maritime.

La découverte et l'emploi de l'engrais minéral sera le moyen dont Dieu se servira pour raviver en France, avec la plus énergique vigueur, les idées religieuses et morales sans lesquelles l'augmentation des richesses n'est pour un peuple qu'une source empoisonnée de corruption, de haine et de dissensions intestines, et une cause incessante de dégradation, d'affaiblissement, de décadence et de ruine.

Désormais, l'homme des champs n'abandonnera plus le toit paternel, et la terre la plus déshéritée se couvrira d'un manteau plus splendide que celui que revêt aujourd'hui avec orgueil le sol le plus fertile. L'homme va passer de l'état d'enfance à celui d'adolescence.

M. Charles Martelet, banquier à Lure, a bien voulu s'associer avec moi pour faire avec l'engrais minéral des essais pratiques qui m'ont été d'un secours précieux. Je le prie de recevoir l'expression de ma gratitude.

Veuillez agréer, Monsieur le Rédacteur, l'assurance de mes sentiments les plus distingués.

AL. DE BELENET,

Juge au tribunal civil de Lure (Haute-Saône).

A MONSEIGNEUR LE COMTE DE CHAMBORD.

Monseigneur,

Une œuvre ordinaire est dédiée au parent qui nous a dotés du bienfait de l'existence et de l'éducation ; à l'ami confident de nos plus secrètes pensées, qui a pris sa part de nos joies comme de nos tristesses ; au maître illustre qui l'a inspirée. Mais la révélation d'un fait providentiel destiné à faire entrer l'humanité dans une phase nouvelle, à la transformer, en l'introduisant dans une ère inouïe de prospérité matérielle et d'épanouissement moral, à la dépouiller des langes surannés de l'enfance, au milieu desquels elle étouffe, pour la revêtir de la robe large et splendide de l'adolescence, où elle pourra se développer sans obstacle, ne doit, ne peut être faite qu'au chef légitime de la grande maison royale de France, qui, pendant des siècles, a, par son dévouement, son habileté et son génie, présidé à l'agrandissement successif de la première nation du monde.

Dieu ne veut pas que la France disparaisse. Trop de justes, par leurs prières et leurs supplications, désarmeront sa colère.

Jamais, depuis le Christ, peuple chrétien ne s'était plus honteusement livré au culte dégradant du veau d'or et n'avait, affichant un semblable cynisme, glissé plus rapidement, avec la furie qui le caractérise, vers l'abîme fangeux des jouissances matérielles, où se sont englouties les villes impures de Sodome et de Gomorrhe.

L'amour de Dieu, de l'homme et du pays, avait fait place à l'égoïsme le plus abject et à une aveugle et insatiable convoitise des fonctions publiques, du pouvoir et de la richesse. Partout, le droit, la justice, l'honneur et le respect de la dignité humaine, avaient été traqués et vaincus par la corruption, la force brutale et le vol éhonté, hypocritement déguisés sous le manteau perfide de l'autorité et de la loi. L'orgie trônait en permanence dans les salles du palais; l'homme resté honnête était à juste titre traité comme l'homme le plus dangereux d'un gouvernement dissolu, qui comprenait que tout contrôle était son arrêt de mort.

Le fer et le feu, même entre les mains du barbare Poméranien, ce monstre de l'humanité dont le vaste

L'ENGRAIS MINÉRAL.

estomac a envahi la place du cœur (si fier d'avoir été un jour l'implacable instrument de la vengeance divine), n'a point suffi à cautériser la gangrène qui nous ronge, tant la plaie était profonde, et voici venir la guerre civile, cette ruine incontestée du mal, dont l'aspect sinistre fait seul pâlir et oublier tous les autres fléaux.

Le jour est proche ; mon Dieu, qu'il est effrayant ! Seigneur, Seigneur, épargnez-en la durée ! Cette fois, l'épouvante sera telle que, le front dans la poussière, l'homme criera grâce et miséricorde.

Comme l'éclair dans l'orage, la sagesse de Dieu éclatera éblouissante dans ces paroles que les peuples ne sauraient trop méditer :

« Gardez-vous des faux prophètes qui viennent à » vous déguisés en brebis et qui, au dedans, sont des » loups ravisseurs.

» Vous les connaîtrez à leurs fruits. Cueille-t-on des » raisins aux épines ou des figues aux chardons ?

» Ainsi, tout bon arbre porte de bons fruits, et tout » méchant arbre porte de mauvais fruits.

» Un bon arbre ne peut porter de méchants fruits, » ni un méchant arbre ne peut en porter de bons.

» Tout arbre qui ne porte pas de bons fruits sera » coupé et jeté au feu.

» C'est donc à leurs fruits que vous les connaîtrez. » (Saint Matthieu, chap. VII.)

Eclairé par le malheur, le peuple connaîtra alors ses véritables amis.

Il comprendra enfin :

Que ce n'est pas impunément qu'on peut rompre avec les traditions séculaires qui ont constitué la plus illustre nation de l'univers, et remplacer le respect dû à la divinité et à l'autorité légitime qui en émane, par la glorification absolue de la raison humaine et du droit à l'insurrection, qui en est le fruit inévitable ; qu'au lieu de consolider un magnifique édifice, on l'a jeté bas sans pouvoir en élever un nouveau à sa place ;

Que c'est en vain qu'on a tenté de créer le gouvernement libre, stable, fort et durable, entrevu dans des rêves dorés ; qu'à grand'peine on a pu aboutir à des ébauches informes d'une tyrannie créée au profit d'une classe ou d'un homme et balayée à chaque âge d'enfant par le souffle révolutionnaire ;

Que notre nation, laissée par la monarchie légitime à la tête du monde, n'a fait, depuis sa chute, que décroître en puissance et en moralité, et menace de s'effondrer, à l'intérieur sous la sape du socialisme, et à l'extérieur sous le canon réuni de l'Europe entière, qui veut écraser à tout jamais un tel foyer d'émanations pestilentielles, dont elle ne ressent que trop les effets alarmants.

Désillusionnée par les trop nombreuses expériences

qu'avec une constance digne d'un meilleur sort elle recommence toujours, malgré leur insuccès, depuis bientôt un siècle, notre nation va secouer enfin les préjugés absurdes que ne cesse de répandre à flots pressés, par toutes les voies de la publicité, cette école de l'hypocrisie et de l'irréligion, qui, avec une mauvaise foi égale à son cynisme, s'est plu à travestir les faits les plus authentiques de notre histoire.

Désireuse d'échapper aux convulsions perpétuelles où vient s'engloutir, comme dans le tonneau des Danaïdes, le fruit d'un travail incessant; exténuée des luttes acharnées où toujours il faut vaincre, sous peine de périr, cet ennemi chaque jour plus fort et plus implacable qui poursuit à tout prix le but insensé de la répartition du capital autrement que par les grandes lois de l'héritage, du temps et du travail; dédaigneuse de cette habileté presque toujours malsaine, dont elle n'a que trop souvent récolté les fruits empoisonnés; à bout de ressources, écrasée d'impôts, découragée, incertaine du lendemain, aspirant en vain au repos qu'elle ne trouve nulle part et que peut seul lui donner le retour au principe héréditaire,

La voici, Monseigneur, qui vient, toute repentante, se jeter à vos pieds. Elle se livrera cette fois, tout entière, sans réserve, sans arrière-pensée, n'ayant que trop appris, à ses dépens, que seul vous pouviez lui rendre gloire, puissance, richesses, repos et bonheur. Elle vous revêtira de la blanche hermine et vous portera, au milieu d'un enthousiasme sans précédent et d'acclamations unanimes, sur le trône de vos pères.

La sagesse de Dieu ne procède point comme celle des hommes. Elle a choisi entre tous le plus obscur et le plus ignorant ; elle l'a marqué de son signe et lui a ordonné d'aller à vous sans retard, Sire, lorsque l'heure aurait sonné ; de vous exposer ce que la science humaine, dans son impuissant orgueil, n'eût pu découvrir ; de vous révéler l'immensité des trésors inconnus que sa providentielle bonté pour l'homme a accumulés dans les entrailles de la terre, et de vous livrer le plus riche présent dont vous puissiez, à votre miraculeux avénement, doter votre peuple bien-aimé. Une fois, Sire, cette première partie de ma mission accomplie, je serai entre vos mains, comme le pic entre celles du terrassier, l'instrument qui vous aidera à la réalisation d'une œuvre dont le double but sera d'affirmer, plus que par le passé, la puissance de l'homme sur le globe et de hâter l'époque dont nous sollicitons soir et matin la prompte venue, celle où le règne de Dieu arrivera et où sa volonté sera exécutée sur la terre comme aux cieux.

Doué du don précieux de reconnaître, comprendre et exécuter les grandes choses, vous sonderez d'un coup d'œil toute la portée d'une révolution pacifique, dont Dieu vous accordera, comme signe éclatant de sa prédilection, la gloire de poser les premières assises.

La découverte du charbon minéral a rompu l'équilibre de nos sociétés modernes, en permettant au génie de l'homme de donner un essor vertigineux au développement de l'industrie et du commerce de terre et de mer, qui en est la conséquence immédiate ; celle de l'engrais minéral permettra enfin à l'agriculture de sortir de l'état d'infériorité où l'a reléguée l'élévation si remarquable de sa sœur cadette, et de reconquérir la suprématie qu'elle n'eût jamais dû perdre. La violation des lois qui régissent une société et le défaut d'équilibre dans la pondération de ses éléments essentiels aboutissent fatalement à de graves et douloureuses perturbations.

Si les temps sont proches où il sera donné à l'homme de soulever le voile épais qui lui dérobe aujourd'hui les secrets de la nature et de devenir, en quelque sorte, le maître de la vie sur la surface d'une terre dorénavant soumise à sa puissance, il ne pourra atteindre ce grand résultat qu'à l'aide de toutes ses forces réunies.

La croissance subite et exclusive de l'industrie a arrêté le développement de l'agriculture, en attirant à elle, pour leur distribuer gloire et fortune, toutes les forces vives de la nation. Capitaux et intelligences se sont précipités à l'envi à la suite de cette reine nouvelle, si fastueuse et si brillante, de la main féconde de laquelle s'échappaient, à flots pressés, l'or et la faveur.

Découragée, ruinée, reléguée dans l'obscurité, livrée sans pitié à la routine et à l'ignorance, sans écoles spéciales, sans organes dignes d'elle, sans initiative, enchaînée dans les mailles étroites d'une tyrannie administrative qui l'énerve, sachant ses chefs les plus autorisés méconnus, l'agriculture, trahie, méprisée par ceux qui devraient la protéger, ne peut avoir foi qu'en vous, Sire. En toute circonstance elle vous prouvera, dès que vous serez le souverain du pays, son dévouement absolu en acclamant votre volonté par l'unanimité de ses suffrages. — Elle sait que vous lui donnerez l'influence qui lui manque, par la réorganisation et l'extension du pouvoir communal, qui forme le piédestal le plus solide des sages libertés de la majeure partie des peuples de l'Europe ; le crédit qui lui est indispensable, par des établissements qui ne viendront plus, comme par le passé, faillir par leur esprit de lucre à la haute mission qui leur est dévolue ; l'instruction, qui est son premier besoin, par des écoles spéciales que ne déserteront plus la majeure partie des élèves, séduits par la perspective d'une carrière plus productive ; les bons exemples, par des fermes modèles fonctionnant sous votre haute inspiration et dont les expériences décisives viendront, par leur vulgarisation, tracer, sans mécomptes, la route à suivre.

A votre voix, elle achèvera ses chemins vicinaux, profondément reconnaissante des secours que vous voudrez bien lui accorder. Courbée sur sa charrue, elle attend, résignée, mais pleine de confiance, le jour où il vous sera permis d'étudier et sa pénurie et ses souffrances, sûre à l'avance que vous saurez y porter remède.

Les fils de l'industrie, enivrés de leur puissance subite, aveugles séides de doctrines aussi insensées que subversives, se sont, nouveaux Titans, dans leur insatiable orgueil, crus des dieux. Se débarrassant de ce qu'ils appellent des préjugés surannés, ils veulent marcher à la double conquête du capital social et d'une égalité idéale, avec le drapeau sanglant de la déchéance de l'Eternel et de toute autorité humaine. Leur rage concentrée et leurs rugissements féroces terrifient le monde ébranlé. Nul doute qu'ils ne soient prêts, à la moindre défaillance du pouvoir, à livrer un assaut décisif, et que, pour arriver à l'assouvissement de leurs instincts matériels et de la vengeance qui couve ardente au fond de leurs cœurs haineux, leur fanatisme brutal ne marche à travers le pillage, le sang et l'incendie.

L'agriculteur robuste, trouvant dans son travail

assidu la satisfaction de ses besoins ; habitué à vivre dans l'intimité de sa famille, loin du luxe, de l'immoralité et des mauvaises passions de l'atelier ; confiant dans le propriétaire et le curé, chez lesquels il trouve conseil, aide, protection et consolation ; ennemi-né des révolutions ; ayant une horreur instinctive de tout changement de gouvernement, qu'il ne connaît que par les troubles et les augmentations d'impôts qui en sont la conséquence fatale ; habitué à la discipline et ne comprenant pas que l'Etat, plus que la famille, puisse être impunément privé du chef légitime devant qui tout doit s'incliner, est l'appui naturel de tout gouvernement régulier qui veut s'asseoir sur les bases larges et inébranlables de l'avenir.

Dès que la France rendue à elle-même aura reconquis le droit monarchique, son patrimoine le plus précieux, « Dieu aidant, vous fonderez avec elle
» (selon votre parole d'honnête homme et de roi), sur
» les larges assises de la décentralisation administra-
» tive et des franchises locales, un gouvernement
» conforme aux besoins réels du pays. Vous donnerez
» pour garantie à ces libertés publiques, auxquelles
» tout peuple chrétien a droit, le suffrage universel
» honnêtement pratiqué et le contrôle des deux
» Chambres, et vous reprendrez, en lui restituant son
» caractère véritable, le mouvement national de la fin
» du dernier siècle. » (Chambord, 5 juillet 1871.)

Votre présence seule rendra à la France, comme par enchantement, l'ordre à l'intérieur, l'influence et la puissance à l'extérieur.

Une sage et prudente décentralisation simplifiera les rouages administratifs, beaucoup trop compliqués pour une bonne et rapide expédition des affaires. La suppression de tout travail inutile, jointe à la nécessité impérieuse d'exiger du fonctionnaire public la totalité de son temps, permettront, à l'aide d'une importante réduction du nombre des places, d'augmenter les traitements, tout en réalisant enfin les économies si vainement poursuivies jusqu'ici.

L'intérêt public balaiera sans pitié tous ces postes aussi onéreux qu'inutiles, qu'un pouvoir corrupteur avait créés dans le but coupable de fausser la représentation nationale et d'éviter tout contrôle accusateur.

Ainsi se trouveront renvoyées à l'agriculture, à l'industrie et au commerce, ces forces vives de la production, tous ces frelons nuisibles qui s'engraissent du miel de l'abeille laborieuse, toutes ces sangsues affamées qui se gorgent aux dépens du budget, et se verra frappée au cœur cette aspiration si excessive au fonctionnarisme, qui a créé tant de déclassés dangereux et a perpétué le préjugé antichrétien qui dédaigne le travail manuel et notamment celui de l'exploitation du sol.

Si l'irréligion, l'immoralité, la corruption, l'envie, l'amour effréné de la richesse et les viles satisfactions des jouissances matérielles qui en sont la conséquence, ont successivement pénétré du sommet gouvernemental aux dernières couches sociales et nous ont amenés sur le bord de l'abîme, prêts à nous y engloutir, votre profonde honnêteté saura faire suivre au remède qui domptera le mal, la même voie.

L'honneur et la délicatesse, ces ressorts si énergiques des nations à qui sont réservées de hautes et glorieuses destinées, reprendront rapidement l'autorité que leur avait enlevée le flot dissolvant du courant révolutionnaire.

Grâce aux encouragements de toute sorte prodigués à l'agriculture, grâce surtout à la découverte de l'engrais minéral, tous ceux qui possèdent la terre, grands et petits, s'empresseront de l'exploiter, sûrs cette fois d'y trouver, contrairement au passé, honneur et profit.

Une minorité turbulente et trop souvent factieuse ne viendra plus opprimer la majorité. — Cette classe rurale sans égale que l'Europe nous envie, qui compose les sept dixièmes de notre population et forme l'âme et la puissance de la France, qu'elle a toujours sauvée, se verra, pour la première fois, dignement représentée dans les conseils du gouvernement et dans les assemblées législatives. Ses nombreux élus se grouperont autour d'un trône vénéré, sauront, avec votre concours, écraser tout germe de désordre, et, tout en restaurant le principe d'autorité, porter plus haut que jamais le drapeau de la véritable liberté. L'abstention déplorable de toute la classe supérieure, si fidèle gardienne des plus saines traditions du pays, et qui est à mes yeux la cause première d'où dérivent tous les maux qui se sont accumulés sur la France, cessera par votre seule présence.

Le rêve si beau du gouvernement du pays par le pays se réalisera dans toute sa splendeur. Une politique d'apaisement, de conciliation, de sages réformes, succédera à la tyrannie d'un seul ou à la guerre plus ou moins sourde de classe à classe qui caractérise la trop longue période de transition, qui forme le pont entre le régime vermoulu du passé et le gouvernement plein de vie, de force et de jeunesse, que nous inaugurerons avec vous.

Alors se créeront ces institutions solides qui, en sauvegardant nos libertés, opposeront un rempart invincible contre le retour de ces convulsions périodiques qui ne sont que les suites du grand cataclysme de 1793, et dont la conséquence fatale a été de coaliser l'Europe entière contre nous, tout en nous faisant reculer en arrière et en mettant sans cesse en péril toutes nos conquêtes matérielles et morales.

Le monde sera plongé dans la stupéfaction à la vue des grandes choses que la France va accomplir, lorsqu'elle reprendra, pleine d'une juste confiance et assurée de l'avenir, ses grandes traditions nationales, sous l'énergique union de tous ses enfants et l'intelligente direction de ceux qui seront les plus dignes de la gouverner.

Si aujourd'hui, après les désastres incalculables commis sur notre sol par un ennemi victorieux, dont la haine calculée n'était retenue par aucun sentiment d'honneur et de crainte de représailles, nous avons pu si facilement verser en numéraire la rançon, jugée par tous impossible, de six milliards et demi, de quoi ne serons-nous pas capables avec la religion honorée, l'éducation professionnelle plus développée, l'union de tous, le travail du sol réhabilité, la bonne foi et l'honnêteté, cette jeunesse des peuples prédestinés, le tout fécondé par l'ordre et la liberté ?

Les marais s'assainiront, les montagnes se reboiseront, les landes se défricheront, des milliers de canaux d'irrigation convertiront en prairies luxuriantes les pentes les plus stériles, les terres les plus infertiles se couvriront des plus splendides récoltes, partout brillera de son plus vif éclat la culture intensive. La France, que Dieu a créée essentiellement agricole et qui, déviée de sa voie, suffit aujourd'hui à grand'peine à faire vivre une population clair-semée, exportera chaque année, par centaines de millions de francs, des céréales de toutes sortes, des vins, des alcools, du bé-

tail, des huiles, du sucre, du chanvre, du lin, du
beurre, des œufs, des fruits, tout le trop-plein, en un
mot, des productions si variées de son sol.

Le commerce de terre et de mer prendra un développement qui dépassera toute prévision.

L'industrie, activée par la richesse nouvelle de son
marché intérieur et par le bienfait de la vie à bon
marché, prendra un essor inconnu. Les capitaux se
précipiteront dans le nouveau et large courant des entreprises agricoles, avec une abondance d'autant plus
grande qu'ils y trouveront à la fois sécurité et profit.

L'accroissement de notre population, qui subit un
temps d'arrêt effrayant, reprendra sa marche ascendante avec une rapidité supérieure à celle des nations
les plus favorisées.

Mais si notre regard essaie de percer les obscurités
de l'avenir, c'est surtout au point de vue de l'influence
extérieure et de ses conséquences immédiates que
nous restons éblouis des hautes destinées dont Dieu
va combler la France, dès qu'elle se sera inclinée sous
l'autorité séculaire de la religion et de la royauté légitime.

Dès que notre pays cessera d'épouvanter l'Europe
par la permanente menace de promener partout la
torche incendiaire et la peste contagieuse qui le dé-
vore ; que l'ordre, père de la liberté, aura pour une
bien longue période écrasé le germe révolutionnaire,

les rois s'empresseront à l'envi de saluer comme un frère bien-aimé le noble représentant de la plus illustre famille du monde. Les populations, imitant leurs chefs, s'inclineront devant la supériorité du peuple-roi dont le génie civilisateur, semblable au soleil, déversera sur tous une lumière et une chaleur qui, cette fois, sera féconde au lieu d'être dévastatrice.

Digne représentant du droit et de la justice dans le monde, fort de l'amour d'un peuple régénéré par la souffrance et l'humiliation, disposant de richesses sans égales, s'appuyant sur une armée formidable recrutée au sein le plus pur de la nation, dont la puissance sera décuplée, moins par les engins les plus destructeurs enfantés par le génie de l'homme que par l'indomptable nécessité de vaincre, sûr d'alliances indissolubles, après la grande œuvre de la restauration à l'intérieur commencera pour vous celle, non moins importante pour le repos du monde, de la réparation et de la constitution de l'Europe de l'avenir.

Usant de la légitime influence que la France, maîtresse d'elle-même, a toujours exercée sur notre continent, il est indispensable de créer sans retard l'inviolable code du droit des gens, qui protége le faible contre les convoitises du fort, et de faire disparaître à tout jamais cette maxime aussi odieuse que barbare : *La force prime le droit*, que, dans l'ivresse d'un triomphe immérité, un peuple sans cœur a osé proclamer et surtout mettre en action, avec un cynisme qui a fait tressaillir de honte ceux mêmes qui ont le moins de souci de la dignité humaine.

Il ne faut plus que le premier aventurier venu puisse, nouvel Attila, par l'audace de ses combinaisons machiavéliques, à l'aide de hordes dévastatrices, violer impunément toutes les lois de l'humanité, substituer la force brutale au droit, jeter la perturbation dans le monde civilisé et changer l'équilibre de l'Europe.

Si d'un coup d'œil rapide nous embrassons l'histoire des soixante dernières années qui viennent de s'écouler, que de leçons décisives se sont, comme le mauvais grain jeté sur le chemin, perdues inutiles, au milieu de nos passions, de notre légèreté et de notre ignorance !

La Restauration, cette barrière insuffisante qui a ralenti plutôt qu'arrêté la fureur du torrent révolutionnaire, a pu, malgré l'état d'extrême épuisement en hommes et en argent où vingt-cinq ans de bouleversements intérieurs et de guerres incessantes et formidables avaient jeté le pays, accomplir dans son court passage quatre de ces résultats éclatants qui restent gravés à tout jamais dans l'histoire d'une nation :

1° La rentrée immédiate de la France au concert européen, qui lui rendit subitement son influence des plus beaux jours de la monarchie.

2° L'indemnité du milliard des émigrés, cet acte réparateur, d'une si sage et si profonde politique, qui effaça, comme par enchantement, toute distinction entre l'origine des propriétés, et en rassurant toute la classe nombreuse et importante des acquéreurs de biens nationaux, donna un essor nouveau à la richesse nationale par l'augmentation des valeurs immobilières qui en fut la conséquence immédiate.

3° La restauration du roi d'Espagne, qui, au grand mécontentement de l'Angleterre, rendit indissolubles les liens qui nous attachaient ce peuple de race latine, et fit en quelque sorte de l'Espagne une province fédérée de la France.

4° Enfin la prise d'Alger, qui, en débarrassant la chrétienté de ce repaire, jusque alors inaccessible et inviolable, de forbans ne vivant que de déprédations et de brigandage, nous permit de planter, en dépit des menaces de l'Angleterre, le drapeau de la civilisation sur la terre africaine, et de poser les premières assises de cette France nouvelle destinée à absorber, avec le temps, tout le littoral de la Méditerranée et à faire de cette mer un lac français.

Toujours les révolutionnaires, qui savent si bien se déguiser et changer de masque, et qui alors s'appelaient les libéraux, se sont efforcés de faire échouer, *au nom du patriotisme*, je le dis la honte au front, en se servant de leurs armes les plus empoisonnées, ces

succès qui grandissaient la France et lui rendaient le
prestige et la gloire qu'elle venait de perdre.

« Par un effet déplorable de l'impiété des haines de
» parti (nous dit Louis Blanc à propos de la prise
» d'Alger), les conquêtes d'une armée française attris-
» tèrent la moitié de la France; l'honneur national
» venait de s'élever, la rente baissa. Elle avait été en
» hausse le jour où l'on apprit le désastre de Water-
» loo. »

La dignité et l'énergie des instructions données par
Louis XVIII au duc de Richelieu, les résultats inespérés obtenus par l'habileté et la loyauté de cet habile
négociateur, l'ordre rétabli dans les finances, les impôts diminués, la gloire de nos armes, la renaissance
de l'agriculture, l'indépendance et l'honnêteté de nos
fonctionnaires, la grande influence de la France dans
le monde, la hauteur avec laquelle nous repoussions
les prétentions et les menaces de l'Angleterre, n'a-
vaient réussi qu'à coaliser et à surexciter toutes les
haines et toutes les passions des ennemis intérieurs
de la religion et de l'autorité. Périsse le pays plutôt
que le principe révolutionnaire! Il fallait à tout prix
renverser la royauté légitime. L'étendard de l'insurrection fut déployé. Au grand malheur de la France,
ce noble vieillard, votre prédécesseur, mû par un
scrupule excessif, préféra reprendre le lugubre chemin de l'exil plutôt que de faire verser une goutte de

sang français. Comme si une nation tout entière devait elle-même tendre la gorge au couteau du parri-
cide et se livrer sans défense au pillage et à la tyrannie
d'une tourbe sortie des plus bas fonds de la société et
égarée par ces déclassés affamés de jouissances matérielles qui n'aspirent qu'à donner le signal de la curée.

Peu de temps avant la monstrueuse ingratitude
qui allait plonger le monde dans la stupéfaction et
remplir d'amertume, pendant ses quelques jours de
vie, un cœur qui ne battait que pour son peuple et son
Dieu, Charles X, s'inspirant des grandes traditions de
ses plus illustres ancêtres et devançant un avenir que
la Révolution a tant reculé, résolut de faire restituer
à la France les plus précieux héritages de ses beaux
jours. Il était sur le point de réaliser le glorieux rêve de
lui rendre le vaste territoire de ses limites naturelles
et de la doter de la plus belle et de la plus utile co-
lonie que nous puissions désirer, de l'Egypte, dont la
possession nous eût faits les maîtres souverains de la
véritable route des Indes, qu'allait bientôt ouvrir après
lui de Lesseps, cet autre Français, roi par le génie et
l'indomptable énergie, s'il ne l'était par le sang.

Charles X avait compris qu'une nation puissante
comme la France devait résolûment aborder et résoudre les grandes questions qui doivent modifier
l'équilibre du monde, lorsqu'elle se trouvait dans la
plénitude de sa force et libre de toutes entraves, et ne

pas les reculer toujours, de crainte que ses ennemis
ne choisissent un de ses moments de faiblesse ou de
crise pour en hâter le dénouement en dehors d'elle et
contre elle.

L'empereur Alexandre s'était, depuis la chute de
Napoléon Ier, opposé en toutes circonstances, avec un
chevaleresque dévouement, aux brutalités et aux convoitises de cette meute haletante d'ennemis acharnés
qui s'étaient jetés sur la France désarmée, et dont les
plus implacables étaient les Anglais.

Quoi qu'on dise, quoi qu'on fasse, Constantinople
appartiendra demain à la Russie, comme le Rhin à la
France. Les deux peuples poursuivant un but commun, qui semble ne pouvoir être définitivement atteint
que par un concours réciproque, sont des alliés naturels, nécessaires, que l'ère révolutionnaire a pu
momentanément séparer, mais qui se trouvaient alors
fraternellement unis, comme ils le seront au jour de
votre triomphe.

D'un trait de plume, nous allions acquérir les rives
du Rhin et l'Egypte, et pour la première fois le monde
allait assister à l'admirable spectacle d'une réorganisation complète de l'Europe de l'avenir, pacifiquement
scellée du consentement de tous.

L'équilibre rompu à notre détriment par les traités
de 1815 se reconstituait à notre profit, sans que l'épée
sortît du fourreau, et la plus belle conquête de la

France n'eût pas même été payée au prix d'une seule goutte de sang.

La question d'Orient, cette épée de Damoclès toujours suspendue sur nos têtes, cette menace permanente d'une conflagration générale, eût été à jamais tranchée. Cette race déchue de l'islamisme, hostile à nos mœurs et à notre civilisation, abrutie par la polygamie et l'abus des plaisirs sensuels, parasite qui ne vit que du chrétien qu'elle opprime et exploite, qui, comme l'ombre du mancenillier, stérilise le sol le plus fertile, dont l'orgueil et la fourberie n'ont d'égales que la cruauté et la paresse, cadavre dont la vie factice n'est soutenue que par l'Anglais qui la méprise, disparaissait au grand profit de l'humanité qu'elle déshonore.

Mais, hélas! Charles X comptait sans la révolution, cette inexorable ennemie de la France, qui semble n'avoir pour mission que celle de dégrader l'individu au point de vue physique et moral, d'amoindrir le pays et de l'anéantir!

Quel sujet de profondes et douloureuses méditations pour un peuple ressort du spectacle de cette royauté bâtarde et malsaine née du pavé des barricades, et disparaissant bientôt dans l'émeute qui l'a enfantée! Fille de la trahison la plus odieuse et la plus éhontée et de l'esprit de révolte, elle n'a vécu que le temps jugé nécessaire par la révolution pour forger ses armes, retremper et organiser ses forces, et apparaître plus destructive que jamais en 1848.

D'un genou énergique, elle comprimait l'insurrection sans cesse renaissante, qui ne pouvait comprendre qu'on traitât de crime ce qui la veille était proclamé le plus saint des devoirs, et qu'on s'arrêtât dans l'application des principes si hautement professés dans les régions élevées du pouvoir. Elle fléchissait de l'autre devant toutes les insolences des cours étrangères.

Honteusement exclue des conseils de l'Europe, résignée à l'avance à subir toutes les humiliations dont on l'abreuverait, cette royauté de mauvais aloi ne put, dans son isolement, que se livrer tout entière, corps et âme, à l'Angleterre, qui, pour se venger de la France de la Restauration, ne cessa de l'exploiter et de lui faire avaler le calice jusqu'à la lie.

L'indemnité Pritchard fut le coup de pied de l'âne donné lâchement à un peuple qu'on savait enchaîné.

Retirée des affaires du monde, bien résolue à ne jamais, quoi qu'il pût arriver, tirer l'épée du fourreau, la bourgeoisie, impuissante à représenter la France à l'extérieur, ne fut pas moins inhabile au gouvernement de l'intérieur.

Envieuse, taquine, exclusive, sans élévation dans les vues, dépourvue de l'idée de justice, n'ayant pour soutien et pour base que la grande majorité dans les 200,000 censitaires qui composaient à ses yeux toute la nation, elle n'eut qu'un but, gagner de l'argent et accaparer pour elle et les siens toutes les fonctions publiques et toutes les faveurs budgétaires.

Pour arriver à la tâche difficile de conserver, à l'exclusion de tous, la souveraineté absolue, il fallait défendre à tout prix l'arche sainte du suffrage restreint, décupler les fonds secrets et la force armée spécialement destinée à la garde de la rue, créer des milliers de places inutiles, acheter les journaux, mettre les consciences à l'encan, inaugurer, en un mot, une ère de corruption qui semblait être arrivée à son apogée, si elle n'eût encore été dépassée par le régime impérial.

Combien souvent, le cœur navré en voyant mon beau pays s'en aller ainsi à la dérive, j'ai amèrement déploré l'exclusion systématique des parties les plus vivaces et les plus essentielles de la nation, l'abstention et l'oisiveté forcée qui en furent les conséquences fatales !

L'extension donnée aux travaux publics, l'augmentation rapide de la richesse mobilière, l'énergique encouragement donné à l'instruction, la diffusion des lumières, ne font que surexciter l'ambition, l'envie, le luxe effréné, les passions les plus subversives, et conduisent un peuple à la décadence, lorsque tous ces progrès ne correspondent pas à un développement parallèle des idées de morale, de justice et de religion.

Par une loi qui dérive de sa nature spéciale, lorsque la France, oublieuse de ses devoirs et de ses destinées, ne marche pas à la tête de la civilisation, elle tombe rapidement au dernier rang des nations.

Déviée de sa voie naturelle, les Laffite, Casimir Périer, Molé, de Broglie, Soult, Bugeaud, Thiers et Guizot ne purent, malgré leur expérience, leur habileté et leurs talents politiques et militaires, l'empêcher de s'effondrer dans le torrent révolutionnaire dont elle venait de sortir.

Aucune force humaine ne pouvait étayer plus longtemps ce régime vermoulu, qui n'était ni la république ni la monarchie, et dont Dieu, dans son infinie bonté, veuille bien nous préserver à tout jamais !

Affolée de terreur, altérée de la soif de l'ordre, la France, pour éviter l'étreinte révolutionnaire qui la menaçait, se jeta éplorée dans les bras du hardi ravisseur qui, en proclamant l'empire, semblait lui promettre la gloire dont elle était sevrée depuis si longtemps.

A la politique sage, modérée et conservatrice des premiers jours, succéda bientôt une politique d'aventures, désordonnée, sans but, et contraire à tous les intérêts du pays.

Quatre grandes puissances se partageaient l'Europe continentale. Le but et l'objectif évident des deux principales était et devait être, pour la Russie la possession de Constantinople et son extension dans l'Asie, pour la France de planter son drapeau sur les rives du Rhin et du Nil.

La Prusse et l'Autriche s'équilibraient et s'annihilaient dans leurs luttes sans issue pour la prépondérance dans les Etats de la confédération germanique.

Jamais occasion plus favorable ne s'offrit à nous de reprendre avec la Russie l'œuvre de grande politique ébauchée par Charles X et si fatalement interrompue par la révolution. Du même coup nous pouvions constituer l'unité de l'Allemagne, qui, opérée avec notre concours, nous eût donné une alliance indissoluble et eût créé à notre profit une barrière inexpugnable protégeant l'Europe contre toute tentative ultérieure de la Russie. Chaque nation, satisfaite dans son honneur, ses idées de grandeur et ses intérêts, eût scellé une paix qu'aucun nuage n'eût pu altérer et inauguré une ère glorieuse de développement matériel et moral dont, hélas ! nous semblons plus éloignés que jamais.

Les aventuriers avides de gain qui s'étaient emparés de la personne et de l'esprit de l'empereur, gagnés par l'or et les intrigues de l'Angleterre, qu'une telle politique eût mise aux abois, commirent la faute énorme de nous aliéner la seule puissance qui pouvait nous aider à réaliser notre beau rêve, et de détruire de nos propres mains l'unique flotte qui, jointe à la nôtre, devait nous rendre notre ancienne prépondérance maritime et donner au monde la liberté des mers.

La guerre d'Italie, faite sans motifs, a découvert nos frontières du sud-est, créé à nos portes un peuple remuant, toujours prêt à entrer dans toutes les intrigues tramées contre nous et à étonner l'Europe par l'immensité de son ingratitude, aliéné et affaibli l'Autriche, notre alliée naturelle et fidèle, changé l'équilibre de l'Europe, donné à la révolution une force nouvelle pour battre en brèche l'ordre social, jeté un défi aux idées religieuses, qui sont un des éléments principaux de notre puissance à l'intérieur et de notre influence à l'extérieur, et a précipité l'empire vers sa chute, en le privant du concours de la partie de la nation la plus honnête et la plus conservatrice.

Née de la fange d'une spéculation éhontée, l'idée de la conquête du Mexique, présentée sous les côtés les plus séduisants par ces hommes sans responsabilité qui ne savaient user de leur influence occulte et prépondérante que pour assouvir, même au prix de la puissance de leur pays, cette soif de l'or d'autant plus dévorante qu'elle succède à une plus longue privation, devait sourire à l'esprit aventureux et enivré d'orgueil de l'empereur.

Sans but avouable, sans intérêt, sans renseignements, on se lança en aveugle, avec une imprudence et une témérité qui semblaient alors ne pouvoir être dépassées, dans cette entreprise insensée, dont le plus heureux résultat ne pouvait que nous compromettre avec les Etats-Unis.

Toute décision émanant de l'empereur devait être dogmatiquement exécutée, sous peine de compromettre une autorité qui ne *pouvait* être discutée. On ne s'arrêta donc dans ce gouffre sans fond qu'après l'épuisement complet de nos finances.

En face d'une opinion publique justement irritée, on dissimula l'énormité des dépenses, et pour éviter un emprunt dont les conséquences eussent été désastreuses à une popularité qui n'était déjà que trop ébranlée, on puisa à pleines mains dans ce budget de la guerre déjà trop strictement réduit pour la simple conservation de l'armée.

Au moment où les puissances de l'Europe, la Prusse en tête, concentraient avec une énergie fébrile toutes leurs forces vives, toutes les ressources réunies de l'impôt et de l'emprunt, pour reconstituer l'armement, le recrutement et la tactique militaires sur de nouvelles bases plus solides et mieux appropriées au progrès de nos sociétés modernes, la France seule s'endormait dans le repos léthargique de l'orgueil et des jouissances matérielles, laissant, sans même en avoir le soupçon, désorganiser et amoindrir son armée.

Une fois sur cette pente fatale, l'empire n'aspira plus qu'à tromper le pays, à l'engourdir et à supprimer tout contrôle effectif.

Pour dissimuler les déprédations sans nombre de cette horde immonde de vautours affamés dont l'empereur n'était plus que le mannequin protecteur, on dut créer le plus habile. et le plus complet système de corruption qui puisse enlacer et gangrener un peuple.

La paix était indispensable : on l'acheta de l'Angleterre par des concessions commerciales, du reste de l'Europe par une politique tortueuse et d'expédients.

On crut gagner et enchaîner la partie la plus remuante de la nation, la classe ouvrière, en surexcitant par les sacrifices les plus onéreux le développement excessif des travaux publics à Paris et dans les grands centres, en donnant le pain à vil prix, en subventionnant les feuilles les plus accréditées, en tendant la main à ses chefs les plus populaires, et on ne parvint qu'à appauvrir l'agriculture en lui enlevant les bras qui lui étaient indispensables, qu'à grossir et organiser l'armée du désordre en la concentrant dans les foyers d'infection sociale, où elle trouvait un état-major tout formé.

On compléta l'œuvre par la création de caisses de secours administrées par les ouvriers, et par le droit de se mettre en grève, les deux plus terribles armes à l'aide desquelles l'Internationale devait bientôt battre en brèche la société tout entière.

A la place de ces sages traditions de politique extérieure successivement perfectionnées par nos hommes d'Etat les plus illustres, sur la base solide et indiscutable du droit et de l'intérêt français, traditions cimentées par le temps, mûries par l'expérience, on substitua tout à coup la politique mal assise, contestée, nuageuse, si pleine de dangers pour nous, de la reconstitution des nationalités, qui allait nous précipiter dans des désastres inouïs et faire pâlir les époques les plus calamiteuses de notre histoire.

A l'intérieur, on se crut bien habile en acclamant la nouvelle découverte du véritable et définitif gouvernement de la France de l'avenir, l'unique et sublime solution des problèmes ardus qui avaient si fort agité les périodes précédentes, *le césarisme enté sur la démocratie*, c'est-à-dire le principe d'autorité héréditaire confié à la garde de son ennemi le plus implacable, la révolution. Comme si la prétention de diriger la démocratie pour la maîtriser n'aboutissait pas fatalement à se livrer à elle pieds et poings liés !

Dieu a permis, pour le progrès incessant de l'humanité et de la civilisation, que le fonctionnement de chaque principe nouveau portât bientôt sa sanction qui nous permît de le juger, comme l'arbre à son fruit. Le 4 septembre et Sedan viennent, hélas! de nous répondre sur la valeur de ces théories insensées.

A la suite de ces avances impolitiques faites à la démocratie, qui, comme il n'était que trop facile de le prévoir, allaient la rendre plus exigeante et plus dangereuse, on résolut de supprimer tout contrôle gênant en s'emparant des deux principales sources de publicité qui alimentent l'opinion publique et forment la vie courante des nations modernes, la presse et l'Assemblée législative.

Les foudres d'une répression draconienne, l'or et les faveurs découlant à pleins flots d'un budget colossal qu'on allait répartir à son gré, eurent bientôt raison de la première.

L'énergie, l'habileté, toutes les forces d'un pouvoir armé des engins de guerre les plus formidables et ne sachant reculer devant aucun moyen pour assurer le succès, allaient se concentrer sur le but unique de fausser le suffrage universel en enlevant au pays tout contrôle, par le choix de représentants dévoués qui, nés de la candidature officielle, appartiendraient sans réserve au gouvernement qui les ferait élire.

Le préfet, perdant son beau caractère de premier

administrateur du département, ne fut plus que l'agent politique uniquement chargé, sous sa responsabilité personnelle, de préparer et de faire triompher à tout prix l'élection des candidats officiels de la Chambre et des conseils généraux.

Malheur au fonctionnaire public qui ne sut pas dès le premier jour marcher en aveugle sous cette bannière nouvelle et abandonner toute idée de justice, de conscience et de droit, pour devenir l'instrument actif de ce grand combat contre la nation, où l'avancement ne se mesurait qu'au zèle déployé !

Les vieilles traditions de travail, de capacité, de probité et d'indépendance, qui avaient créé l'honneur et le juste renom de l'administration française, s'évanouirent ; le fonctionnaire, comme son chef, ne s'appartint plus et disparut sous la casaque de l'agent électoral, trop souvent même sous celle de l'agent de police.

L'esprit recule épouvanté en contemplant les conséquences de la lutte acharnée qui, dans certains départements, divisaient les administrés en amis à qui tout était permis, tout était accordé, et en ennemis que l'on écrasait par toutes les armes possibles, quelque déloyales qu'elles pussent être.

Multiplication sans nombre de places inutiles, promesses que les budgets réunis de l'Europe n'eussent point suffi à remplir, menaces, injustices, actes de corruption , dilapidations impunies , mainmise de l'administration sur tout, destruction de tout esprit d'initiative et de toute influence contraire, quelque légitime qu'elle pût être, mensonges, diffamations et calomnies, surexcitations de l'envie, cette fille privilégiée de la révolution, de l'ambition, du luxe et du désir immodéré de posséder qui en est la suite, en un mot prédominance de la force, de l'immoralité et de l'intrigue sur le droit et affaissement des caractères au triple point de vue des idées religieuses, de délicatesse et de patriotisme, tel fut le bilan du système compressif des dix dernières années de l'empire.

Dans les hautes régions, nous assistons au spectacle navrant d'un gouvernement sans frein qui, avec un budget toujours croissant, laisse, malgré la terrible responsabilité qui pèse sur lui, désorganiser tous les services administratifs, et notamment le plus important de tous, celui de notre armée.

Ses membres, sans fortune patrimoniale, se livrent à un luxe effréné, à une immoralité sans égale, élèvent des hôtels splendides, achètent les plus belles terres de France et se constituent des fortunes princières.

L'ennemi vigilant qui se préparait par le recueillement et un labeur incessant aux succès inouïs que la fortune réservait à son audace, n'était pas dupe des états mensongers et des rapports louangeurs dont on inondait notre pays et à l'aide desquels on l'endormait dans une périlleuse sécurité. Sûr d'une impuissance qu'il connaissait mieux que personne, comptant, non sans raison, sur la neutralité de la France, quelque invraisemblable qu'elle parût, appuyé sur cette ingrate Italie que nous venions de tirer du néant et que nous ne devions pas laisser marcher sans nous, il fondit sur sa proie avec la rapidité de l'aigle, traita de la paix au lendemain de Sadowa et présenta le fait accompli à l'Europe, tout étourdie du coup qui venait de la frapper.

Le long et douloureux déchirement produit en France par l'effondrement aussi subit qu'imprévu de l'équilibre européen, qui constituait notre sécurité, ne servit pas même de leçon à ces hommes sans cœur et sans patriotisme, qui continuèrent paisiblement à gaspiller, comme par le passé, les ressources du pays à leur profit personnel.

Au lieu de parer au danger imminent que créait pour la France l'unité de l'Allemagne, faite contrairement à toutes les traditions de notre diplomatie, sans nous et sans compensation, par un rapprochement facile et indispensable avec la Russie, on ajouta aux trop lourdes fautes déjà commises celle non moins énorme de laisser l'ennemi se fortifier encore par l'annexion forcée des armées du sud de la confédération germanique et par l'alliance de la Russie, que nous avions dédaignée.

Une politique vacillante et indécise, jointe à l'intérêt dynastique qu'avait l'empereur de rentrer triomphant au milieu d'un peuple bien décidé à secouer le joug de son incapacité, le fit précipiter tête baissée dans le piége grossier qui lui avait été tendu.

Aux ricanements de la jalouse Angleterre, nos 200,000 soldats, mal commandés, manquant de tout dès le début de la campagne, harassés par des marches et des contre-marches sans but, disséminés, sans plan d'ensemble, en corps trop éloignés pour se soutenir mutuellement, furent écrasés, sans pouvoir se porter secours, sous le poids de masses sans cesse renaissantes.

Les monceaux de cadavres ennemis entassés sur les champs de bataille, où, écrasés par le nombre, nous avons été si glorieusement vaincus, attestent ce dont sera capable, au jour de la revanche, notre valeureuse armée sérieusement réorganisée et ayant confiance cette fois en des chefs dignes d'elle.

Aujourd'hui, la France démantelée, sans gouvernement, sans alliances possibles, répare ses ruines fumantes sous la double direction de l'Assemblée nationale la plus honnête et la plus patriotique de nos fastes historiques, et du sage vieillard qui manœuvre *avec trop d'habileté* au milieu de l'écueil sans cesse renaissant des prétentions des partis.

Nous vivons comme par miracle, au milieu d'une tranquillité factice, au jour le jour, toujours incertains du lendemain.

Cette vie fiévreuse d'angoisses et de menaces perpétuelles ne peut être acceptée longtemps par une grande nation, avide d'ordre et de travail, comme la nôtre.

Ni les d'Orléans ni les Bonaparte ne sont possibles. La France ne serait plus assez forte pour recommencer impunément des expériences dont elle n'a que trop éprouvé les effets désastreux.

La république, cet état de crise permanente où toutes les ambitions sont déchaînées, où le désordre est toujours prêt à faire irruption, comme ces torrents de lave incandescente qui détruisent tout sur leur passage, ne peut être que provisoire et va faire place à la monarchie légitime, la seule qui puisse nous rendre, avec la stabilité des anciens jours, la véritable liberté au dedans et notre splendeur passée à l'extérieur.

Le drapeau blanc, qui a successivement créé la France de Louis XIV, nous rendra, grâce aux principes conservateurs qu'il représente, l'amitié des peuples et l'alliance des rois.

Sous ses plis glorieux, vous retrouverez, Sire, le chemin oublié de nos frontières naturelles, et vous reprendrez la grande œuvre, trop longtemps interrompue, de doter la France de vastes et puissantes colonies, destinées à remplacer celles que la révolution nous a fait perdre, et qui seront le complément nécessaire d'une nation industrielle , commerçante et maritime.

La découverte de l'engrais minéral vous permettra, à côté de ces conquêtes, d'en poursuivre une plus importante encore, celle de notre propre sol. Elle vous aidera à faire sortir l'agriculture de l'état d'infériorité où elle végète ; elle sera entre vos mains le bienfait qui vous permettra de vous attacher, par les liens de la plus indissoluble reconnaissance, cette classe rurale si dédaignée et qui forme la partie la plus nombreuse, la plus digne d'intérêt et la plus utile de notre population.

Le salut et la régénération de la France, au double point de vue physique et moral, est dans le retour à la vie rurale et aux idées religieuses, d'ordre et de conservation qui en seront le résultat nécessaire.

Dieu, dans sa providentielle bonté, vous a choisi pour inaugurer le premier ce nouveau levier, d'une puissance surhumaine, qui vous rendra prompte et facile une tâche qui, sans lui, eût à bon droit fait reculer l'esprit le plus audacieux. Ce ne sera pas la manifestation la moins extraordinaire de son intervention miraculeuse dans les événements solennels prêts à se dérouler devant nos yeux.

Les relations chaque jour plus intimes que les chemins de fer ont créées de peuple à peuple, les traités nouveaux qui ont renversé les dernières barrières élevées par les droits protecteurs, la concurrence active que ne gêne plus aucun obstacle, en inondant le marché français des blés et des céréales étrangers produits à vil prix dans les vastes terres noires de la Russie et les plaines fertiles de la Pologne, de la Hongrie et de l'Egypte, ont placé le cultivateur dans la nécessité absolue, sous peine de la ruine la plus entière, de délaisser les anciennes méthodes pour aborder d'un bond la culture la plus intensive, qui seule peut le sauver, parce que seule elle permet, par l'accroissement des récoltes, de l'enrichir, en abaissant encore les prix de revient.

Comme toutes les grandes découvertes destinées à changer l'état du monde et à faire marcher l'humanité en avant, celle de l'engrais minéral est arrivée à son heure.

Georges Ville, en agrandissant encore le champ conquis par les Gasparin, les Dombasle, les Boussingault, les Isidore Pierre, les Lecouteux, les marquis d'Andelarre et tant d'autres, et en constituant le sol plus fécond que par le passé, à l'aide d'éléments nouveaux, n'a été que le précurseur de celui qui allait venir apporter au monde régénéré la découverte des richesses incalculables que Dieu, en créant la terre pour que l'homme pût y régner un jour en maître absolu, y avait amassées dans les profondeurs du passé.

Puissamment aidé par l'empereur, qui avait mis à sa disposition l'un des plus beaux laboratoires de Paris, afin de lui permettre d'établir ses données scientifiques sur les bases les plus certaines, la ferme impériale de Vincennes pour les traduire et les réaliser en expériences pratiques, l'imprimerie impériale et une chaire publique pour les vulgariser et les faire connaître à tous, il a, le premier, hardiment défini la nature et déterminé la qualité de quelques-uns des principes essentiels nécessaires à un plus complet développement des plantes de notre agriculture moderne.

Par l'emploi de quatre substances principales, augmentées depuis de deux autres, c'est-à-dire du sel ammoniacal, de la potasse, du phosphate et de la chaux, auxquels il a postérieurement ajouté l'acide sulfurique et le chlore, il obtient dans les terres et les sables les plus arides des rendements inconnus aux limons les plus fertiles.

Quelque magnifique qu'elle apparaisse dans son incontestable grandeur, l'œuvre restera stérile tant qu'on ne rendra pas au sol, en proportion plus forte que celle qui lui est enlevée, non pas seulement les six substances préconisées par M. Ville, mais bien les quatorze qui entrent dans la composition de la plante, et tant que ces quatorze éléments ne seront livrés par l'industrie qu'en quantités insuffisantes et à des prix inabordables. Mais les voies sont frayées et le terrain est bien préparé pour recevoir la fécondation divine ; aussi le jour est proche où une vie nouvelle va changer la face du monde.

Le Seigneur vient révéler à l'homme l'existence de ce banc puissant de l'engrais minéral, autrement énergique que tout ce que la science humaine a pu concevoir et enfanter, qui enlace la France dans toutes ses parties, comme pour inviter tous ses habitants à y puiser sans ménagement.

Désormais les sols les plus déshérités vont être appelés à dépasser les produits exceptionnels des terres aujourd'hui les plus favorisées.

Au nord comme au sud, à l'est comme à l'ouest et au centre, apparaît de toutes parts, à la surface de notre beau pays, ce produit nouveau qui, en quelques années, doit tripler sa production agricole, donner à notre population stationnaire un accroissement sans égal, et lui rendre, sous vos auspices, la suprématie qu'elle n'eût jamais dû perdre.

La France est toujours la fille bien-aimée du Seigneur et l'objet de ses plus tendres prédilections. Une fois rentrée dans sa voie naturelle, elle obtiendra la récompense de son dévouement à la religion, de sa charité et des principes d'abnégation et de justice qu'elle apportera, comme autrefois, dans le règlement des affaires du monde.

A vous, Sire, devant Dieu et devant les hommes, reviendra, dès que vous nous serez rendu, la plus large part de notre régénération ; à vous donc la gloire de la révélation première, de la découverte la plus importante de l'ère moderne.

Je suis avec le plus profond respect,

Monsieur le Comte,

Votre très humble et très obéissant serviteur.

AL. DE BELENET.

L'ENGRAIS MINÉRAL.

CHAPITRE PREMIER.

CONSIDÉRATIONS GÉNÉRALES SUR LA FORMATION DU GLOBE.

Fatigué, malade, découragé, je travaillais seul, assis dans mon fauteuil, au coin de mon feu, lorsqu'à l'approche de la nuit la plume s'échappa de mes mains, et insensiblement je tombai dans une profonde rêverie.

La justice du Seigneur s'appesantissait chaque jour sur notre pauvre France avec une rigueur nouvelle.

Depuis quatre-vingts ans, comme un astre dévié de sa route, en proie aux oscillations les plus brusques et les plus contraires, et jetant dans sa course désordonnée la perturbation dans tous les mondes qui gravitent dans son orbite, notre malheureux pays se précipite, en aveugle, par une violation permanente de toutes les lois qui régissent l'humanité, avec une force sans égale, alternativement dans toutes les tyrannies, depuis celle d'un seul jusqu'à la plus terrible de toutes, celle de la rue.

Dans son audace insensée, l'homme, rejetant comme d'absurdes préjugés les traditions séculaires de la sagesse du passé, qui avaient sans cesse accru les forces de la France au dedans comme au dehors, avait voulu se substituer à Dieu dans le gouvernement des affaires du monde. La raison humaine avait été déifiée sur les ruines fumantes du vieil édifice.

Les gouvernements succédaient aux gouvernements, les constitutions aux constitutions, les lois aux lois, les idées aux idées, et, à peine sorti du néant, tout ce fatras, ne reposant que sur un sable mobile, s'écroulait au milieu d'incalculables désastres.

La France, empoisonnée par de funestes doctrines, courait furibonde à une ruine certaine.

Broyée dans son orgueil et sa puissance sous le talon du barbare étranger, comme jamais nation ne l'a été, sans cesse menacée dans son intelligence, son travail, sa propriété, son existence même, par le fer et le feu du barbare de l'intérieur, plus sauvage et plus impitoyable encore ; sans institutions qui la protégent, sans alliances possibles, sans unité, toujours prête à s'entre-déchirer de ses propres mains, sans gouvernement, repoussant de toutes ses forces défaillantes le seul remède qui pût la sauver, elle allait s'effondrer et disparaître à tout jamais, comme la Pologne d'autrefois, dans l'abîme de la négation du principe d'autorité, sans un miracle éclatant de l'intervention divine.

Accablé sous le poids de ma douleur, je criai grâce et miséricorde.

Je sentis alors, au milieu de l'extâse où j'étais plongé, mon corps et mon âme se dégager des étreintes de la matière et se fondre en un fluide lumineux qui rayonnait au loin.

Vivant d'une autre vie, ils se trouvèrent plongés dans un état de béatitude dont la langue humaine, malgré ses hyperboles, ne peut donner une idée. L'esprit de Dieu était en communication avec moi. En lisant sa pensée « Viens et vois » nous nous envolâmes avec la rapidité du désir sur les ailes du passé, et le plus étrange spectacle se déroula devant mes yeux, à qui la matière n'opposait plus d'obstacles.

Le passé, le présent et l'avenir de la vie du globe m'apparurent à la fois dans leurs quatre métamorphoses successives, si distinctes :

Celle de l'enfance, lorsque, nébuleuse, elle embrassait dans le vide des cieux, à l'état gazeux, une immense étendue ;

Celle de l'adolescence, où, par suite d'un abaissement de température, la masse en fusion incandescente s'appelle soleil et inonde son satellite de sa chaleur et de sa lumière ;

Celle de l'âge mûr, dont l'apparition de l'homme forme le point culminant et où, planète à surface solidifiée, la vie fait de toutes parts irruption dans ses terres, ses eaux et son atmosphère ;

Enfin celle de là décrépitude, où les glaces du pôle s'avancent pour se rejoindre, où le froid chasse peu à peu tous les êtres vivants vers l'équateur, où les mers et l'atmosphère disparaissent insensiblement pour arriver à la mort et rouler, comme notre lune actuelle, cadavre sans vie , sans eau , sans chaleur propre , pâle reflet des mondes n'ayant pas terminé leur existence.

A la naissance de la vie planétaire, je vis se former, sous la triple action du magnétisme terrestre, de la chaleur et de l'eau, le granit, cette enveloppe première d'une cristallisation complexe, formée d'éléments différents, où, contrairement à toutes les données de la science actuelle, les substances les plus fusibles sont enchâssées et forment empreinte dans la moins fusible de toutes, le quartz. Sur cette assise, viennent se superposer les nombreuses formations géologiques, feuillets multiples du grand livre de l'histoire de cette phase de la vie de notre globe.

En premier ordre se rangent les roches éruptives, analogues d'abord aux granits et aux porphyres, puis ensuite aux trachytes et aux basaltes, rejetés par les fissures de la mince écorce primordiale.

Bientôt apparaissent d'autres phénomènes. A la suite du lent refroidissement des premières couches, la condensation des matières aqueuses, jusqu'alors retenues par une atmosphère brûlante, s'opère peu à peu, et une vaste mer, que viennent seuls dominer quelques rares îlots, recouvre la presque totalité d'une surface qui ne présente point encore les inégalités actuelles.

L'eau tombant de l'immense voûte intérieure en filets continus, fait bouillonner la surface de la masse en fusion. Elle réduit en molécules plus ou moins ténues, selon leur nature, les scories rejetées par le double travail d'épuration et de décomposition que subit la matière incandescente, et en dissout une partie à l'état de sels, de gélatine et de gaz.

Refoulée par la dilatation et la compression des vapeurs ambiantes, elle revient à la mer, d'où elle s'était échappée, surchargée de toutes les substances diverses qui, avec les épanchements de moins en moins fréquents de la matière en fusion perçant une croûte acquérant par une épaisseur toujours croissante une plus forte résistance, les cendres et les émanations du volcan, qui n'apparaît qu'à une époque bien postérieure, ont fourni tous les éléments des couches nombreuses et puissantes dont l'ensemble si varié forme. aujourd'hui la partie solidifiée de la terre.

Aux matériaux les plus résistants, c'est-à-dire aux masses cristallisées et vitrifiées, puissantes barrières opposées aux fureurs dévastatrices du feu intérieur, succèdent les grès, dont les grains se sont agglutinés dans les eaux, en masses énormes, à l'aide d'un enduit de silice gélatineuse. Les calcaires plus légers couronnent l'édifice. Le tout est entremêlé de nombreuses couches d'argile et de sable, qui ajoutent à la force de la charpente l'élasticité et la flexibilité nécessaires pour résister à la puissance grandissante des pressions intérieures.

Après la longue période indispensable pour renforcer les granits et syénites primitifs de puissantes couches de roches gneissiques, micacites et talciques, et abaisser une température trop élevée, la vie apparut enfin sur le globe.

La plante, qui semble la première venue au milieu

de cette immense irruption de créations naissantes qui envahissent de toutes parts les terrains siluriens et dévoniens, ne tarda pas à atteindre, dans les argiles schisteuses du terrain carbonifère, au milieu de conditions exceptionnelles, le maximum de son développement.

Sur les rivages humides des terrains émergés s'élèvent, à l'état d'arbres gigantesques, des espèces qui aujourd'hui, même dans les milieux les plus favorisés de la zone torride, rampent à terre sans dépasser un mètre de hauteur, comme les lycopodiacées, ou ne forment que de frêles végétaux, comme les prêles actuelles. Les cryptogames vasculaires, c'est-à-dire les fougères et les familles voisines, qui forment à peine un trentième de notre flore actuelle, composaient la presque totalité des végétaux de cette époque; les plantes dycotylédones, aujourd'hui si nombreuses, n'avaient alors que de bien rares représentants. Calamites, fougères, sigillaires, équisétacées et tant d'autres, dont une partie disparaît bientôt pour ne plus reparaître, se pressent, s'élancent et offrent une rapidité et une vigueur de végétation qui confond l'imagination et ne se retrouve à aucune époque de la vie du globe.

Plongeant par leurs racines dans une terre humide fécondée par l'accumulation des potasses et des sels ammoniacaux [1], leurs tiges s'élèvent comme à vue

____

(1) La houille renferme deux pour cent d'azote en moyenne. L'épuration par le sulfate de chaux des gaz que la distillation fournit pour l'éclairage forme la source la plus abondante des sels ammoniacaux

d'œil dans une atmosphère brûlante, surchargée de vapeur d'eau, d'acide carbonique et des gaz de toute nature les plus propres à accélérer leur croissance.

Pendant des milliers d'années vinrent se condenser et se transformer ces masses végétales, qui devaient, à une époque bien lointaine, permettre à l'homme, lorsque la population trop dense lui ferait un devoir impérieux de défricher ses forêts pour se nourrir et se multiplier encore, d'organiser l'industrie.

Dieu a clos l'ère de la création sur notre globe par le chef-d'œuvre reflétant son image et sa ressemblance, auquel il en a remis l'empire ; ainsi, il a voulu la révélation de l'engrais minéral postérieure à celle du charbon minéral. Il était nécessaire que l'industrie eût centuplé l'action de l'homme, en domptant et mettant à son service les forces incalculables de la vapeur, afin qu'à l'aide de cette arme formidable, il pût compléter sa domination absolue par la création d'une agriculture transformée, qui allait lui faire enfin gravir les sommets les plus élevés du bien-être, de l'intelligence, de la morale et de la puissance individuelle et collective.

Plus tard, lors de la formation des terrains salifères, les chlorures de sodium, à la suite de dislocations nouvelles, sont rejetés de l'intérieur à l'extérieur en énormes quantités et viennent, par leur union avec les chlorures de potassium qui les ont

qui manquent à l'agriculture. Par une incroyable impéritie, on laisse aujourd'hui perdre ces sels si précieux dans la carbonisation des masses énormes de ce combustible que l'on convertit en coke.

précédés, donner à la mer un maximum de saturation que depuis elle n'a plus atteint.

Le sel est indispensable à l'alimentation de l'homme; la potasse est un des éléments essentiels à l'agriculture. Dieu, dans sa prévoyance infinie, les a donc placés en bancs nombreux et inépuisables sous nos pieds, en disant à la mer de recouvrir et d'abandonner tour à tour des contrées entières, dont la surface semble avoir été façonnée pour ce but.

L'ange du Seigneur me fit remarquer, non loin du pays où j'habite, aux portes d'une grande ville, un lac ancien de dix-huit kilomètres de longueur sur trois kilomètres de largeur, dont le fond primitif se trouve recouvert, dans les parties les plus profondes, d'une double couche de sel et de potasse de plus de quatre-vingts mètres d'épaisseur.

Lors de l'évaporation de l'eau, le chlorure de sodium s'est déposé le premier et a été recouvert par le chlorure de potassium, plus soluble, qui s'y trouvait en bien moindre quantité. Ordre me fut donné d'en révéler l'existence à mon roi légitime et de l'appuyer sur un ensemble de preuves telles, qu'après m'avoir entendu, le doute ne pût rester dans son esprit, et, par le fonçage rapide de puits à larges dimensions, il fût procédé à cette nouvelle et lucrative exploitation des potasses, qui manquent aujourd'hui à l'industrie et à l'agriculture.

CHAPITRE II.

ASPECT DU GLOBE A L'ÉPOQUE DE LA FORMATION
DE L'ENGRAIS MINÉRAL.

Replongée dans les ténèbres de la vie terrestre,
emprisonnée dans la matière, mon âme comprend
l'impossibilité où elle se trouve d'expliquer l'admirable formation de cette puissante réserve de l'engrais minéral, dont la découverte sera le point de
départ de l'ère la plus importante de l'humanité.
Ecrasée sous le poids trop lourd de la mission qui
lui est dévolue et effrayée de sa responsabilité, elle
ne peut que demander grâce et s'écrier : Seigneur!
Seigneur! venez au secours de mon impuissance!
Que la plume ne soit entre mes mains que l'instrument passif de votre volonté, qui traduise exactement,
sous votre inspiration, ce que j'ai vu, ce que j'ai
compris, et le rende intelligible à tous!

Le troisième et dernier étage tryassique, celui des
marnes irisées ou salifères, achevait de se former
sous les eaux de la mer; une nouvelle époque géologique allait lui succéder. L'écorce solide du globe
ne se trouvant plus soutenue, à la suite du retrait
opéré dans la masse ignée, sous la triple action de
l'épuration, de l'abaissement de température et du
rejet à l'extérieur des scories et des gaz, vit tout à

coup sa voûte s'effondrer avec un fracas dont
l'homme ne peut se faire une idée, sur des séries de
lignes parallèles, faciles encore à reconnaître, à qui
la science a donné le nom de failles. Ses fragments
gigantesques, en chevauchant ou glissant les uns sur
les autres, ouvrirent dans les mers des sillons profonds, dont l'effet subit avait été de faire émerger
toute la bande keupérienne.

Les eaux se précipitèrent en masses compactes
dans les gouffres entr'ouverts, qui sont d'autant plus
profonds qu'ils appartiennent à une époque plus rap-
prochée de la nôtre, se vaporisèrent tout à coup au
contact de la masse en fusion, et, par la puissance indomptable de leur expansive métamorphose, soule-
vèrent le système de montagnes dit le Thuringerwald.

La terre, comme la nation et la femme, ne peut,
selon la grande loi qui régit le monde, enfanter qu'au
milieu de commotions, de révolutions, de douleurs
dont l'intensité et la durée est proportionnée à l'importance de l'œuvre à créer.

A la suite de ce brisement (1), dont l'effet principal

(1) Aujourd'hui, l'attraction lunaire et solaire, qui produit à la surface de notre globe le flux et le reflux des mers, agissant sur la
masse liquéfiée que recèlent les profondeurs de la terre, est la cause
déterminante des volcans et des tremblements de terre, de telle sorte
que toujours ces phénomènes éclatent au moment de la pleine lune
c'est-à-dire alors que l'attraction de notre satellite est la plus puissante.

A l'époque reculée du commencement de la formation du lias
l'écorce terrestre, loin d'avoir acquis l'épaisseur et la solidité actuelle
fut disloquée en sens inverse, au point culminant de la section de la
voûte s'étendant sur le vide, du côté opposé à celle portant la masse
en fusion.

s'observe de Cassel à Linz, surgirent les chaînes qui forment les limites naturelles de la Bavière, de la Saxe et de la Bohême, qui longent la partie sud-ouest de la Bretagne et des Vosges, et permirent aux porphyres des environs d'Aubin et aux serpentines qui semblent river le Limousin à la Vendée, de s'échapper par les fissures produites dans cette convulsion de la nature.

Comme à toutes les époques de grandes dislocations, les eaux, chassées de l'intérieur, étaient revenues chargées de silice et avaient, en un temps relativement rapide, constitué ces bancs de grès qui forment la base des assises du lias, la plus pauvre en détritus d'une flore et d'une animalisation qui avaient été presque entièrement détruites dans la partie de notre globe placée à une faible distance du centre de cette révolution.

Peu à peu, sous la double pression s'exerçant en sens contraire des eaux de la mer et des gaz intérieurs, disparaît une partie des vides immenses produits lors du brisement par les fragments de l'écorce terrestre violemment rejetés les uns sur les autres. Les larges fissures qui rompent la cohésion antérieure du monde solidifié se réduisent insensiblement sous l'action du tassement et du dépôt des éléments nouveaux laissés par les eaux venant de l'intérieur.

A cette courte période de trouble et de perturbation qui apparaît à l'enfantement de toutes les grandes formations géologiques, comme les révolutions à celui des grandes époques de l'humanité, où restent ensevelies à tout jamais des races entières dont les

fossiles ne se retrouvent plus dans les couches postérieures, succèdent de longs jours d'un calme réparateur.

Les plaies se cicatrisent. De nouvelles créations,
marchant d'un pas lent, mais assuré, à une perfection
croissante, viennent combler les vides. A la mort
succède une exubérance de vie, et l'animalisation,
peu nombreuse comme espèce, inférieure encore
comme organisation générale, se multiplie avec une
rapidité qui tient du prodige.

Des bancs, remarquables par leur régularité, d'un
calcaire noirâtre, pétri de pecten, de plagiostoma gi-
gantea, de gryphées arquées et de débris de penta-
crinites, se succèdent nombreux, séparés les uns des
autres par de minces couches d'une argile d'autant
plus sablonneuse qu'elle se rapproche davantage du
lias inférieur.

Une convulsion dernière, dont l'effet fut de combler le reste des immenses cavernes dont l'origine re-
montait au mouvement de dislocation qui avait mis
fin à la formation keupérienne, fit subir à la mer un
nouveau retrait qui laissa à découvert une faible
bande du calcaire à gryphites, ce sol dont la fertilité,
due à un heureux mélange d'argile riche en potasse,
de calcaire et de phosphate, a pu être égalée, mais n'a
que bien rarement été surpassée.

Alors prirent naissance ces calcaires marneux,
schisteux, fétides, à l'aspect rubané, assise sur laquelle
repose la puissante couche de l'engrais minéral.

Les siècles disparaissent en ma présence comme les
secondes devant l'homme. J'assistai pendant une
longue, bien longue époque de calme, à la composition

complexe et à la formation lente de ce banc homogène d'engrais minéral, de trente à cent mètres de puissance, qui traverse la France de l'est à l'ouest, du nord au sud, contourne le grand plateau central pour apparaître par lambeaux aux pieds des Pyrénées et des Alpes. Dieu l'a placé en masses inépuisables à la surface de la terre, au lieu de le dérober en faibles couches dans ses profondeurs, comme la houille, afin de démontrer à l'homme la supériorité de l'agriculture sur l'industrie, et de l'engager à entamer cette puissante réserve, produit de son ineffable bonté, sans ménagement ni souci de l'avenir.

Et d'abord, essayons, dans la mesure de notre impuissance, d'esquisser à larges traits le spectacle étrange et grandiose qu'offrit à mes yeux émerveillés la terre au milieu de cette période unique.

Une couche épaisse d'une huile et d'un bitume infects, mise en ébullition par les gaz et les vapeurs qui s'échappaient du sein des eaux, semblait un immense manteau d'une richesse féerique, où l'or et les pierres précieuses scintillaient dans leurs mouvements continus, sous les rayons du soleil, de tous les reflets les plus éclatants de l'arc-en-ciel. C'était bien l'image du luxe le plus effréné recouvrant de ses couleurs décevantes toutes les horreurs de la corruption et de la pourriture la plus hideuse.

Quatre grandes îles seules émergeaient dans la partie qui forme notre France actuelle. La principale, celle du plateau central, n'était point encore ce phare immense avec ses mille volcans perçant les ténèbres de la nuit de leurs colonnes d'une fumée épaisse,

tour à tour obscurcies par des tourbillons de cendres ou
rendues étincelantes par des jets de flamme ou de lave
en fusion. La chaîne des Vosges, celle des Pyrénées
et la Bretagne méridionale formaient les trois autres.

L'air humide, épais, lourd, brûlant, était tellemen
surchargé de vapeurs de toutes sortes, d'hydrogène
sulfuré, d'acide carbonique et chlorhydrique, d'ammo
niaque et du multiple produit des décomposition
animales et végétales qui s'opéraient et sur le so
émergé et dans les eaux, que les rayons du soleil er
étaient souvent obscurcis.

De toutes parts, d'effrayants sillons de lumière fen
daient cette atmosphère épaisse, accompagnés d'ur
fracas dont le tonnerre actuel, roulant dans une com
position légère et épurée, ne peut donner l'idée. D
nombreux insectes (au nombre desquels se trouvait l
libellule actuelle), appartenant aux trois seuls ordres
qui avaient fait à cette époque leur apparition, s'éloi
gnaient à peine de la surface du sol et des eaux. L'oi
seau n'existait plus ; apparu un moment dans le
temps antérieurs, il avait constaté que sa présence
était prématurée et avait disparu pour un long temps

Un seul être, d'une création récente, à forme extra
ordinaire, comme tous ceux de cette phase d'existence
du monde, rompait parfois la morne et déserte soli
tude de l'air. Ce monstre hideux, oiseau par le cou
reptile par les dents longues, nombreuses et acérées
dont son bec, largement fendu, volumineux et osseux
est garni, a des pattes antérieures fortement articu
lées, terminées par quatre doigts flexibles armés
d'ongles puissants, et un cinquième, dont les quatre

dernières phalanges, plus longues que le corps tout entier, deviennent l'attache supérieure d'une membrane ailée, assez semblable par sa forme et ses proportions à celles de nos chauves-souris.

Non loin du rivage se dressait un énorme serpent qui s'avançait rapide en fendant l'eau verticalement. Sa tête, semblable à celle du lézard, était armée des dents du crocodile. Sans cesse il la lançait entr'ouverte, avec la rapidité de la flèche, sur le poisson imprudent qui n'avait point fui à temps son approche meurtrière. L'épais liquide cachait un tronc et une queue dont les proportions étaient celles d'un quadrupède ordinaire et les côtes celles d'un caméléon. Quatre longues et puissantes rames imprimaient l'impulsion à ce reptile, d'une longueur de trente à trente-cinq pieds, dont le type n'offre d'analogie avec aucun des êtres qui l'ont précédé ou suivi.

Plus avant dans la mer, je vis se mouvoir avec une incroyable vitesse une longue tête aplatie à son extrémité comme celle du brochet, dont les mâchoires, fendues d'une façon démesurée, se refermaient de temps à autre et broyaient à grand bruit, à l'aide de dents puissantes, coniques et pointues s'entre-croisant, les poissons à épaisses armatures et les coquillages engouffrés dans ce vaste entonnoir. L'ichthyosaure, avec sa queue longue et effilée se rattachant à un corps trapu et ramassé sur lui-même, était admirablement organisé pour fendre les profondeurs de cette mer obscure.

Un œil énorme, hors de proportion avec tout ce que nous connaissons, était entouré d'un cercle de plaques osseuses qui lui permettaient, par leur extrême mobilité, de conserver la même puissance de vision, quelle que fût l'intensité ou le défaut de lumière. Une épine composée de vertèbres plates comme des dames à jouer et concaves par leurs deux faces comme celles des poissons, des côtes grêles, un sternum et des os d'épaules semblables à ceux des lézards, un bassin petit et faible, et quatre membres dont les humérus et les fémurs sont courts et gros et les autres os aplatis et rapprochés les uns des autres comme des pavés, composent, enveloppés d'un cuir épais, des nageoires d'une pièce, à peu près sans inflexion, analogues, en un mot, pour l'usage comme pour l'organisation, à celles des cétacés.

Recevant l'air en nature, et non par l'eau, comme les poissons, il élevait souvent sa tête hors de l'élément liquide (1).

Il semble que, par une débauche d'imagination qui n'a d'égale dans aucune période, la création s'efforce de sortir des types inférieurs de l'animalisation

______

(1) J'ai découvert sur le territoire de Raincourt, où se trouve ma maison de campagne, à un mètre environ de profondeur, dans un banc de calcaire à gryphites où un habitant de cette commune tirait des pierres pour se construire un mur, la partie de l'empreinte du cou d'un plésiosaure dont le surplus est resté engagé dans la continuation du banc qui n'a pas été attaquée. A cinq ou six cents mètres de distance, j'ai postérieurement trouvé, dans une couche d'argile, entre deux bancs du même calcaire, à peu près à la même profondeur, toute une traînée d'énormes excréments à peine digérés de l'ichthyosaure avec des fragments d'os très volumineux de ce saurien, d'un tissu extrêmement lâche et peu serré, dont le canal médullaire s'était rempli d'un calcaire ferrugineux très dur.

passée ; elle tâtonne et s'égare pour un temps, par la production d'œuvres fantastiques, dans la recherche des formes supérieures qui doivent apparaître plus tard.

Tout est transition et épuration dans cette période de la vie de la terre. Plus elle sera scrutée, plus l'esprit restera stupéfié de la parfaite concordance qu'elle présente avec l'époque actuelle de l'humanité, dont les étranges conceptions et les aberrations sociales étonneront nos descendants par le cachet, parfois non dépourvu de grandeur, de leur originale folie.

De nombreux mollusques portés sur des coquilles à chambres remplies d'air semblaient autant de petits bateaux à formes variées sillonnant la couche à reflets métalliques de cette mer boueuse. C'était l'ammonite, enroulée sur elle-même, avec ses lobes intérieurs dessinant une si curieuse végétation ; la bélemnite, avec sa poche d'encre et son rostre aigu lui servant de lest et de défense, et le nautile si gracieux. Tous pouvaient à volonté se laisser couler à fond en rentrant dans leurs habitations.

Une multitude de reptiles dont l'organisation se rapprochait de celle des crocodiles actuels, constitués pour vivre dans les limons les plus infects, fouillaient les vastes estuaires ou se précipitaient dans les torrents fangeux qu'enfantaient subitement les épouvantables orages de cette époque. Les mystriosaures aux genres si variés, les macrospondyles, les pélagosaures, créés pour remplacer tant de races empoisonnées par la composition extraordinaire de ces eaux, devaient trouver leur berceau et leur tombe dans cette étonnante formation.

D'énormes tortues, des mollusques tant bivalves qu'univalves, dont un grand nombre sont encore aujourd'hui inconnus, des crustacés assez semblables à nos homards, des encrines, des oursins et une foule d'autres zoophytes, vivifiaient les rivages de ces mers. Enfin, une incroyable quantité de poissons nouveaux et cuirassés pour la plupart, et surtout d'animaux mous, dont les dimensions de quelques-uns étaient considérables, mais dont les empreintes ne nous ont point été conservées, peuplaient ces eaux.

Leur multiplication, favorisée dans un milieu relativement tranquille, chaud, épais, nutritif, surchargé d'électricité et de détritus de toute nature nés de la double décomposition d'une masse effrayante de produits animaux et végétaux, avait atteint son apogée, comme la puissance de la végétation était arrivée à la sienne dans la période carbonifère, suivant en cet ordre la grande loi qui avait présidé à leur naissance successive.

Sur la terre émergée, la flore était, dans son ensemble, bien différente de celle dont nous retrouvons les riches débris dans les terrains carbonifères.

Epoque intermédiaire entre les d ux grandes phases du monde animé — celle du passé, caractérisée par les formations siliceuses que recouvre une animalisation inférieure, et celle de l'avenir, dont les couches calcaires se vivifieront successivement par la création d'êtres supérieurs — des types anciens se montrent pour la dernière fois, tandis que des types nouveaux font leur première apparition. Les cycadées et les conifères, qui sont appelées à prendre une si large part dans la végétation future, viennent d'être créées, et les fougères gigantesques jettent un dernier éclat avant leur fin prochaine.

La bande liassienne, pétrie de tout ce qui avait eu vie pendant des séries de siècles dans la mer, de tout ce qui avait été frappé de mort lors de la convulsion qui l'avait rejetée du sein des eaux, de masses compactes de gryphées arquées et de fossiles de tout genre, offrait dans sa fertilité une vigueur de végétation qui n'a été dépassée que par celle des terrains carbonifères et que l'avenir ne doit plus revoir. Au milieu de cette exubérance se glissent ces lézards gigantesques de vingt à vingt-cinq mètres de longueur, appelés mégalosaures, aux dents tranchantes et dentelées comme celles du monitor, ou se traînent ces espèces de formidables grenouilles à la tête aplatie et couverte de plaques cornées, dont les puissantes mâchoires, démesurément fendues, sont armées de grandes dents coniques légèrement recourbées, implantées dans des alvéoles comme chez les sauriens, et dont la composition microscopique a révélé une formation sans analogue de lames longitudinales osseuses, compliquées et sinueuses.

Puis apparaissent pour la première fois et momentanément quelques rares mammifères du genre didelphe, qui ont été, ainsi qu'il était arrivé pour les oiseaux, les avant-coureurs et les espèces prophétiques de l'époque, encore bien éloignée, considérée avec raison comme ayant été celle du règne de ces créations supérieures.

CHAPITRE III.

ÉLÉMENTS DE L'ENGRAIS MINÉRAL.

O mon âme, concentre toutes tes forces, dépouille-toi, par la puissance de la volonté, de ce voile ténébreux de la matière qui dérobe la lumière à ton regard, et appelle à ton secours l'inspiration divine, qui seule peut te permettre d'accomplir une tâche surhumaine !

J'ai à décrire le spectacle grandiose d'un Dieu présidant, dans sa providentielle bonté, à la création lente et parfaite du pain de vie qui va émanciper l'humanité. Le temps de l'expiation touche à sa fin, et, rejetant au loin les misérables petites passions du passé, l'homme nouveau va entrer triomphant dans le royaume où s'accomplira la parole du Seigneur : « Vous êtes des dieux, » et où il n'aura désormais qu'un but, le développement le plus complet de ses forces physiques, morales et intellectuelles.

L'examen attentif du volcan, né d'hier dans la longue succession des âges géologiques, après l'émersion des grands continents, alors que les eaux ne pouvaient parvenir au feu intérieur qu'en quantités relativement faibles, nous aidera à mieux entrevoir par quels admirables procédés Dieu est arrivé au but qu'il se proposait, et de quels soins il a entouré son œuvre pour lui donner le cachet de la perfection divine.

Des gaz de toute nature, mêlés de vapeurs d'eau, se dégagent continuellement du noyau igné, se pressent dans les nombreuses crevasses des terrains primitifs laissées par les trépidations et les soulèvements du sol, et, par leur énergique action, exhaussent plus ou moins lentement des contrées entières. Parfois leur présence est révélée par les convulsions et les affreux tremblements des couches inférieures. Une montagne surgit tout à coup. Les gaz comprimés sous cette cloche gigantesque font éclater, comme par l'explosion d'une mine formidable, le sommet du cône et en projettent à des distances de plusieurs lieues les fragments épars. Une colonne de produits gazeux, les uns permanents, les autres condensables ou solubles, sillonne l'atmosphère avec la rapidité de l'éclair. L'acide chlorhydrique, qui prédomine dans les premiers temps, fait place au dégagement de l'acide sulfureux, parfois accompagné d'acide sulfhydrique ; enfin l'acide carbonique, mêlé à l'acide borique et au sulfate d'ammoniaque, continue à s'échapper, même pendant des milliers d'années après l'apaisement des actions volcaniques.

Des masses de cendres d'autant plus considérables que l'eau est arrivée en contact avec la matière en fusion en proportions plus fortes, des fragments de pierres poreuses incandescentes, des blocs plus ou moins considérables, des portions de substances fondues arrachées à la lave dont le cratère est rempli et qui s'arrondissent, dans leur course rapide, en globes nommés bombes volcaniques, s'élancent, au milieu de détonations plus ou moins violentes, en immenses gerbes éclairées par la réverbération du foyer incandescent. Les nuages de vapeur et de poussière, poussés par les vents et portés à des distances atteignant jusqu'à deux cents lieues, présentent des proportions telles qu'ils interceptent la lumière du jour et font la nuit sur leur passage.

Les gaz, toujours à une température élevée et mêlés à la vapeur d'eau, agissent très puissamment sur les matières solides environnantes, les désagrégent, les décomposent, les réduisent en poussière impalpable, en bouillie, et en forment de nouveaux composés de toutes espèces.

Des flots de lave incandescente se répandent au loin et couvrent quelquefois jusqu'à quatre-vingts lieues carrées, formant un vaste lac de feu dont la profondeur est souvent considérable. La surface de cet étrange liquide se solidifie bientôt à l'air et forme, en se ridant et en se gerçant, une croûte ordinairement poreuse dont l'épaisseur croît lentement et préserve ainsi, par la faiblesse de son pouvoir conducteur, la partie intérieure de la lave contre le refroidissement, qui ne s'opère qu'après un temps considérable. Il coule encore sur des pentes très faibles ou laisse échapper des vapeurs quelquefois pendant plus de vingt-cinq ans après son éjection.

Par suite d'un phénomène remarquable, la lave

en fusion renferme des vapeurs d'eau, de l'acide hydrochlorique, du sel ammoniacal, des chlorures de fer, du fer oligiste, de l'arsenic sulfuré rouge, qui ne commencent à se dégager que lorsque la masse se solidifie et se refroidit, de manière à n'en présenter ensuite aucune trace, ainsi du reste qu'il arrive lors du refroidissement de l'argent, qui laisse alors seulement s'échapper la forte quantité d'oxygène qu'il a absorbée en se fondant. Selon toutes probabilités, ce sont ces différentes matières qui permettent aux laves de nature poreuse de conserver leur fluidité pendant un temps beaucoup plus long que les substances de même composition que nous pouvons préparer artificiellement.

L'élévation que les laves atteignent en diverses circonstances dans leurs conduits souterrains nous donne une idée de la puissance des forces intérieures. Le sommet de l'Antisana, dans la province de Quito, est à 5,833 mètres au-dessus du niveau de la mer. Si à ce chiffre on ajoute les 20,000 mètres de l'écorce solide, on aura la hauteur de la colonne de lave qui se déverse par le cratère de ce volcan. En supposant cette colonne d'eau, comme chaque atmosphère l'eût élevée de 10 mètres 50 centimètres, il eût fallu pour la soutenir 2,460 atmosphères. Le poids spécifique de la lave à l'état liquide dépassant 2, la force réellement dépensée est de plus de 5,000 atmosphères. Or, le génie de l'homme, dans ses plus audacieuses conceptions de machines à vapeur, n'a pu arriver qu'à une force inférieure à celle de 15 atmosphères.

Dans les terribles cataclysmes qui ont mis fin à chaque formation principale de la croûte terrestre, pour en commencer une nouvelle, les phénomènes que nous venons de constater dans l'étude du volcan avaient une tout autre intensité et se distinguent par de profondes modifications.

La voûte intérieure, ne se trouvant plus soutenue, s'est effondrée sur une vaste étendue et a fait surgir à chaque dislocation tout un système de montagnes, suivant une orientation déterminée et des écartements à peu près égaux qui se reproduisent régulièrement à chaque soulèvement nouveau. Elie de Beaumont, avec une sûreté d'appréciation que toutes les études postérieures n'ont fait que confirmer, a, par l'examen attentif des règles qui président à ces lois nouvelles, fait de la géologie, plus que par le passé, une véritable science positive.

En lignes généralement parallèles aux soulèvements, des épanchements de matière ignée se sont fait jour à travers les longues crevasses ouvertes dans les terrains émergés.

En examinant la composition des roches éruptives qui se sont ainsi succédé à chaque perturbation géologique, depuis les syénites et granits jusqu'aux laves de notre époque, nous pouvons constater que leur pesanteur spécifique est d'autant plus considérable et leur contexture d'autant plus pâteuse et moins fluide, qu'elles remontent à une époque plus ancienne. Le mica et le quartz, si abondants dans le granit, tendent à diminuer sans cesse pour enfin disparaître.

La potasse, qui forme la base des silicates dans les syénites, les granits, les porphyres et les gneiss, se trouve peu à peu remplacée par la soude et enfin par la magnésie et la chaux. En un mot, le silicate de potasse domine dans les premières substances éruptives ; les silicates de potasse et de soude, puis ceux de soude, de magnésie et de chaux, lui succèdent dans les suivants [1].

Les eaux sont, après chacun de ces bouleversements, revenues de l'intérieur à la mer chargées d'éléments se substituant peu à peu, suivant l'ordre de ces perturbations, d'après une loi générale bien près d'être révélée dans sa multiple simplicité.

La masse en fusion se compose d'un grand nombre de corps, dont plusieurs nous sont inconnus, et qui se rangent en zones différentes, suivant leur pesanteur spécifique, le plus lourd occupant le point central. L'astronome, dont l'esprit hardi ne recule devant aucun problème, a, dans ses audacieux calculs, osé affirmer le poids exact de notre sphère, qu'il évalue à environ cinq fois le poids de l'eau distillée. Comme les matières minérales qui en forment l'enveloppe n'ont en moyenne qu'une pesanteur moitié moins considérable, il s'ensuivrait que la pesanteur de la matière en fusion qui en occupe l'intérieur serait au moins six fois plus grande que celle de l'eau.

______

(1) La leucite ou amphigène renferme en moyenne de 20 à 22 %. de potasse ; l'orthose ou feldspath de potasse, de 16 à 17 ; le mica, de 10 à 20 ; les syénites, granits, porphyres, de 10 à 15 ; enfin les gneiss, de 7 à 8.

De même que la fonte liquide se recouvre, dans le haut-fourneau, d'une couche moins compacte et plus terne que le métal, ainsi la matière en fusion se dérobe-t-elle dans l'intérieur de la terre sous un manteau épais de scories incandescentes, d'une composition variable selon les époques, et bien différentes du liquide igné dont nous venons d'entrevoir les modifications dans les éruptions ou épanchements qui ont successivement traversé l'écorce solide.

Ce sont ces scories qui, réduites en poussière impalpable sous l'action électro-magnétique combinée avec celle de la chaleur, des gaz et de l'eau, sont remontées, avec cette dernière, à l'état de dissolution ou à l'état moléculaire, et, par leur cristallisation ou leur sédimentation, ont formé toutes les couches si nombreuses et si diverses qui sont venues tour à tour se superposer sur les syénites, les granits, les porphyres, les gneiss et les micaschistes non stratifiés, cette première ossature du globe.

Nous retrouvons dans l'ordre de leur élimination les différentes substances successivement expulsées du liquide igné, et la science humaine, grâce aux récents travaux des Rose, Ebelmen, Delesse, Deville et surtout de Daubrée, peut aujourd'hui, malgré son peu d'état d'avancement, soupçonner la loi générale qui a présidé à la composition de la première couche, lentement solidifiée, et à l'étrange cristallisation des éléments divers qu'elle renferme. Plus tard elle dira pourquoi aux silicates à bases multiples ont succédé les silicates à base prédominante de potasse, puis de soude, de magnésie, d'alumine, de chaux, et enfin les silicates purs en masses telles que leurs couches peu nombreuses forment plus des deux tiers de l'épaisseur de la croûte terrestre ; enfin comment, depuis le muschelkalk, les carbonates de chaux de plus en plus purs semblent les seuls à qui soit confiée l'œuvre de la consolider à l'extérieur.

Il me suffit de constater, au point de vue de la création de l'engrais minéral, que, dès le principe, les eaux de la mer se trouvaient saturées d'abord des potasses, puis de la magnésie et de la soude qui s'échappaient de l'intérieur, grâce surtout à l'action des vapeurs chlorhydriques qui facilitaient leur séparation des silicates et augmentaient leur solubilité en se combinant avec elles.

Ici je ne saurais trop admirer la prévoyance divine, qui, dès le premier jour, a répandu, d'une main si libérale, l'élément le plus essentiel à la végétation, dans la mer, au sein de laquelle allaient se former toutes les couches géologiques stratifiées, afin que toutes aient leur part de l'héritage commun. Elle a, en outre, placé à la tête des principaux bassins ces masses syénitiques, granitiques et gneissiques, mines inépuisables de potasse, dont les flancs laissent échapper de toutes leurs nombreuses fissures, pour qu'elles puissent se répandre partout, ces eaux limpides dont la richesse en potasse se trouve attestée par la vigueur de la végétation naturelle qui signale leur passage, et qui, seules, rendent la vie aux sables stériles de ces montagnes. Leur mission est de réparer les pertes incessantes que font subir aux terrains inférieurs les eaux de pluie et de source qui les lavent pour en entraîner les sels les plus précieux au grand réceptacle de l'océan, d'où elles seront utilisées par les générations de l'avenir.

La potasse constitue l'un des éléments les plus importants de l'engrais minéral. La proportion toujours croissante que les eaux s'étaient assimilée, ainsi que nous venons de l'expliquer, depuis leur condensation définitive, déjà si lointaine, ne suffisait pas à la grande œuvre pour laquelle l'intelligence divine semblait avoir concentré et ses prévisions et sa toute-puissance. Aux réserves de la mer il fallait ajouter les contingents du feu et de la terre. — J'ai dit que la dislocation qui avait mis fin au dernier terrain triassique et donné naissance aux formations successives du lias, avait été suivie d'épanchements de serpentine dans le Limousin et la Vendée, et de porphyre noir dans la partie sud-ouest des Vosges et aux environs de Saint-Aubin.

La position relative de ces derniers points, et surtout la similitude qui existe dans la composition de l'engrais minéral et du porphyre noir, démontrent que les éléments de ce dernier ont apporté un puissant concours à la formation du premier.

De nombreuses colonnes de porphyre noir, accompagnées de gaz de toute nature, se sont, aussitôt après la formation des mêmes couches du calcaire rubané qui sert de base aux schistes bitumineux du lias ou engrais minéral, frayé une voie à travers l'écorce solidifiée pour venir se répandre dans la mer en molécules impondérables.

Si, comme lors de toutes les autres formations géo-

logiques postérieures aux roches métamorphiques,
l'eau eût atteint la croûte des scories incandescentes,
la composition de la couche nouvelle eût été complétement différente ; l'étrange diversité de ses éléments
constitutifs eût fait place à une grande simplicité ;
l'engrais minéral n'eût point existé.

Il est le résultat d'un phénomène extraordinaire,
spécial à l'est, au centre et au sud de la France. Sa
création n'est due qu'à la violation de la loi générale,
à une perturbation exceptionnelle, unique dans les
fastes de la géologie. A aucune époque on ne revoit
ce fait hors nature, incompréhensible, qui heurte
toutes les données de la science, miraculeux par excellence, d'une lave se répandant divisée en atomes
d'une ténuité dont rien n'approche, dans une partie
de la mer, pendant des milliers d'années. Là où cesse
le prodige, la règle a repris son empire ; à l'ouest de
la France, en Angleterre comme dans toutes les contrées où l'on s'éloigne du centre du soulèvement, l'engrais minéral manque : des masses argileuses relient
le calcaire à gryphites à l'oolithe jurassique inférieur.

Rivé pendant dix-sept ans, dans une position subalterne, sur le sol ingrat des terrains primitifs, au milieu de miasmes putrides où j'ai laissé mes forces et
ma santé, par l'injustice de ces pachas préfectoraux
qui, enivrés d'un pouvoir sans contrôle dont ils
étaient si peu dignes, étaient parvenus à faire de la
population la plus conservatrice et la plus dévouée à
l'empereur celle qui, la première, a rompu les liens
de l'influence administrative, combien souvent je me

suis pris à rêver, en contemplant la structure du stérile caillou granitique où tant de richesses se trouvaient emprisonnées, par quels moyens l'intelligence
humaine arriverait à les réduire pratiquement en poussières impalpables et à permettre à la végétation de
s'en assimiler les éléments de fertilité.

Je ne pouvais croire que tant de trésors eussent été
créés pour rester à tout jamais enfouis sans utilité.
J'avais la plus profonde conviction que là se trouvait
le remède qui devait sauver notre agriculture d'une
crise dont notre département était, plus que tout autre,
atteint par la libre introduction des céréales étrangères, qui lui avait enlevé ses deux débouchés naturels, la Suisse et le Midi.

Aussi je ne saurais dire quels transports d'enthousiasme, d'admiration et de reconnaissance s'empa-
rèrent de moi, lorsqu'il me fut donné de savoir que le
problème qui m'avait tant occupé était résolu ; que
l'idée qui m'avait séduit avait été réalisée avec la
grandeur et la perfection que le Seigneur sait apporter
à ses œuvres.

Comme pour toutes les rares et capitales découvertes
qui, de loin en loin, sont venues fortifier l'humanité
et la pousser en avant dans l'ère des progrès matériels et moraux, la révélation de l'engrais minéral est arrivée à l'heure suprême où le Seigneur va
sauver la France par la réorganisation de son agriculture.

Les éléments du porphyre noir forment une partie
de ceux de l'engrais minéral. Or, le porphyre noir de
la Haute-Saône, nous apprend Thirria dans la *Statis-*

tique géologique de ce département, si remarquable par l'époque où elle a paru, est une roche d'un brun violacé, qui empâte presque toujours des cristaux de pyroxène augite de couleur vert foncé. D'après M. de Buck, la pâte de ce porphyre est un mélange intime d'environ trois de feldspath et de un de pyroxène. C'est à cette dernière substance qu'est due la teinte brunâtre que présente ordinairement cette roche. A ces éléments se trouve jointe une faible quantité de mica, dont nous ne tiendrons aucun compte, malgré la richesse de ce minéral en alcali ferrugineux.

La composition du pyroxène augite est représentée par les analyses suivantes :

LOCALITÉS.

	Rhongebridge.	L'Eiffel.	Fassa.	La Somma.	L'Etna.
Silice	52,00	49,79	50,15	50,27	52,00
Chaux . . .	14,90	22,54	19,57	12,20	13,90
Oxyde de fer .	12,25	8,02	12,04	20,66	14,66
Magnésie. . .	12,75	12,12	13,48	10,45	10,00
Oxyde de manganèse . .	0,25	»	»	»	2,00
Alumine. . .	5,75	6,67	4,02	3,67	3,34
	97,90	99,14	99,26	97,25	95,20

Le pyroxène augite a la forme cristalline primitive du diopside, mais la couleur est d'un vert foncé, opaque, même pour les lames minces ; sa poussière est brune ; elle raie à peine le verre ; sa densité varie, elle est pour les pyroxènes de :

Rhongebridge.	L'Eiffel.	Fassa.	L'Etna.
3,347	3,356	3,358	3,359

Le feldspath de potasse, que les minéralogistes nomment orthose, présente trois clivages et cristallise en prisme oblique rhomboïdal; il est d'un blanc de lait, grisâtre, verdâtre ou rougeâtre; il raie la chaux phosphatée et le verre, et est rayé par le quartz; sa pesanteur spécifique est 2,53 à 2,618; au chalumeau il devient blanc vitreux et fond, sur les bords, en un verre bulleux, demi-transparent. Il donne, avec le borax, un verre diaphane. Ses analyses fournissent:

	LOCALITÉS.	
	Saint-Gothard.	Cayenne.
Silice	64,20	65,03
Alumine	18,40	17,96
Peroxyde de fer. .	»	0,47
Potasse	16,95	16,21
Chaux.	»	0,35
	99,55	100,02

Cette composition du feldspath de potasse dans toute sa pureté, notamment dans la première analyse faite par M. Berthier sur la variété dite adulaire, n'est pas toujours aussi simple; il arrive très souvent qu'une petite portion de soude vient remplacer la potasse et marquer, d'une manière plus ou moins sensible, le passage de l'orthose au feldspath de soude (albite) sans changer les relations atomiques.

Les analyses suivantes fournissent l'exemple de ce passage par nuances différentes et en rapports sans cesse croissants:

LOCALITÉS.

	Saint-Gothard.	Alabaschka.	Mont-Dore.	Drachenfels.
Silice	65,75	65,91	66,20	66,60
Alumine . . .	18,18	21,00	19,80	18,50
Peroxyde de fer.	»	»	»	»
Potasse . . .	14,14	10,18	6,90	8
Soude	1,44	3,50	3,70	4
Magnésie . . .	traces.	»	2	1,09
Chaux. . . .	id.	0,11	»	»
	99,51	100,70	98,60	98,19

Les sources de calcaire, que les épanchements locaux de la matière ignée n'avaient point taries et qui allaient, dans les formations jurassiques, devenir si abondantes, ont fourni à l'engrais minéral le complément de l'élément calcaire que le porphyre ne contenait qu'en trop faible proportion. Les principes constitutifs de l'engrais minéral étant représentés par 6, nous trouvons que les 3 sixièmes, ou la moitié, proviennent du feldspath, 1 sixième du pyroxène et 2 sixièmes des calcaires alumineux. Tel est le fond auquel viendront s'adjoindre, ainsi que nous l'expliquerons, d'autres substances plus précieuses encore au développement complet et rapide de la végétation.

Aux potasses accumulées dans les eaux de la mer, à celles ajoutées par la décomposition du porphyre noir, il faut ajouter celles qui proviennent des terres émergées.

A cette époque reculée, la mer recouvrait la presque totalité du globe. En France, avons-nous dit, les Vosges, le plateau central, les Pyrénées, la Bretagne, l'extrémité de la Provence, formaient seules les quelques îles qui en rompaient la monotonie. Les terrains cristallisés, vulgairement appelés primitifs, en occupaient la plus grande partie.

Sous l'action incessante des pluies torrentielles chargées d'acides divers, d'une chaleur considérable, des gaz si nombreux dont l'air était infecté, des secousses et des perturbations si fréquentes, les roches subissaient une altération profonde, et les eaux s'emparaient d'une portion des potasses qu'elles renfermaient en si grande abondance, pour les transporter au réservoir commun.

D'autre part, les terrains intermédiaires entre les roches cristallisées et l'engrais minéral, formés dans des eaux dont la richesse en potasse devait s'accroître jusqu'à la création du grand œuvre, restituaient à la mer, par des lavages fréquents dont l'action se trouvait facilitée par la production des nitrates de potasse qui recouvraient sans cesse leur surface, la plus grande partie de l'alcali qu'ils renfermaient.

Enfin la végétation activée, et par la fertilité sans égale des dernières couches émergées, et par l'abondant dégagement des gaz qui s'échappaient du sein des eaux, et par la chaleur terrestre, avait acquis une vigueur qui n'était comparable qu'à celle de la période houillère.

L'abondance des produits végétaux que les eaux entraînaient à la mer était telle que le résidu de leur lente décomposition, mêlé à celui non moins considérable des animaux qui peuplaient en si grand nombre les eaux, a laissé dans l'engrais minéral de 4 à 5 0/0 d'huile et de bitume, et de 10 à 12 0/0 de charbon ligniteux en poussière impalpable (1).

Chacun sait que plus une plante croît rapidement, et plus, desséchée, elle se trouve riche en alcali et en azote.

Les calculs présentés par les princes de la science sur la grande quantité de produits végétaux absorbés dans la formation d'un mètre cube de houille peuvent seuls donner une idée, et de la masse des débris entraînés dans la mer, et de la longue période de temps nécessaire pour constituer la couche de l'engrais minéral, dont l'étendue était si disproportionnée avec celle des terrains émergés et dont l'épaisseur varie de quarante à cent mètres de profondeur.

Nous commençons, depuis ces quelques dernières années, à entrevoir, non encore scientifiquement, mais seulement expérimentalement, de quelles espèces, de quelles proportions et de quelles combinaisons de substances il convient d'alimenter chaque plante pour obtenir le maximum de développement utile.

Le vide le plus absolu se dérobe toujours sous le pathos obscur et embrouillé de ceux qui proclament avec emphase avoir découvert les lois qui président aux mystères de l'acte de la végétation. Il me semble entendre l'enfant qui, tout fier d'être parvenu à grand'peine à balbutier la première lettre de l'al-

______

(1) Les chimistes anciens, en soumettant les matières végétales à l'action d'une température élevée, dans un appareil clos, trouvaient dans toutes ces matières un liquide empyreumatique plus ou moins goudronneux et un résidu de charbon.

phabet, tranche, dans son orgueil suprême et sans efforts cette fois, les problèmes les plus insolubles.

Ce que nous savons, c'est qu'à la chaux, à la silice, à l'alumine, à la potasse, à la soude, il est nécessaire, pour obtenir l'engrais le plus parfait, d'ajouter l'azote, l'acide phosphorique, le soufre, le fer, la magnésie, le chlore et le charbon, parce que chacune de ces substances, entrant dans la composition même de la plante, joue, soit à l'état d'isolement, soit à celui de combinaison, un rôle important dans l'acte de sa croissance , en lui offrant la totalité des éléments qu'elle doit s'assimiler.

Quinze années ne se sont pas écoulées depuis que les maîtres professaient comme axiome nouveau et indiscutable que la richesse d'un engrais était proportionnelle à sa teneur en azote. On était arrivé à ne plus indiquer dans les analyses que le chiffre de l'azote ; l'azote était le principe unique, par excellence, dont il fallait enrichir la terre ; il suffisait à tout, dans tous les cas et pour toutes les plantes ; des prix étaient créés pour favoriser une fabrication abondante et à bon marché d'une substance aussi précieuse ; les entrailles de la terre, le sein des mers, fournirent un ample contingent de cette panacée universelle, suffisant à tout, qui allait révolutionner l'agriculture.

L'expérience fit bientôt justice de cet engouement et de cette exagération. L'azote n'est plus aujourd'hui que l'un des nombreux éléments qui doit, comme chacun de ceux que renferme le végétal, concourir au résultat désiré. Sa présence semble même inutile dans la culture d'un certain nombre de plantes, et son excès n'amène trop souvent que de graves perturbations. Il fallait donc de l'azote dans l'engrais minéral. Nous allons admirer, comme toujours, comment la sagesse de l'Eternel a su, pour rassembler les nouvelles quantités qui étaient nécessaires à sa création de prédilection, faire appel aux puissantes réserves que, dans ses prévisions providentielles, il accumulait depuis de longues époques dans les quatre grands éléments : l'air, l'eau, la terre et le feu.

Les épanchements de matières en fusion étaient, aux premières époques géologiques, accompagnés d'un dégagement de sels ammoniacaux beaucoup plus considérable que celui qui se produit dans les phénomènes volcaniques actuels. Les masses d'eau et d'air qui pénétraient la couche solidifiée, moins épaisse et plus souvent bouleversée qu'aujourd'hui, se décomposaient au milieu des gaz surchauffés, dans l'action électro-magnétique, alors si puissante, du noyau igné. L'azote de l'air, l'hydrogène de l'eau, mis tous deux en liberté, s'unissaient à l'état naissant, si favorable pour les combinaisons, et se convertissaient en ammoniaque. Au sein de la terre se trouvait, au moment où l'engrais minéral allait se former, une énorme quantité de ces sels, due à l'absence de grandes dislocations que nous remarquons dans les couches géologiques qui l'ont précédé. Les épanchements de porphyre, qui semblent, au contraire, n'avoir pas discontinué dans la partie de la mer qui recouvrait nos contrées pendant la longue durée de sa création, n'ont fait qu'ajouter, en donnant un libre passage à l'arrivée de l'eau au foyer intérieur, un développement plus considérable à la naissance de ces sels sous la voûte terrestre, à travers laquelle ils étaient repoussés jusque dans les eaux supérieures, qui les absorbaient.

A la proportion de ces sels rejetés de l'intérieur depuis le commencement de la vie planétaire était venue s'ajouter celle fournie par l'air et la terre émergée.

Pour rendre moins obscur l'exposé des phénomènes qui se sont succédé au sein de l'atmosphère aux époques reculées, et dont l'étude nous est indispensable pour nous aider à comprendre la formation de l'engrais minéral, jetons un rapide regard sur ceux que la science vient seulement, par les travaux de ces dernières années, de découvrir dans notre air épuré.

Et d'abord, l'air que nous respirons se compose, comme chacun sait, sur mille litres en volume : de 208 litres d'oxygène, de 792 litres d'azote et de 1/2 à 1/4 de litre d'acide carbonique ; ou bien en poids, sur 1,000 kil., de 230 kil. d'oxygène et de 770 kil. d'azote. Il renferme en outre de la vapeur d'eau, une faible quantité d'ammoniaque, qui varie de 20 centièmes de milligramme à 5 milligrammes par mètre cube, selon les localités et l'état d'épuration que lui ont fait subir les pluies ; de matières solides diverses, soit à l'état de poussière, soit en dissolution dans l'eau atmosphérique, et de miasmes provenant de la décomposition putride des animaux et des plantes.

L'azote est, comme l'oxygène, une substance divisée en molécules tellement ténues qu'elle en est devenue invisible. Ce gaz n'a ni couleur, ni odeur, ni saveur appréciable. Bien différent de l'oxygène, il ne peut entretenir ni la respiration ni la combustion. Un animal périt bien vite asphyxié si on le force à séjourner dans l'azote ; une plante ne tarderait pas non plus à s'y flétrir ; une bougie s'y éteindrait de suite. D'après sa nature et ses propriétés, il peut sembler surprenant qu'il entre comme partie essentielle dans la composition de tous les animaux et de toutes les plantes. On le trouve dans tous les aliments ; les engrais les plus énergiques (les nitrates d'ammoniaque AzO^5, AzH^3, HO) en renferment jusqu'à 41 °/₀ de leur poids. Il joue un rôle si important dans la vie animale que la plupart des physiologistes admettent que les aliments ont un pouvoir nutritif proportionné à leur richesse en azote.

L'expérience nous apprend que l'homme éprouve un sentiment de malaise très prononcé lorsque la proportion de l'acide carbonique contenue dans l'air dépasse 5 millièmes, c'est-à-dire 5 litres sur 1,000. Ce malaise commence à devenir difficilement supportable lorsque cette proportion atteint 1 °/₀ .

Si l'on admet qu'en France la quantité de pluie qui tombe annuellement s'élève en moyenne à 60 centimètres de hauteur, un hectare en recevrait 6,000 mètres cubes ou six millions de kilogrammes, contenant, d'après les expériences de Brandes, 156 kilogrammes de matières solides en dissolution, et d'après Isidore Pierre, plus de 147 kilogrammes et demi.

De l'ensemble des recherches toutes récentes de **MM**. Pouriau, Bineau, Barral et Boussingault, il résulte que la quantité d'ammoniaque et d'acide nitrique contenue dans les eaux pluviales, dans les neiges, surtout lorsqu'elles ont séjourné quelque temps sur le sol, dans les brouillards et les rosées, dépasse toute prévision et peut s'élever en moyenne à plus de 40 kilogrammes de chacune de ces deux substances, par année, pour chaque hectare, c'est-à-dire à un total au moins égal à celui fourni par la fumure annuelle donnée par le cultivateur à sa terre.

De là une des causes de la loi découverte par Georges Ville, que s'il faut de toute nécessité restituer au sol une quantité de potasse, phosphate et sulfate de chaux, au moins égale à celle que lui a enlevée la récolte, l'on peut se contenter de lui rendre en moyenne moitié de l'azote prélevé sur lui.

De là encore la vérification de ce vieux dicton populaire, que brouillards et neiges qui durent engraissent la terre. Ici, comme en maintes autres circonstances, expérience a passé science, c'est-à-dire que l'expérience séculaire d'un fait bien constaté avait permis d'en tirer des conclusions qui ont été taxées de préjugés par les savants, jusqu'au jour bien récent où ils en ont trouvé l'explication.

Que ce soit un motif de plus à ajouter à tant d'autres, de la réserve qu'il convient d'apporter dans cette accusation de routine que tant de gens ont sans cesse à la bouche, lorsqu'ils parlent avec un si profond dédain des usages locaux ou des dictons populaires qui, presque toujours, ont eu et ont encore leur raison d'être.

MM. Grager, Kemp, Frésénius et Isidore Pierre ont demandé la démonstration de l'exactitude de ces faits à l'analyse de l'air, et, en trouvant depuis 20 centièmes de milligramme jusqu'à 4 milligrammes et demi d'ammoniaque (AzH^3) par mètre cube, ont confirmé les expériences de leurs savants prédécesseurs.

Ces faits, joints à d'autres que nous essaierons d'effleurer en temps et lieu, jettent un jour à peu près complet sur les causes de l'efficacité des jachères et la nécessité d'augmenter sans cesse, par des labours répétés, la porosité des terres, afin d'aider à la combinaison, à l'absorption et surtout à la rétention des sels provenant de l'atmosphère [1].

Nous venons de constater les quantités importantes d'ammoniaque et de nitrate d'ammoniaque que renferment et notre atmosphère actuelle et les eaux pluviales, neiges, rosées et brouillards, qui ne cessent de l'épurer. Essayons maintenant, dans la mesure de notre impuissance, d'en rechercher et découvrir l'origine. L'étude des phénomènes de notre époque sera le flambeau à l'aide duquel nous nous élancerons hardiment dans les mystérieuses obscurités des temps primitifs, pour dérober, au profit de l'humanité qui en a un si réel besoin, quelques-uns de leurs trésors, dont l'existence jusqu'ici n'était même pas soupçonnée.

---

[1] Voir, sur ces intéressantes questions, la *Chimie agricole* de notre savant et si modeste professeur Isidore Pierre, pages 39 et suivantes. Je ne saurais recommander avec trop d'insistance à tous ceux qui veulent étudier et pratiquer l'agriculture avec intelligence et profit, la lecture journalière de ce petit livre si nourri de faits, et qui me semble le plus utile et le plus complet de notre époque.

Les sels ammoniacaux émanent de trois sources principales, qui ont diminué sans cesse depuis la naissance de la vie planétaire; ce qui constitue l'une des causes principales de la décroissance continuelle de la vigueur végétale, du jour où elle a atteint son apogée dans les schistes carbonifères, jusqu'à l'époque actuelle.

Nous avons vu que la première, autrefois la plus abondante, provenait de la combinaison qui se formait, à la surface du noyau igné, entre l'azote et l'hydrogène de l'air et de l'eau, sous la triple action de la chaleur, des courants électro-magnétiques et des gaz.

La foudre, à son tour, opère dans l'atmosphère les mêmes combinaisons, et permet à cette dernière de fournir un ample contingent d'ammoniaque se renouvelant sans cesse.

Enfin la couche arable du sol, par une double production continue, naissant l'une de l'autre, crée l'acide nitrique à l'aide de l'ammoniaque, et l'ammoniaque à l'aide de l'acide nitrique, de telle sorte que, par une action réciproque, chacune de ces substances, comme un germe qui se féconde ou un levain qui s'accroît, voit sa quantité s'augmenter aux dépens de l'air qu'elle décompose pour s'assimiler une partie de ses éléments.

C'est à cette double action, qui s'effectue dans la nature sous plus d'une forme, que l'agriculture de l'avenir doit surtout s'attacher, parce que là seulement se trouvent les moyens d'enchaîner les éléments et de les forcer à concourir à la fertilité du sol, sans peine ni dépense de la part de l'homme.

Je dirai plus loin comment mes appréciations théoriques sur la quotité des éléments qui constituaient l'engrais minéral s'étaient trouvées tellement justes, que j'avais forcé, par la ténacité de mes convictions, ceux qui voulaient bien m'aider de leurs nombreuses, savantes et contradictoires analyses, à vaincre les obstacles qui avaient faussé leurs données premières.

A force de recherches et d'études, ils étaient parvenus à tomber d'accord avec moi sur tous les points, à l'exception d'un seul. Je soutenais avec une invincible opiniâtreté que la proportion d'azote renfermée dans l'engrais minéral était nécessairement plus considérable que celle qu'ils persistaient tous à m'indiquer.

Mon esprit était à la torture. Je ne pouvais admettre que ce produit, si admirablement équilibré dans tous ses éléments, si complet, dont les résultats dépassaient toutes les espérances, offrît une telle lacune.

Ce ne fut qu'après de bien longues et bien profondes méditations, que j'acquis plus tard la certitude que ce qui m'avait semblé un défaut capital, auquel mon esprit ne pouvait croire, constituait sa vertu la plus précieuse, son efficacité la plus puissante et la plus énergique.

Dieu, dans sa sagesse infinie, s'était servi du temps pour enlever aux substances qui devaient concourir à la formation de sa plus belle œuvre matérielle tout l'oxygène dont elles étaient si avides, afin qu'au jour lointain où elles sortiraient enfin de leur long sommeil, elles vinssent révéler à l'homme la providentielle bonté du Créateur.

7

Revenues à leur état primitif de poussière impalpable, elles décomposeront dans le sol humide, à l'aide du courant électrique qui s'y formera, l'air et l'eau, pour s'emparer de leur oxygène et unir, à l'état naissant, si propre aux combinaisons chimiques, l'azote et l'hydrogène mis en liberté.

L'engrais minéral allait ainsi fournir à la plante, dans la proportion de ses besoins et aux époques où ils lui seront le plus utiles, d'énormes quantités de sels ammoniacaux.

Mes yeux s'ouvrirent, et je ne pus qu'admirer par quel prodige nouveau le problème de la création sans frais et en quotités indéfinies des nitrates et ammoniaques nécessaires à l'agriculture, problème contre lequel s'était vainement heurtée l'intelligence de l'homme, venait d'être aussi complétement résolu sans lui et en dehors de lui.

L'engrais minéral sera le levier qui va nous aider à atteindre un but qui, aux yeux de bien des agriculteurs intelligents, doit paraître si extraordinaire et si magnifique que les plus indulgents le traiteront peut-être de chimérique.

Si l'engrais du présent semble n'avoir qu'une mission, celle de présenter aux végétaux les substances qu'ils peuvent le plus facilement s'assimiler, l'engrais minéral, c'est-à-dire celui de l'avenir, doit en outre, comme le phénix, renaître de ses cendres, se reproduire et remplacer une partie des éléments utiles qu'il fournira à la plante par des éléments nouveaux. Il sera le point de départ d'une nouvelle ère et de la grande révolution pacifique qui, sous l'influence intelligente de l'homme, doit faire remonter à la terre le cours des âges, pour lui rendre bientôt sa fertilité primitive et faire marcher l'humanité en avant par la perfectibilité de son principal instrument.

Ces idées sont trop séduisantes pour que je ne supplie pas mon lecteur de vouloir bien me suivre au milieu de quelques détails arides qui lui feront entrevoir la possibilité de leur réalisation prochaine.

Toutes les fois que l'acide nitrique, libre ou combiné à l'état de nitrate, se trouve en présence de l'hydrogène à l'état naissant, c'est-à-dire au moment où il se dégage de l'une de ses combinaisons, il peut être transformé complétement en ammoniaque. Si on verse sur du zinc, du fer ou quelques autres métaux, de l'acide sulfurique étendu de cinq à six fois son poids d'eau, il se dégage de l'hydrogène ; jette-t-on dans ce mélange quelques fragments de salpêtre ordinaire, on voit aussitôt le dégagement d'hydrogène se ralentir ou même quelquefois s'arrêter tout à fait ; l'acide du nitrate s'est décomposé, s'est transformé en ammoniaque, et on trouve dans la liqueur une grande quantité de nitrate d'ammoniaque. Tous les nitrates produiraient le même effet que le salpêtre (nitrate ou azotate de potasse, KO, AzO^5). Si, au lieu d'acide sulfurique, on employait l'acide chlorhydrique affaibli, un phénomène semblable se manifesterait, mais plus rapidement, plus énergiquement, et il se produirait du [chlorhydrate d'ammoniaque.

Si, au lieu d'un nitrate, on se servait d'acide nitrique affaibli par l'eau, celui-ci, agissant seul sur les métaux que nous venons de citer, donnerait également lieu à une production d'ammoniaque.

Ainsi, d'après les expériences de Desfosses, lorsqu'on mélange ensemble 100 grammes de limaille de fer, 20 grammes d'eau, 6 grammes d'acide chlorhydrique et 5 grammes de nitrate de potasse, le fer s'oxyde rapidement, et il se dégage de l'ammoniaque. Le résidu contient de la potasse. En mélangeant 100 grammes de limaille de fer, 20 grammes d'eau et 8 grammes de nitrate de potasse, le fer s'oxyde encore ; il se dégage de l'ammoniaque en abondance, et il se produit du carbonate de potasse.

Avec les substances suivantes : limaille de fer, 100 grammes ; acide nitrique, 5 grammes ; eau, 20 grammes ; sel ammoniacal, 5 grammes, la masse s'échauffe fortement, et il se dégage en grande quantité de l'ammoniaque provenant de la décomposition complète de l'acide et du sel ammoniacal. L'intervention de l'acide peut être supprimée sans que l'effet en soit diminué.

Si, au lieu d'un métal, on employait, dans ces expériences, un sulfure susceptible de donner de l'acide sulfhydrique sous l'influence des acides, il se produirait encore de l'ammoniaque, et il se ferait un dépôt de soufre.

La formation de l'ammoniaque peut encore être facilitée dans beaucoup de cas par la présence de certaines matières poreuses ou spongieuses. Ainsi, lorsqu'on fait arriver sur du platine en éponge, à une température élevée, un mélange d'acide nitrique en vapeur et d'hydrogène en excès, ou bien encore, à une température un peu au-dessus de l'ordinaire, un mélange d'hydrogène en excès et de protoxyde d'azote, il se produit de l'ammoniaque en abondance.

Si, au lieu d'acide nitrique ou de protoxyde d'azote, on emploie l'acide hyponitrique, l'action est encore plus vive; elle se produit même à froid; le platine s'échauffe rapidement, et il peut y avoir danger d'explosion si le dégagement est rapide, c'est-à-dire si on opère sur une grande quantité à la fois.

M. Reiset a reconnu que l'oxyde rouge de fer (peroxyde, sesquioxyde) peut remplacer le platine en éponge dans le cas du bioxyde d'azote, pourvu que l'hydrogène ne soit pas en excès; d'autres substances poreuses jouiraient vraisemblablement de la même faculté.

Lorsque l'on verse de l'acide nitrique ou de l'acide hyponitrique sur de l'essence de térébenthine, il se forme également de l'ammoniaque ; en un mot, toutes les fois que, dans des circonstances favorables à la combinaison, l'hydrogène, pur ou combiné, se trouve en contact avec un composé oxygéné d'azote, il se forme de l'ammoniaque.

Dans les expériences qui précèdent, on voit toujours l'intervention d'une matière azotée. Nous allons maintenant en citer d'autres, dans lesquelles l'azote nécessaire à la production de l'ammoniaque se trouve emprunté à l'air atmosphérique.

Du résultat de ses travaux, M. Mulder conclut à ce que les oxydations qui s'effectuent aux dépens de l'air, et de l'eau donnent naissance à une petite quantité d'ammoniaque, résultant de la combinaison de l'azote de l'air avec l'hydrogène de l'eau.

Dans un flacon bien lavé, il a introduit de la poussière de charbon bien calciné, délayée avec de l'eau, en laissant les 7/8 du flacon plein d'air; au bout de trois mois d'été, l'eau qui mouillait le charbon a fourni des traces appréciables d'ammoniaque.

En remplaçant le charbon par l'acide humique bien exempt d'ammoniaque, obtenu par le sucre et l'acide chlorhydrique, il a trouvé dans le flacon, au bout de six mois, une quantité considérable d'ammoniaque.

Un mot encore, et nous en avons fini avec ces études fastidieuses, mais indispensables pour aborder avec succès l'exposé des phénomènes qui se sont passés à des époques bien éloignées de la nôtre.

Sous l'action de la chaleur, de l'humidité et surtout de la porosité, l'eau aérée, qui contient, à l'état de condensation, de l'oxygène et de l'azote, voit s'opérer la combinaison de ces deux corps, d'où résulte l'acide nitrique, et cet acide s'unit à l'ammoniaque : une partie de cette ammoniaque, en présence de l'oxygène dissous dans l'eau, lui cède à son tour quelque peu de son azote, et donne naissance à de nouvelles proportions d'acide nitrique. Les corps poreux facilitent cette multiplication. Renferment-ils du calcaire, le nitrate d'ammoniaque et le carbonate de chaux produisent, par leur combinaison, le nitrate de chaux. Si ce dernier se trouve mélangé avec des nitrates de potasse, de soude et de magnésie, cela vient de ce qu'au calcaire se trouvaient joints des carbonates de potasse, de soude et de magnésie. Le carbonate d'ammoniaque, mis en liberté par cette transformation, soumis aux mêmes influences, donnera lieu à une nouvelle production de nitrate ; de telle sorte que l'on comprend parfaitement comment une faible dose de carbonate d'ammoniaque peut suffire à la création d'une grande quantité de nitrate : c'est la boule de neige qui s'accroît, c'est le capital qui grossit par la circulation.

La production spontanée des nitrates est sanctionnée par la pratique de chaque jour.

Que l'on construise de petits murs de faible épaisseur avec de la terre calcaire peu argileuse, mêlée et gâchée avec de la cendre, de la poussière de charbon, de la paille et même du fumier ; que l'on couvre ces matières d'un toit de gazon ou de toute autre matière, et qu'on les arrose de temps à autre, on obtiendra au bout de l'année des terres chargées de nitrate de potasse, surtout lorsqu'elles auront été préservées des grandes pluies. Si on n'a pas ajouté de cendres au mélange, on obtiendra moins de nitrate de potasse et plus de nitrate de chaux.

Comme le cultivateur n'est pas obligé de lessiver ses terres pour en extraire le salpêtre, mais qu'il peut les transporter immédiatement dans ses champs, les principaux frais sont évités, et l'on obtient des nitrates à un prix raisonnable.

L'emploi du fumier dans cette pratique n'est pas indispensable ; on pourrait y suppléer par des arrosages avec les eaux souvent perdues qui proviennent des lessives des blanchisseuses de linge.

Les terres qui ont déjà été lessivées pour l'extraction du salpêtre ont acquis une aptitude particulière à en former de nouveau, et on obtient une nitrification rapide en se bornant à les arroser, à les exposer au soleil et à les mettre à l'abri des courants d'air qui pourraient entraîner les gaz nitrifiants à mesure de leur production; de même que les terres à salpêtre, les charrées ou cendres lessivées, mises en tas, exposées à l'air, abritées de la pluie, se nitrifient facilement, si on a la précaution de les remuer souvent. De là, sans doute, provient la principale cause de l'efficacité des charrées comme engrais.

On augmenterait leur aptitude à se nitrifier, si on avait la précaution de les arroser, soit avec les vieilles eaux de lessive des blanchisseuses, soit avec une petite quantité de ces eaux de fumier qu'on laisse perdre si souvent.

Les marnes calcaires doivent se comporter de la même façon, car M. de Gasparin, après y avoir constaté la présence des nitrates, les a lessivées et s'est assuré qu'à la suite d'une exposition à l'air de plusieurs mois, il s'est produit une nouvelle quantité de salpêtre.

C'est sans doute à la nitrification qui s'opère dans leur masse qu'un grand nombre d'engrais composts doivent une partie de leur pouvoir fertilisant [1].

Grâce à ces aperçus, j'espère faire mieux comprendre ce que j'ai vu dans mon court voyage à travers les temps.

---

[1] Plusieurs de ces données sont tirées de la *Chimie agricole* d'Isidore Pierre, pages 405 et suivantes.

Sans parler des combinaisons multiples qui se sont effectuées lorsqu'à la suite d'un abaissement de chaleur les métaux se condensèrent successivement pour former une sphère en fusion, ainsi qu'un essaim d'abeilles détaché de la ruche mère, qui, après avoir erré comme un nuage, se réunit peu à peu en une masse serrée là où s'est enfin arrêtée la reine mère, passons rapidement sur la longue époque où toute l'eau se trouvait encore à l'état gazeux dans l'atmosphère. Au contact des froides régions de l'éthérée, le courant d'air chaud, saturé d'humidité, se condensait en pluie perpétuelle, au milieu des éclats d'un tonnerre permanent, pour venir tomber sur le feu de la sphère, qui la faisait rebondir en vapeurs élastiques jusqu'aux régions aériennes les plus éloignées, d'où elle sortait. Dans cette course sans fin entre les deux limites extrêmes de l'atmosphère, l'eau emportait, à l'état de gaz, de la chaleur à son départ, pour rapporter, condensée, du froid à son retour.

Les décharges électriques qui, lors de ce travail incessant, illuminaient, au milieu des éclats les plus retentissants, de leurs sillons de feu continus les régions supérieures, produisaient une masse d'ammoniaque et d'acide nitrique qui, entraînée par les pluies, venait s'augmenter par la brusque volatilisation que lui faisait subir la chaleur de la masse ignée, en facilitant, dans cette énergique action, la double union de l'oxygène et de l'azote de l'air avec l'hydrogène de l'eau mis en liberté.

Aussi, lorsque le froid apporté par chacune des innombrables petites gouttelettes d'eau eut, à l'aide d'une longue, bien longue période, assez refroidi la puissante masse en fusion pour que, suivant l'expression de la Genèse, les eaux qui étaient sous le firmament fussent séparées de celles qui étaient au-dessus et formassent la mer, elles étaient abondamment pourvues de cette ammoniaque, dont elles pouvaient absorber jusqu'à 400 fois leur volume. Dieu a voulu que cette substance, qui devait, lorsque l'heure de la plante serait arrivée, être la plus utile à la végétation, apparût la première, avant même la potasse, qui n'occupe que le second rang.

A cette première source permanente d'ammoniaque en succéda une, non moins puissante, dès que la croûte terrestre fut solidifiée. Trop faible pour résister à la puissance extensive des gaz intérieurs, ou pour se soutenir sur le vide produit par le retrait qu'éprouvait insensiblement le noyau igné, à la suite de la perte continue d'une partie de son calorique, elle subissait, au milieu des convulsions qui ne cessaient de l'agiter, d'affreux brisements. L'eau, qui la recouvrait entièrement, se précipitait par les solutions de continuité en masses impétueuses, repoussées à leur tour à la surface extérieure, partie à l'état gazeux, partie à celui de liquide bouillant, après s'être enrichies de toute l'ammoniaque nouvelle créée par la combinaison de l'azote de l'air avec l'hydrogène mis en liberté par la vaporisation.

Plus tard enfin, lorsque la terre émergea, une troisième source d'ammoniaque se forma. Bien faible d'abord, sa production allait peu à peu s'agrandir, en présence de la décroissance successive des deux autres. Aussi, dès que la température fut suffisamment abaissée pour permettre à la végétation de venir enfin embellir une terre jusque-là désolée, l'abondance excessive des sels ammoniacaux que la plante trouva dans le sol et reçut par les eaux pluviales fut-elle la cause prépondérante, au milieu de tant d'autres, qui lui assura bientôt le maximum de son développement, celui qu'elle a atteint dans les schistes de la période carbonifère. L'étendue et la puissance des dépôts de houille qui ont absorbé, ainsi que nous l'avons déjà fait remarquer, environ 2 pour 100 d'azote; la formation de ces immenses bancs d'argile et de quartz qui séparent le terrain houiller du muschelkalk, avaient fortement entamé la réserve puissante d'ammoniaque que la mer renfermait dans son sein; il fallait de toute nécessité la reconstituer pour enrichir l'engrais minéral de son plus utile principe. Nous allons chercher à exposer par quels admirables procédés Dieu a su arriver au but qu'il se proposait.

L'éruption qui, pendant la lente formation des schistes bitumineux du lias supérieur, se continua au fond de la mer, apporta un nouveau contingent plus riche que par le passé de sels ammoniacaux, parce qu'à aucune époque la décomposition de l'eau ne se fit d'une manière aussi complète et pendant une aussi longue durée. La terre semblait avoir voulu se reposer pendant de longues périodes de siècles, comme pour se préparer à cet enfantement laborieux, qui devait être le dernier. Des masses de calcaire allaient, une fois la grande œuvre achevée, ajouter à la nouvelle croûte solidifiée une nouvelle armure si épaisse que, dorénavant, elle pourrait bien être parfois momentanément traversée par quelques rares jets de matières en fusion, ou, plus tard encore, voir le volcan ouvrir de distance en distance ses soupapes de sûreté et vomir des cendres et des laves ; mais l'ère des grandes fissures, par où s'échapperaient des fleuves verticaux de matières en fusion, accompagnées de vapeurs de toutes sortes, allait se fermer à tout jamais.

Les chaudes émanations qui s'échappaient de cette vaste mer, en épaississant l'air qu'elles infectaient, en y entraînant des molécules solides de toute nature, en redoublant l'activité et l'énergie des courants électriques et multipliant les décharges qui sillonnaient l'atmosphère, donnèrent à la formation des nitrates et des azotates une activité nouvelle. Les pluies qui se déversaient sur l'Océan retrouvaient en les traversant les richesses qu'elles avaient perdues depuis les temps primitifs. Si Barral a constaté que, dans notre ciel épuré, les eaux pluviales seules fournissent, chaque année, par hectare, plus de 63 kilog. d'acide nitrique, de 15 kilog. d'ammoniaque et de 13 kilog. de chlore, abstraction faite de l'apport considérable que les neiges, les brouillards et les rosées apportent à la terre, combien plus importantes étaient, dans les conditions extraordinairement favorables de cette époque, les quantités alors produites !

Si la mer et l'air ont, sous le souffle divin, retrouvé une seconde fois cette force productive qu'avait épuisée pour un temps si long la formation de la houille, afin d'arriver à la création plus importante encore de l'engrais minéral, la terre, cette fois, surpassa leur fécondité. Il semble qu'elle ait compris que l'œuvre à laquelle elle allait concourir la ferait grandir encore, en surélevant un jour l'homme, dont elle n'était que le piédestal. Si la houille avait, en décuplant par la vapeur la puissance industrielle des nations, accru la richesse de quelques-uns, l'engrais minéral pouvait seul la donner à tous et ouvrir l'ère de l'émancipation de l'humanité tout entière.

Nous savons que les argiles conservent mieux leur azote et leur potasse que les terres calcaires, et que ces dernières seules, en vertu sans doute de leur porosité, donnent lieu à cet étrange phénomène de la nitrification, dont nous ne pouvons que constater les résultats, sans que les explications nombreuses et souvent contradictoires qui nous sont données chaque jour satisfassent notre intelligence. Ce que l'expérience, ce guide le plus sûr en agriculture, nous apprend encore, c'est que la potasse et l'azote, pour arriver au maximum de leur effet utile, ont besoin d'être combinés avec l'hydrogène ou l'oxygène pour former des nitrates ou des sels ammoniacaux. L'engrais minéral devait donc nécessairement, pour atteindre son but, contenir de fortes proportions d'azotate de potasse, produits de cette union. Nous allons voir comment le sol émergé et l'air, par une action réciproque de l'un sur l'autre, par des réactions chimiques dont la nature actuelle nous offre tant d'exem-

ples, devaient fournir à la mer les quantités énormes
dont elle allait avoir besoin.

Chacun connaît l'incroyable affinité du carbonate
de chaux pour l'ammoniaque, et sait avec quelle facilité il se combine avec elle pour former le carbonate
d'ammoniaque, qui joue dans la végétation un rôle si
important (1). Mais, hélas ! cette union est bien éphémère ; au seul souffle de l'air, elle se sépare pour
s'envoler avec lui dans les régions éthérées.

Les îles ou noyaux autour desquels allaient successivement s'ajouter, à chaque grande convulsion du
globe, une ceinture nouvelle, mais qui devaient rester
les faîtes de nos continents actuels, se dressaient alors,
au milieu de l'immense étendue des eaux, en étages
successifs. Les terrains primitifs, la plupart à base de
potasse, en constituaient la partie supérieure, tandis
que les trois derniers venus, éminemment calcaires,
le muschelkalk, le keuper et le lias, en formaient les
assises inférieures. Les schistes et grès intermédiaires
se trouvaient en partie recouverts par les débris plus
ou moins arrondis que les torrents avaient entraînés
des points élevés.

(1) M. Boussingault pense que le carbonate de chaux non-seulement fournit aux plantes l'élément calcaire dont elles ont besoin,
mais qu'il agit encore d'une manière spéciale sur les engrais, en
changeant, par voie de double décomposition, les sels ammoniacaux
qui s'y trouvent contenus, mais qui ne sont pas immédiatement assimilables, en carbonate d'ammoniaque, qui porte dans les plantes
l'azote et le carbone de la matière organique des fumiers. On ne peut
expliquer la faible durée des engrais dans les terres très calcaires
que par la transformation en carbonate d'ammoniaque très volatil que
le carbonate de chaux fait subir à la matière azotée de ces engrais.

Au moment de la formation de l'engrais minéral, je vis chacun des terrains sortis des eaux concourir, selon sa nature, dans des conditions toutes spéciales qui ne s'étaient jamais et ne se sont plus représentées aussi favorables, à la production de la plus grande quantité possible d'azotates d'ammoniaque et de potasse.

Nous avons dit par quelles causes la végétation avait une seconde fois atteint sur notre globe une vigueur exceptionnelle. Ses produits, plus considérables qu'à l'époque carbonifère, parce que beaucoup plus grande était alors l'étendue de la terre émergée, se trouvaient en majeure partie entraînés à la mer, le surplus venant accroître la fécondité du sol qui les avait vus naître.

Le lias était bien le Benjamin comblé de toutes les tendresses maternelles. Composé d'argiles calcaires riches en potasse et en acide phosphorique, et de débris d'animaux fortement azotés, sa fécondité n'a jamais eu d'égale. Il semble n'avoir été créé que pour fournir à sa mère le complément des richesses dont elle avait besoin pour le grand œuvre. En retour, elle allait lui confier, en le quittant, l'héritage sacré qui devait un jour enrichir la famille tout entière et changer la face de la terre, en donnant à l'homme, son maître, une puissance jusque-là inespérée.

Sous les voûtes épaisses des splendides végétaux arborescents de cette époque, se forment sans cesse, grâce à l'action multiple de l'humidité, de la chaleur, de la porosité, des éléments calcaires et des sels ammoniacaux, d'épaisses couches d'azotate de potasse, qui renaissent au fur et à mesure de leur enlèvement. Les eaux, qui s'échappaient si riches en potasse des terrains granitiques supérieurs, ou si chargées d'acide nitrique du sein de l'atmosphère, pénétrant dans l'étage calcaire le plus élevé, celui du muschelkalk, favorisaient, par un lessivage continuel, la production d'azotates qui, entraînés à leur tour sur l'étage moyen, celui du keuper, étaient le levain et la semence d'où sortait une couche plus abondante encore. Enfin, cette dernière, traversant pour se rendre à la mer l'étage inférieur, se multipliait avec une magique rapidité dans le lias, cette nitrière la mieux organisée et la plus féconde que l'imagination de l'homme ait pu rêver.

Cette formation du nitrate de potasse, dont les limons azotés du Gange nous offrent aujourd'hui une idée bien affaiblie, et dont nous trouvons quelque analogie, à l'époque actuelle, dans la production naturelle du nitrate de chaux en France et du nitrate de soude au Pérou, s'effectuait depuis les apparitions successives des terrains calcaires du muschelkalk et du keuper, mais elle n'acquit son maximum d'intensité qu'à la suite de l'émersion du lias.

Aussi, à chacun des orages, dont la fréquence égalait la violence, les eaux pluviales se saturaient des incroyables quantités d'azotate de potasse et d'ammoniaque qu'elles rencontraient en balayant successivement les étages échelonnés sur leur route, et amenaient au grand réservoir commun des richesses qui, cette fois, ne s'en échappaient plus.

L'acide phosphorique joue avec la potasse, l'azote

et la chaux, un rôle trop important dans la végétation en général, et dans celle des céréales en particulier, pour qu'un engrais aussi complet que l'engrais minéral n'en contînt pas une certaine proportion. La prévoyance divine, qui a présidé à l'organisation de toutes choses avec une sagesse qui confond la sagesse humaine, a voulu que les eaux en renfermassent, dès le premier jour, d'énormes quantités, afin que tous les terrains, en se formant successivement dans leur sein, en fussent abondamment pourvus, parce que tous étaient créés dans le but principal de concourir à l'alimentation de l'homme.

Nous le rencontrons presque toujours uni aux bases de chaux et de magnésie, en gisements considérables dans un grand nombre de terrains anciens et modernes. Il est en petits filons dans le granit; il accompagne certaines mines d'étain; il forme des rognons dans le schiste talqueux du Zillerthal et est associé à l'albite du Saint-Gothard. Les cristaux transparents d'Ala sont dans le schiste chloriteux; on le trouve dans le fer oxydulé d'Arendal, où il accompagne l'amphibole, le grenat, le pyroxène et l'épidote; près de Rome, il se recueille dans les roches volcaniques. A Logrosan et à Truxillo, en Estramadure (Espagne), il forme, sous le nom de phosphorites, des collines entières, sur une étendue de plusieurs milles. Sa teneur en phosphate de chaux est alors de plus de 81 0/0.

Lorsque, il y a quelques années à peine, l'utilité de cet engrais si précieux de fertilité fut bien démontrée, une noble émulation s'empara de ces hommes d'action qui ne font jamais défaut en France lorsqu'il

s'agit de l'exécution d'une grande œuvre. Les Meugy,
les Sens, les de Lanoue, explorèrent de toutes parts
notre territoire et ne tardèrent pas à signaler d'importantes découvertes. Nesbitt , chimiste agricole à
Londres, et Thurneyssen, de Paris, marchèrent bientôt sur leurs traces. Enfin , de Molon put annoncer à
l'Académie des sciences l'existence de nouveaux gisements d'une puissance , d'une étendue et d'une richesse bien supérieures à tous ceux indiqués jusqu'a-
lors. Pour la première fois, il proclama, en se basant
sur une série de recherches et de faits bien constatés,
l'existence de gîtes immenses de phosphate de chaux
sur toute l'étendue du bassin dit anglo-parisien, dont
Paris est le centre, et qui embrasse 39 départements,
dans la craie, et surtout dans la couche supérieure
du sable vert, qui se trouve immédiatement au-dessous de la craie inférieure.

Consulté, par ordre de l'empereur, sur l'importance
agricole de ces richesses nouvellement découvertes,
Bobierre répondit :

« Je manquerais, pour ma part, aux devoirs imposés
» à ma conscience par l'honneur que me fait Sa Ma-
» jesté en me consultant aujourd'hui, si je ne décla-
» rais, en me basant sur des études longues et appro-
» fondies, que peu de problèmes économiques me
» semblent plus importants que ceux qui se rattachent
» aux gisements et au commerce des engrais indus-
» triels.

» Encourager la recherche et l'exploitation des gi-
» sements d'acide phosphorique, protéger l'acheteur
» contre la falsification des engrais, tels sont les bien-

» faits que l'agriculture française doit solliciter avec
» ardeur du gouvernement de Sa Majesté.

» Il n'y a aucune comparaison possible entre les
» roches phosphatiques très difficilement assimilables
» et les nodules de phosphate de chaux trouvés en
» France par M. de Molon. Ceux-ci ont une texture
» qui, modifiée par l'action successive de la chaleur,
» de l'eau froide, de la pulvérisation, et enfin du mé-
» lange avec quelques substances organiques, se prête
» à la dissolution dans le sol et à l'absorption ulté-
» rieure par l'organisme végétal. La possibilité de
» rendre cette absorption plus ou moins prompte de-
» vient, du reste, secondaire et se modifie selon les
» terrains et les cultures, ainsi d'ailleurs que cela se
» remarque dans l'emploi des noirs d'os.

» J'ai la conviction que l'exploitation des nodules
» de phosphate de chaux sur une vaste échelle, et
» que leur traitement en vue des besoins agricoles,
» peuvent avoir une très grande portée sur l'agriculture
» des vastes régions de l'empire, et, en particulier,
» des départements de l'ouest et du centre. A leur
» aide, en effet, et sous l'influence de dépenses re-
» lativement moins fortes, les défrichements de landes
» prendraient une nouvelle activité ; car l'abondance
» de l'acide phosphorique sur le marché apporterait
» tout à la fois un élément de fertilisation au pro-
» ducteur de grains et un obstacle aux débitants de
» matières inertes. »

L'énorme quantité de fossiles de toutes sortes qui
constituent le lias à gryphites démontre combien la
mer était riche, à cette époque, en acide phospho-

rique. Or l'engrais minéral, qui n'est que le couronnement de ce terrain formé immédiatement dans les mêmes eaux, renferme en plus l'acide phosphorique provenant : 1° du lessivage par les eaux pluviales des terres phosphatées de ce lias récemment émergé ; 2° de la décomposition de cette énorme quantité de produits végétaux entraînés dans la mer ; 3° des débris de la multitude des êtres qui vivaient dans ces eaux ; 4° et surtout du dégagement qui, en conformité de la loi générale, a accompagné l'éruption longue et continue dont les matériaux ont fourni la plus forte proportion des éléments de la puissante couche des schistes bitumineux du lias supérieur.

Par un phénomène bien remarquable, les phosphates les plus durs et les plus insolubles se sont fondus sous l'énergie de l'action chimique exercée par les substances au milieu desquelles ils se trouvent, de telle sorte que les ammonites et autres fossiles, au test le plus épais et le plus compacte, se sont dissous entièrement, pour ne plus laisser qu'une simple empreinte, d'ordinaire pyriteuse, souvent à peine visible.

Dans ces réactions étranges, le phosphate s'est réparti avec une égalité presque absolue dans l'engrais minéral, où il se trouve emprisonné. Le stylet de la bélemnite, si nombreux dans cette couche que des géologues ont proposé de la nommer marne à bélemnites, a seul résisté, sans doute par suite de sa composition particulière, à cette action dissolvante (1). En

____

(1) M. Maicho, dans son analyse du 1er mai 1869, fixe la densité

1868, l'exploitation des phosphates de chaux, en vue
.de leur transformation en phosphates tribasiques solubles et de leur application en grand à l'agriculture,
s'élevait en France à 340,000 tonnes et alimentait
90 usines. Depuis cette époque, la production s'est
considérablement accrue. Au moment où j'écris ces
lignes, en mai 1873, d'immenses exploitations, diri-
gées par des noms chers à l'industrie et à la science,
s'organisent dans le Lot et surtout à Bellegarde dans
l'Ain, et vont donner à l'industrie, déjà si importante,
des engrais chimiques, une extension nouvelle.

En vertu du grand principe qui, en agriculture,
prédomine sur tous les autres, et qu'on ne saurait
trop souvent répéter, qu'il faut rendre à la terre au
moins tous les éléments de fertilité que la récolte et
les eaux pluviales lui ont enlevés, à l'exception d'une
partie de l'azote, l'engrais minéral doit, pour être à
la hauteur de sa mission et convenir à toutes les
plantes, renfermer, avec les substances déjà énumé-
rées, de la magnésie, de l'oxyde de fer, du soufre et
du chlore.

Si l'engrais minéral se compose en majeure partie,
ainsi que nous l'avons expliqué, des molécules im-

de la bélemnite soustraite à l'action de l'air à 2,647, il y a trouvé 4,44
pour 100 d'acide phosphorique ou 9,62 de phosphate de chaux.
M. Didier, pharmacien à Lure, a postérieurement constaté qu'il ne
reste plus que des traces insignifiantes d'acide phosphorique dans les
bélemnites exposées à l'air, qui recouvrent parfois l'argile ferrugineuse, succédant immédiatement à l'engrais minéral, en telles quantités qu'à l'aide d'un râteau il serait facile d'en recueillir rapidement
le chargement d'une voiture.

palpables provenant de la décomposition subie par la serpentine augite en fusion, sous l'influence des gaz intérieurs ou du contact de l'eau, à son arrivée au fond de la mer, il doit nécessairement contenir une quantité de magnésie et d'oxyde de fer facile à déterminer sans l'aide d'aucune analyse, puisque nous connaissons et la composition de l'augite et sa part contributive dans la formation dudit engrais. La science, par ses affirmations, est venue ajouter une preuve de plus à toutes celles qui démontrent que l'origine que nous avons donnée à la création de l'engrais minéral est la seule qui ne soit pas en désaccord avec les faits.

D'autre part, à la suite d'une série de considérations que je ferai connaître en temps et lieu, j'avais été amené, avant ma découverte, à donner à l'engrais type, que je rêvais depuis longues années, 1 p. 100 de magnésie et 1 p. 100 d'oxyde de fer, c'est-à-dire environ cinq fois plus que n'en renferme le fumier de ferme à l'état ordinaire, ou autant que ce même fumier en contient lorsqu'il est desséché.

Nous savons que toutes les éruptions volcaniques sont généralement accompagnées d'un dégagement considérable de vapeurs sulfureuses, qui ont donné lieu aux solfatares. A l'époque reculée de la formation de l'engrais minéral, le dégagement, quoique moins abondant qu'il ne l'est devenu depuis, se manifestait déjà. L'hydrogène sulfuré (acide sulfhydrique ou hydrosulfurique), composé d'un équivalent de soufre et d'un équivalent d'hydrogène, une fois arrivé dans la mer, s'oxydait avec lenteur, surtout au contact du chlore, qui, plus que tout autre corps, possède la propriété de le décomposer, même à froid, en s'emparant de son hydrogène et en mettant le soufre à nu. Le soufre est une substance dimorphe ; les cristaux obtenus par voie de fusion se présentent sous forme de prismes inclinés sur leurs bases ; les cristaux produits par voie de dissolution sont des octaèdres droits. Or, cette dernière forme est exclusivement celle que l'on rencontre dans notre engrais, d'où il faut conclure que ces cristaux se sont formés par voie de dissolution, dans un dissolvant qui ne peut être que l'eau où étaient reçus les atomes de soufre, à mesure que l'oxydation de l'hydrogène sulfuré les mettait en liberté. (VÉZIAN, *Prodrome de géologie,* volume II, page 201.)

M. Charles Deville, dans ses belles études sur les émanations volcaniques, après avoir posé les lois qui régissent leur nature et leur température, suivant leur distance du foyer éruptif et le temps qui s'est écoulé depuis le début de l'éruption, nous a appris que les laves incandescentes laissent échapper des fumerolles ou émanations sèches, formées de chlorures anhydres de potassium ou de sodium, souvent suivies de chlorure de fer. Ces chlorures, au contact de l'eau, la décomposent en absorbant son hydrogène et en fixant son oxygène sur le métal qui entre dans leur constitution.

L'eau de la mer renferme en moyenne, pour 100 parties : chlorure de sodium, 2,50 ; chlorure de magnésium, 0,35 ; carbonate de chaux et de magnésie, 0,02 ; sulfate de chaux, 0,001, c'est-à-dire plus de 1,70 p. 100 de chlore. Or, elle se trouve bien moins riche qu'elle ne l'était, à l'époque de la formation de l'engrais minéral, en chlorure de sodium et surtout en chlorures de potassium, de magnésium, et en chlorhydrate d'ammoniaque.

Après avoir expliqué comment toutes les substances qui entrent dans la composition des végétaux, c'est-à-dire la silice, l'alumine, la potasse, le phosphore, la chaux, la magnésie, le soufre, le charbon, le chlore et l'azote, se sont, par une action visible de l'infinie bonté de Dieu, trouvées toutes réunies dans les eaux de la mer pour la première et la dernière fois, je dois dire par quelles manipulations dignes d'une admiraration qui ne peut qu'égaler notre gratitude, ces éléments ont été unis, combinés, avec une perfection telle qu'il faudra bien des années à l'homme pour en comprendre la savante pondération et l'intelligente mixtion.

Arrivé au point essentiel de la mission surhumaine qui m'a été imposée, mon âme recule épouvantée en face de son ignorance et de son impuissance. Qui suis-je, pour oser venir exposer à la science humaine, si dédaigneuse et si fière des quelques notions superficielles et incomplètes qu'elle possède d'hier, le plus magnifique travail du grand œuvre des formations géologiques, l'étrange et merveilleux résultat des combinaisons chimiques les plus parfaites de la matière, s'opérant dans le vaste laboratoire d'une mer sans bornes, sous la main toute-puissante du Très-Haut? Quels sont mes titres et mes armes pour braver en face ceux sous le sceptre desquels s'inclinent si bas les adorateurs exclusifs de l'intelligence humaine ? Pauvre inconnu, méprisé, dédaigné, paria fiévreux, relégué depuis dix-huit ans, malgré ses prières, dans les marais d'une bourgade malsaine, ignorant de tout ce qui touche à l'arche de la science, sans livres, sans appui, concentrant sa vie et ses forces dans l'étude et l'application consciencieuse du droit et de la justice, aux yeux de ceux qui me portent le plus d'intérêt, je ne suis qu'un fou en délire, dont les forces débiles ne tendent à rien moins qu'à soulever le monde. C'était un fou aussi, au point de vue humain, que le Christ priant du haut de la croix pour ses bourreaux ! et voilà que les peuples s'inclinent, le front dans la poussière, devant le signe de l'ignominie ! Le regard fixé sur le modèle divin, que m'importent les rires, les sarcasmes et les obstacles qui, dès les premiers pas, viennent entraver ma marche ! Rien ne m'arrêtera. Un miracle sera, s'il le faut, le sceau qui attestera à l'humanité l'origine divine de la révélation que j'ai à faire au monde.

Disons donc comment Dieu, après avoir accumulé dans l'immense bassin de la mer unique qui couvrait alors la presque totalité de la terre les substances fertilisantes, les a soustraites à la mort pour donner naissance à une vie qui ne devait apparaître sur le globe qu'après un sommeil dont la durée échappe aux calculs de l'homme, les a pondérées, condensées, unies intimement, de telle façon que chacune d'elles produisît, par une action réciproque de l'une sur l'autre, le maximum de son effet utile.

Dans l'infini de ses vues profondes, il allait former

lentement la puissante réserve où l'homme, arrivé au degré de puissance voulue, trouverait les forces nécessaires pour conquérir le monde, où il allait enfin dominer en maître absolu. Après l'émancipation morale, voici venir l'émancipation matérielle, sans laquelle la première n'est qu'un vain mot. Dorénavant, l'homme ne sera plus du matin au soir écrasé sous le poids abrutissant d'un travail continu et forcé. Affranchi, plus que par le passé, des soins de la vie animale, il va rompre les liens de cette centralisation tyrannique, dont le résultat le plus certain a été de comprimer toute initiative et toute vigueur. Fier de sa devise : « Aide-toi, le Ciel t'aidera, » il prendra résolûment, au grand banquet de la vie sociale, la place que lui assignera la mesure de son intelligence et de sa valeur réelle. Sous l'impulsion nouvelle donnée au développement de toutes les forces morales et matérielles des peuples, le despotisme et la guerre, ces grands ennemis du progrès humanitaire, disparaîtront bientôt, comme ont disparu tour à tour l'esclavage, l'intolérance religieuse, la caste, pour faire place à l'esprit de charité et de justice, qui seul peut engendrer la vraie liberté, celle qui respecte tous les droits.

L'industriel, à l'aide d'une combustion incomplète produite par une haute température, arrive à la carbonisation du bois par deux procédés différents : le plus usuel, celui en meules ; le second, déjà plus perfectionné, celui en vase clos. Le premier donne environ 15 pour 100 de carbone ; on en obtient de 25 à 30 pour 100 par le second. Dans le premier cas, le charbon est meilleur, mais on perd les gaz et liquides (acide acétique, esprit de bois, matières goudronneuses) qui se dégagent et que l'on recueille dans le second cas.

La science, par les expériences de MM. Fournet, Cagniard de la Tour, Gœppert, Violette, Daubrée et Bazoulier, a fait un pas en avant par la carbonisation, toujours à haute température, des bois et matières organiques renfermés dans des tubes hermétiquement fermés.

« En 1835, dit Fournet, j'ai été amené à fabriquer
» artificiellement, sinon de la houille, du moins
» quelque chose d'approchant, en déterminant entre
» les molécules du ligneux une réaction du genre de
» celle que je supposais avoir dû se produire dans la
» nature. Tout se réduisait à enfermer un morceau
» de bois dans un tube hermétiquement scellé. Mais
» on conçoit qu'en procédant ainsi, l'opération n'au-
» rait point eu de terme; il fallait mettre les prin-
» cipes organiques en mouvement, et, pour rempla-
» cer le mouvement intestin, qu'il n'était pas possible
» d'obtenir à froid, j'ai eu recours à la chaleur. »

Après avoir expliqué comment son essai, manqué par la rupture de son tube, avait été repris par M. Cagniard de la Tour, à qui il avait fait part de ses idées, il ajoute que celui-ci, à l'aide de tubes de verre dont le maniement lui était familier, avait obtenu une fusion du bois d'où il était résulté un bitume accompagné d'une certaine quantité de gaz.

En 1848, M. Violette, commissaire des poudres, dans une série d'expériences faites sur les carbonisations en vases entièrement clos, constata que le bois éprouve, à une chaleur de 300 à 400°, une véritable fusion ; il coule, s'agglutine et adhère au vase. Après le refroidissement, il a perdu toute texture organique et ne présente plus qu'une masse noire, miroitante et caverneuse. Il ressemble tout à fait à de la houille grasse qui a éprouvé un commencement de fusion. Les faits importants qui dérivent de ses recherches nous seront trop utiles dans les explications que nous aurons à donner sur les principes de la carbonisation naturelle pour que nous les passions sous silence.

A 200°, le bois ne carbonise pas ; à 250°, on n'obtient qu'un charbon incuit, autrement dit des brûlots ; à 300°, on a le charbon roux ; à 350° et au delà, l'opération donne invariablement du charbon noir.

Allume-t-on ces charbons ? Leur ignition aura une durée qui variera et décroîtra avec la température de leur carbonisation. Le charbon fait à 260° brûle le plus facilement et le plus longtemps ; ceux produits aux températures comprises entre 1000 et 1500° se refusent à toute ignition et ne peuvent être brûlés.

La quantité de gaz contenue dans le charbon varie avec la température de la carbonisation ; à 250°, elle forme la moitié du poids du charbon ; à 300°, le tiers ; à 350°, le quart ; à 400°, le vingtième ; et au delà de 1500°, le centième environ. Le charbon contient toujours des gaz, et la plus haute chaleur ne peut l'en dépouiller.

De même, le charbon contient du carbone en quantité proportionnelle à la température de la carbonisation ; à 250°, il en renferme 65 0/0 ; à 300°, 73 0/0 ;

à 400°, 80 0/0 ; et au delà de 1500°, 96 0/0 environ, sans qu'il ait été possible de le transformer en carbone pur, même à la plus haute température que nous puissions aujourd'hui produire, celle de la fusion du platine.

Enfin, le carbone que le bois contient se divise en deux parts variables selon la température employée, dont l'une reste dans le charbon et l'autre s'échappe avec les matières volatiles. A 250°, le carbone qui reste dans le charbon est le double de celui qui s'est échappé ; entre 300 et 350°, les deux portions sont égales, et au delà de 1500°, la quantité de carbone échappée est double de celle restée dans le charbon.

M. Daubré nous rend compte à son tour de ses expériences, ainsi qu'il suit :

« En soumettant des fragments de bois à l'action
» de l'eau surchauffée, je les ai transformés, au milieu
» même de l'eau, en lignite, en houille ou en anthra-
» cite, selon la température ; j'ai obtenu, en outre, des
» produits liquides ou volatils ressemblant aux bitumes
» naturels et possédant jusqu'à l'odeur caractéristique
» du pétrole de Bechelbronn. Des fragments de bois
» de sapin se sont transformés, dans l'eau surchauffée
» et sous une forte pression, en une masse noire
» douée d'un vif éclat, d'une compacité parfaite, ayant,
» en un mot, l'aspect d'un anthracite pur, et assez dur
» pour qu'une pointe d'acier le raie difficilement. Cette
» sorte d'anthracite, bien qu'infusible, est entièrement
» granulée sous forme de globules réguliers de diverses
» dimensions, d'où il résulte clairement que la subs-
» tance a été fondue en se transformant ; elle ne donne

» par calcination que des traces de substances vola-
» tiles ; la matière ligneuse y est donc arrivée à son
» plus haut degré de décomposition. Cette matière,
» qui n'est que du carbone très compacte, ne se con-
» sume qu'avec une excessive lenteur, même sous le
» dard oxydant du chalumeau ; elle diffère des char-
» bons formés à haute température en ce qu'elle ne
» conduit pas l'électricité, non plus que le diamant. »

En 1858, M. Bazoulier a imaginé, à Saint-Etienne, un appareil au moyen duquel on peut exposer des matières végétales, enveloppées d'argile humide et fortement comprimées, à des températures longtemps soutenues, comprises entre 200 et 300 degrés. Cet appareil, sans être absolument clos, met obstacle à l'échappement des gaz et des vapeurs, de sorte que la décomposition des matières organiques s'opère dans un milieu saturé d'humidité, sous une pression qui s'oppose à la dissociation des éléments dont elles se composent. En plaçant dans ces conditions de la sciure de bois de diverses natures, l'auteur de l'expérience a obtenu des produits dont l'aspect et toutes les propriétés rappellent tantôt les houilles brillantes, tantôt les houilles ternes. Ces différences tiennent d'ailleurs soit aux conditions de l'expérience, soit à la nature même du bois employé. Des tiges et des feuilles de plantes couchées entre des lits d'argile laissent, dans les mêmes circonstances, un enduit charbonneux et des empreintes tout à fait comparables à celles des schistes houillers. (*Prodrome de géologie,* par VÉZIAN, tome III, p. 139 et suivantes.)

L'Eternel, qui n'a jamais eu de commencement et

qui n'aura jamais de fin, procède par d'autres moyens que l'homme et avec une perfection que ce dernier ne saurait atteindre. Il a remplacé, dans la carbonisation des matières végétales, la chaleur par le temps, parce qu'il tient le temps dans sa main et ne compte pas avec lui.

Lorsque la vie cesse dans la matière végétale, deux destinées lui sont réservées : l'une, la plus commune, est celle de la combustion lente ou pourriture ; l'autre est celle de la transformation en combustible minéral. Le premier phénomène s'opère chaque jour sous nos yeux. La fibre ligneuse, exposée à toutes les intempéries de l'atmosphère, subissant l'action successive de la chaleur et de l'humidité, abandonne plus ou moins rapidement son carbone et se réduit en humus. C'est une véritable combustion du carbone du végétal par l'oxygène de l'air ; d'où la conséquence qu'en supprimant l'oxygène ambiant, la pourriture s'arrête immédiatement pour reprendre son cours dès qu'on le laisse reparaître. Les alcalis en favorisent le progrès, tandis que les acides le ralentissent ; toutes les vapeurs antiseptiques, l'acide sulfureux, les sels mercuriels, les sels empyreumatiques, etc., l'arrêtent entièrement. Là se trouve l'explication de la décomposition plus rapide du fumier de ferme dans les terres légères, calcaires ou poreuses, où l'air circule, que dans les sols froids, humides, argileux et compactes ; parce que plus prompte s'opère la transformation des ligneux en humus et en acide carbonique, au contact de l'oxygène. Nous verrons plus tard combien les labours, les sels, le charbon et l'oxyde de fer, en modifiant, chacun par des vertus qui leur sont propres, l'acte important de la fermentation, agissent sur le développement de la végétation.

Les torrents dévastateurs qui se formaient tout à coup à la suite des orages épouvantables de cette époque renversaient, dans leur course effrénée à travers les pentes rapides des terrains émergés, pour les entraîner dans la mer, une partie des forêts impénétrables, où les fougères, les lycopodiacées, les équisétacées, les cycadées et les conifères se pressaient les unes contre les autres en colonnes serrées. La fertilité sans égale du sol où croissaient leurs racines ; la chaleur projetée par le noyau igné, beaucoup plus rapproché alors de la superficie qu'il ne l'est aujourd'hui ; l'humidité sans cesse entretenue par des pluies fréquentes ; les gaz de toute nature qui, au point de vue de la végétation, enrichissaient l'air, réparaient promptement les trouées, quelque importantes qu'elles fussent, de ces forêts liassiennes. D'autre part, les bords marécageux de la mer étaient couverts d'un fourré d'arbres et d'algues dont la croissance était extraordinaire, même en la comparant à la croissance actuelle la plus favorisée de notre zone torride.

Dans ces masses de matières végétales entraînées au fond de la mer et soustraites au contact de l'atmosphère, le carbone, au lieu de disparaître brûlé, comme nous l'avons vu, dans la pourriture, au contact de l'oxygène de l'air, s'emmagasinait en se dépouillant, au contraire, d'abord de son oxygène latent, puis ensuite d'une partie de son hydrogène. Sous l'énergique action de la chaleur, des chlorures, de l'hydrogène sulfuré, des sels de potasse et du peroxyde de fer, elles se convertissaient plus rapidement que ne semble l'indiquer la formation des tourbes et des houilles, en une bouillie molle, dont bientôt tous les atomes se trouvaient en suspension dans les eaux.

L'étude comparative de tous les combustibles minéraux naturels des formations géologiques successives nous apprend que la composition du bois ordinaire, de la tourbe, du bois fossile, du lignite, de la houille, de l'anthracite, du graphite et du diamant, ne diffère que d'après le laps de temps qui nous sépare du point de départ de leur transformation; absolument comme ceux que l'homme a préparés artificiellement ne sont dissemblables que par le degré plus ou moins élevé de la chaleur qui a aidé à la carbonisation des matières végétales en vases clos ; d'où la conséquence que les combustibles les plus anciens et les plus nouveaux sont entièrement analogues à ceux produits par la température la plus haute et la plus basse. L'homme, dont la naissance, au point de vue de l'immense durée des époques géologiques, touche à la mort, est obligé de remplacer par la chaleur ce que Dieu, qui a toujours été, obtient avec le temps qui ne lui fait jamais défaut. Le lias bitumineux étant le point intermédiaire entre le moment où la vie a apparu pour la première fois sur le globe et l'époque actuelle, le combustible minéral, provenant de la transformation de ses matières végétales, devait tenir exactement le milieu entre la composition du carbone pur (diamant) et celle du bois, pour former le lignite.

Les combinaisons multiples qui, en s'effectuant entre les nombreux éléments alors réunis dans la mer, réagissaient sur l'action chimique que subissaient les matières végétales, hâtaient leur carbonisation. En effet, l'acide sulfhydrique, dont les chlorures enlevaient l'hydrogène, fixait avec la plus grande avidité l'oxygène qui se dégageait et de la matière végétale et du protoxyde de fer, pour déposer du soufre. Le protoxyde de fer absorbait à son tour le carbone, qui s'échappait de la matière végétale ou de l'acide sulfurique, rendu libre, pour se convertir en fer carbonaté ou en sulfate de fer. Le carbonate de chaux devenait du phosphate ou du sulfate de chaux, par sa combinaison avec l'acide phosphorique et l'acide sulfurique, et pouvait, dans ce dernier état, retenir les sels ammoniacaux dissous dans la mer. La potasse, en présence du chlorure de magnésium, donnait lieu à un précipité d'oxyde de magnésium. L'acide sulfureux, formé d'un équivalent de soufre et de deux équivalents d'oxygène, était décomposé par l'hydrogène et le carbone, pour donner, dans le premier cas, du soufre et de l'hydrogène sulfuré ; dans le second cas, du soufre, de l'oxyde de carbone et un peu de sulfure de carbone. Le chlore, en s'emparant de l'hydrogène de l'eau, dont l'oxygène se combinait avec l'acide sulfureux, lui donnait un nouvel équivalent d'oxygène, pour le transformer en acide sulfurique. Les silicates de serpentine augite incandescente, rendus fusibles dans l'eau de la mer, sous l'action de la chaleur, de la potasse et de l'acide nitrique, y formaient une gelée, où leurs éléments s'unissaient, avec ceux qu'ils rencontraient, en une multitude de composés divers, dont le dépôt donnait une poudre impalpable. Enfin les huiles et bitumes, plus légers que l'eau, s'élevaient jusqu'au moment où, trop alourdis par leur union avec les sels de fer et autres, ils étaient forcés de redescendre. Dans cette double filtration de bas en haut et de haut en bas, ils formaient, avec les potasses et les azotates de potasse, un véritable savon minéral, entraînant dans leur réseau les atomes solides restés en suspension dans les eaux et une partie des substances qui s'y trouvaient en dissolution.

De toutes ces réactions réciproques, dont l'étude approfondie fera connaître les combinaisons si merveilleusement appropriées au développement de la végétation, est résultée cette pâte si fine et si homogène que le bisulfure de fer colore en bleu noir et qui s'appelle l'engrais minéral. Il se compose de carbonate et de phosphate de chaux et de magnésie, de silicates de chaux, d'alumine et de potasse, d'azote et d'azotate de potásse, de sulfure de fer, de fer carbonaté, de soufre, de magnésie, de chlore et de charbon ligniteux, en poudre impalpable, ayant conservé l'azote du végétal primitif.

Tous les éléments multiples qui entrent dans sa formation sont fondus en un mélange parfait, où toutes les molécules sont si ténues que jamais je n'ai, malgré mes recherches, trouvé le moindre grain de sable ou le plus léger débris ayant appartenu à un terrain antérieur.

L'huile et le bitume avec lesquels le tout est pétri

l'ont protégé jusqu'ici contre les intempéries des saisons, qui ne peuvent le désagréger ; contre les insectes, que chasse et détruit sa mauvaise odeur, et contre toute recherche de l'homme, qui n'a jamais soupçonné les richesses qu'il recélait. Il n'a rien moins fallu que la certitude que j'avais des éléments qui le composaient pour forcer la science à marcher en avant, malgré ses premières analyses négatives, et à reconnaître, dans une certaine mesure, qu'elle s'était trompée et que les acides et réactifs primitivement employés avaient glissé impuissants sur un composé si complexe, dont l'analyse dépasse aujourd'hui ses forces.

La stabilité n'existe nulle part dans la croûte du globe, au point de vue chimique, et le progrès le plus important que la science aura à accomplir dans la dernière partie du XIXᵉ siècle sera certainement l'étude des combinaisons qui se sont effectuées, se sont détruites, se sont modifiées et se sont transformées dans la couche la plus intéressante, sans contredit, de toutes celles qui composent l'écorce terrestre, celle de l'engrais minéral, parce qu'aucune autre ne présente un ensemble de substances aussi nombreuses, aussi dissemblables et aussi remarquables par l'énergie de leur action réciproque les unes sur les autres.

Nous avons dit qu'un grand nombre de coquillages, de reptiles, de poissons et surtout d'animaux mous [1]

(1) Dans une course géologique, faite le 13 juin 1869 sur la voie de fer de Mulhouse à Paris, avec MM. Bolley, chimiste des salines

peuplaient ces mers. Leur présence est révélée dans l'engrais minéral, qui leur a servi de linceul, soit par de simples empreintes, d'ordinaire ferrugineuses ou pyriteuses, soit par des concrétions de sulfure de fer-blanc, qui attestent la combinaison qui s'est opérée entre le fer sulfaté, soluble dans l'eau, et les substances animales en décomposition.

Le célèbre Anglais sir Lyell nous donne, dans son *Manuel de géologie élémentaire,* une preuve pratique trop claire de cette combinaison pour que je résiste au plaisir de la citer : « Une cruche de terre contenant plusieurs litres de sulfate de fer en dissolution avait été oubliée et laissée dans le coin d'un laboratoire depuis douze mois environ. Au bout de ce temps, lorsqu'on examina la liqueur, on remarqua sur la surface une sorte de substance huileuse et une poudre jaunâtre que l'on reconnut être du soufre. On découvrit au fond de la cruche des ossements de souris, au milieu d'un sédiment contenant de petits grains de pyrite, des parcelles de soufre, du sulfate vert de fer cristallisé, enfin un oxyde de fer noir et vaseux. Il devint évident que quelques

de Gouhenans, et Barbier, piqueur, mis à ma disposition avec la plus exquise gracieuseté par M. Marcillon, ingénieur de la compagnie de l'Est, nous avons trouvé dans la tranchée de Creveney, ouverte dans l'engrais minéral, à 60 mètres du pont en amont de Villerpoz, et à une profondeur de 16 à 17 mètres, un amas de pyrites ayant la forme d'intestins plusieurs fois enroulés sur eux-mêmes, de quatre-vingts centimètres de diamètre environ sur une épaisseur un peu moindre. L'absence complète d'ossements ou de tout corps dur nous a donné la certitude que cet amas provenait de la décomposition d'un animal mou extrêmement volumineux.

souris étaient accidentellement tombées dans la
cruche et que, par l'action mutuelle de la matière
animale et du sulfate de fer, le sulfate métallique
avait été dépouillé de son oxygène, ce qui avait
amené la précipitation des pyrites et des autres
composés. » Cet exemple nous explique comment les
eaux minérales chargées de sulfate de fer peuvent
se désoxyder, lorsqu'elles se trouvent en contact
avec de la matière animale en voie de putréfaction ;
comment, atome par atome, les pyrites se sont formées dans l'engrais minéral, et comment, au volume de la pyrite, nous pouvons approximativement
déterminer les proportions de l'animal qui lui a
donné naissance.

CHAPITRE IV.

Dès que l'esprit de Dieu m'eut révélé les mystères de la formation et de la composition de l'engrais minéral, je me préparais, avec l'enthousiasme et la foi robuste de l'apôtre, à proclamer la grande nouvelle, lorsque je me laissai imprudemment arrêter par les conseils séducteurs de la sagesse et de la prévoyance humaines.

Quoi! me répétaient à l'envi sur tous les tons ceux qui, autour de moi, me portaient quelque intérêt, vous auriez l'audace d'aller annoncer au monde, en termes ridiculement emphatiques, une grande découverte, la plus importante, selon vous, de l'ère moderne, sans lui donner d'autres bases que les rêves vaporeux d'une imagination inquiète et déréglée! A l'instar du Christ, venu il y a deux mille ans pour renouveler la face du monde moral, vous vous poseriez comme chargé de la mission de compléter la grande œuvre divine, en régénérant, à votre tour, le monde matériel, et en créant entre les deux le lien harmonique qui jusqu'ici leur a fait défaut ! Ah ! malheureux ! si votre œuvre ne réussissait pas ! Aux yeux de ceux qui connaissent votre droiture et votre caractère, vous ne seriez qu'un pauvre fou dont la cervelle fêlée n'aurait pu résister aux orgueilleuses pensées d'un état surnaturel dont l'homme ne franchit pas impunément les limites ; vous ne seriez pour les autres qu'un charlatan éhonté que l'on ne saurait accabler de trop de mépris et de trop d'outrages. Le temps du fanatisme et des miracles est passé, et, quelque intelligente et profonde que puisse être votre conviction, vous pouvez être assuré d'avance que vous ne serez pas cru sur parole. Si vous voulez être pris au sérieux, si, comme vous l'affirmez, l'engrais minéral est une mine inépuisable de richesse nouvelle, commencez d'abord par en prouver l'efficacité et le mérite par des analyses chimiques et surtout par des expériences pratiques émanant d'hommes dont la science et la juste réputation rendent le témoignage digne de toute confiance.

Je ne tardai pas, ainsi qu'on va le voir, à être cruellement puni de la faiblesse impie qui m'avait laissé subordonner l'œuvre de Dieu à la vérification si fragile des hommes.

Je m'adressai d'abord aux princes de la science, croyant, dans ma naïve simplicité, qu'ils n'étaient si largement et si justement rétribués par l'Etat que pour aider l'humanité à progresser dans la voie de la richesse et du bien-être matériel. Ils dédaignèrent même de répondre à l'inconnu qui s'était cependant fait bien flatteur pour solliciter secours et protection. Deux seulement poussèrent l'extrême complaisance jusqu'à me faire connaître qu'ils regrettaient beaucoup que leurs travaux ne leur permissent pas de s'occuper de l'analyse qui leur était demandée. A ces retards et à ces ennuis succédèrent bientôt de véritables angoisses. Les hommes distingués qui, cette fois, avaient bien voulu consentir à étudier le composé si complexe que je leur avais adressé, retrouvaient bien le nombre et la quotité de tous les éléments multiples que je leur avais indiqués d'après mes seules inductions géologiques, mais ils affirmaient avec toute l'autorité de leurs noms que, malgré tous leurs efforts et leurs essais, ils n'avaient pu trouver la moindre trace d'azote, ni, par conséquent, d'azotate, et que ces substances, les plus précieuses de toutes pour l'agriculture, manquaient dans l'engrais minéral. J'étais donc atterré Heureusement que ma conviction était si inébranlable que tout devait céder devant elle. Malgré ma complète ignorance de toute manipulation chimique, je compris que la présence des huiles minérales et bitumes, l'incroyable puissance d'affinité d'un si grand nombre de corps de natures diverses, dont la plupart se trouvaient doués d'une remarquable énergie, devaient s'opposer à la solubilité des azotes et annuler complétement l'expérience basée sur l'analyse du produit laissé par les lavages de l'engrais minéral réduit en poudre. Le schiste bitumeux du lias supérieur formait le composé le plus complexe encore entrevu dans la nature ; ses molécules étaient si ténues et s'étaient combinées dans un milieu spécial si favo-

rable à la mixtion la plus parfaite, que son grain
de poussière, pas plus que son fragment le plus volumineux, ne pouvait laisser l'eau s'emparer de l'azotate qu'il renfermait. Cet obstacle une fois reconnu
et surmonté, tous mes savants trouvèrent au fond du
creuset l'azote dont ils avaient jusque-là nié la présence.

Ici, je dois adresser mes plus profonds sentiments
de gratitude et mes remerciements les plus sincères
à MM. de Luynes, professeur de chimie tinctoriale
au Conservatoire des arts et métiers de Paris ; Chou-
lette, ingénieur des mines à Vesoul, mort si glorieusement au siége de Belfort ; Bolley, chimiste de
l'établissement des salines et produits chimiques de
Gouhenans ; Didier, pharmacien de première classe
à Lure, qui ont bien voulu, avec ce noble désintéressement que donne l'amour de la science, procéder
à de nombreuses analyses de l'engrais minéral ; et à
MM. Charles et Thiébaud Martelet, banquiers à Lure,
qui ont fait exécuter avec cet engrais, sur leur domaine de la Côte, de remarquables et bien con-
cluantes expériences. Merci, mille fois merci, à
MM. Bernard, agent voyer départemental à Vesoul,
Huot, Visconti, agents voyers des cantons de Belfort
et de Rougemont, des renseignements si complets
et si intéressants qu'ils m'ont transmis avec une
complaisance sans égale.

Celui qui a concouru le plus efficacement aux résultats sommaires que je viens offrir au public est
le jeune chimiste si distingué qui a créé pour le
compte de MM. Martelet, mes bons amis, cette re-

marquable amidonnerie au riz dont les produits n'ont pas de rivaux en France. M. Maiche ayant compris, au simple exposé que je lui ai fait de la composition que devait avoir l'engrais minéral, toute l'importance d'une découverte qui, si mes prévisions étaient vérifiées par la science et par l'expérience, devait révolutionner l'agriculture et, par voie de conséquence, la société tout entière, se mit résolûment à l'œuvre. Par des séries de travaux de laboratoire corroborés par des essais agricoles, le tout exécuté avec une intelligence et une perspicacité hors ligne, il vint confirmer et dépasser mes plus brillantes espérances. A l'aide d'opérations distinctes, se contrôlant les unes par les autres, et dont il ne donnera le secret que lorsque l'heure opportune aura sonné, il a acquis la certitude absolue, indiscutable, de la teneur de l'engrais minéral en azotate de potasse. Qu'il me permette, en lui témoignant ma profonde et éternelle gratitude, de transcrire ici le résumé trop succinct qu'il a bien voulu m'adresser de ses méditations et de ses travaux.

« Monsieur A. DE BELENET, à Lure.

» J'ai l'honneur de vous remettre ci-dessous le résumé des différents essais auxquels j'ai soumis vos schistes. Plusieurs analyses m'ont donné pour moyenne de leur composition :

Carbonate de chaux et de magnésie . .	12
Silicate de chaux	29
Silicate d'alumine	23
Sulfure de fer	6
Charbon	14
Huile de schiste.	2
Silicate de potasse	1.33
Azotate de potasse	6.33
Soufre	1
Phosphate de chaux	2
Chlore.	0.33
Eau et perte	3
Total	100

Densité : 2060.

» Ce qui fixe surtout l'attention, c'est la présence, en proportions remarquables, des substances élémentaires dont l'addition aux terres cultivées est reconnue indispensable. On trouve, en effet, que 100 parties renferment :

Potasse pure	3.94
Chaux (1)	6.72
Phosphore	0.29
Soufre	1.00
Azote	1.38

» J'ai soumis à l'essai pratique de vos schistes cinq pièces de terre, privées d'engrais depuis plusieurs années. Le schiste, réduit en poudre fine, a été distribué régulièrement dans la proportion de six mille kilog. à l'hectare. J'ai obtenu un résultat absolument identique, pendant toute la durée de la végétation, à celui que m'a donné, sur la même terre, l'emploi du

(1) Sur le carbonate de chaux seul.

même poids d'un mélange à parties égales de sulfates de chaux, azotates de potasse et phosphates acides de chaux. La récolte a dépassé toute espérance, quoique la culture ait été pratiquée dans des conditions notables d'infériorité.

» Puisque vous voulez bien, Monsieur, me permettre de vous donner mon appréciation, je crois que l'avenir de vos schistes est tout dans leur application à l'agriculture. Je ne dirai pas que cet engrais puisse remplacer entièrement le fumier de ferme, mais je suis assuré qu'il lui viendra toujours puissamment en aide, et que, dans un grand nombre de cas, il sera suffisant, à lui seul, pour obtenir des récoltes au maximum.

» J'ai l'honneur d'être, avec respect, Monsieur, votre tout dévoué serviteur.

» L. Maiche.

» La Côte, 22 octobre 1869. »

Les chiffres indiqués par cette analyse résultent de la moyenne d'un grand nombre d'autres analyses faites par M. Maiche sur des échantillons pris au hasard dans différents gîtes, éloignés les uns des autres, de la Haute-Saône et du Doubs. Si l'engrais minéral se compose, dans l'est, le centre et le midi de la France, des mêmes éléments, leur quotité varie, pour des causes que nous énumérerons plus tard, selon les localités et les bancs de la puissante couche d'où il sort ; de telle sorte que plusieurs gîtes sont, à ma connaissance, plus riches en substances fertilisantes que ne semble le laisser entrevoir l'analyse précitée, ainsi que le prouvent celles qui suivent, provenant du même chimiste.

11 mars 1869. — Schistes de Vesoul, sur 100 parties :

Carbonate de chaux . .	10		
Soufre natif.	1		
Azotate d'ammoniaque .	2.850	Azote . . .	0.997
Azotate de potasse. . .	5.860	Azote . . .	0,811
		Total de l'azote.	1.808

M. Maiche n'avait point alors à sa disposition les moyens nécessaires pour doser les phosphates. Il constatait qu'il n'avait point trouvé d'acide sulfurique libre. La distillation un peu au-dessous de la chaleur rouge avait produit environ 3 pour 100 d'huile de schiste, accompagnée d'acide sulfhydrique qu'il n'avait pas dosé et qu'il ne croyait pas devoir atteindre 2 pour 100.

Enfin, le 8 septembre 1869, 100 parties de schistes de Liévans avaient rendu :

Silicate de potasse . .	1.33	Potasse . . .	1
		Acide silicique.	0.33
Azotate de potasse . .	6.32	Potasse . . .	2.97
		Acide nitrique.	3.35
Total des sels de potasse			7.65
Soit pour la potasse pure			3.97
Azote provenant de l'acide azotique ou des azotes en général.			0.83
Azote renfermé dans les substances de nature organique			0.95
Total de l'azote.			1.78

Le 17 mai 1869, M. Bolley m'adressait l'analyse

suivante, dans laquelle il n'avait dosé ni les phosphates, ni les huiles minérales, ni le charbon :

Azotate d'ammoniaque. . .	1.025
Carbonate de chaux	35.20
Fer	0.77
Magnésie	1.51
Azotate de potasse	7.52
Acide silicique	29.75
Soufre	1.31
Alumine.	14.10
Chlore	0.250

Enfin, le 20 avril 1869, je recevais de M. de Luynes, le savant professeur du Conservatoire, trois analyses faites, à ma demande, sur des échantillons tirés de Gouhenans, Liévans et Morchamps, et que je m'empresse de transcrire :

	N° 1.	N° 2.	N° 3.
Alumine et oxyde de fer . .	7.2	8.2	8
Chaux	13.6	19.2	12
Magnésie	6.3	0.5	5
Résidu insoluble.	42.4	43.4	48.5
Perte au feu	29.8	28.1	25.5
Perte et matières non dosées.	0.7	0.6	1
	100	100	100

Deux analyses ont été faites, il y a une vingtaine d'années, sur les schistes bitumineux du lias, au point de vue spécial des huiles minérales qu'ils renfermaient, par MM. Bossey, ingénieur des mines à Vesoul, et Billot, pharmacien à Besançon.

La première porte sur deux échantillons recueillis sur des points différents de la commune de Saulx et a donné les résultats suivants :

Matières fixes.

	N° 1.	N° 2.
Silice	0.236	0.275
Alumine	0.117	0 102
Oxyde de fer.	0.102	0.038
Carbonate de chaux . .	0.393	0.480
Carbonate de magnésie .	0.007	0.003
Total des matières fixes .	0.855	0.898

Matières volatiles.

	N° 1.	N° 2.
Eau.	0.025	0 037
Charbon	0.069	0.027
Huile bitumineuse . . .	0.033	0.024
Gaz et vapeurs	0 018	0.014
Total des matières volatiles	0.145	0.102
Total général . .	1.000	1.000

Dans le rapport qui précède cette analyse, M. Bossey explique que ce schiste (engrais minéral), distillé à un feu ménagé, donne de l'eau légèrement ammoniacale, une huile bitumineuse chargée de goudron, une certaine quantité de gaz et de vapeurs, et que le résidu est encore noir : distillé à une température plus élevée, il donne peu d'huile et une grande quantité de gaz, il devient grisâtre. L'huile qui distille la première est limpide, légèrement jaunâtre : l'huile qui vient ensuite est très noire et fortement chargée de goudron.

La densité du schiste de Saulx est de 2,145 ; celle de l'huile bitumineuse qui provient de sa distillation se trouve de 0,862. D'après ces deux expériences, faites sur des échantillons pris sur des points différents, il a obtenu, par 100 grammes :

	N° 1.	N° 2.
Eau légèrement ammoniacale.	26 grammes.	28 grammes.
Huile bitumineuse	25	18
Gaz et vapeurs	51	104

D'où il conclut que le schiste bitumineux de Saulx rendrait à la distillation, pour 100 en poids, un peu plus de 2 d'huile de schiste en moyenne. Il est probable, ajoute-t-il, que, par une distillation plus ménagée, on obtiendrait une quantité d'huile plus considérable, surtout dans le deuxième cas. Cependant, dans une opération faite en grand, il croit douteux que la proportion d'huile produite soit plus forte que celle qui a été ainsi obtenue dans le laboratoire.

Je savais que les schistes bitumineux que renferme le lias de la Chapelle-des-Buis, près de Besançon, et de Mouthier (Doubs), avaient été l'objet de recherches spéciales, chimiques et économiques, insérées dans les *Mémoires et comptes rendus de la Société d'émulation du Doubs* (volume VI, pages 32, 45. — 1855). N'ayant pas cet ouvrage à ma disposition, je m'adressai directement au savant ingénieur Résal, qui, le 29 janvier 1869, s'empressa de me répondre avec la plus gracieuse complaisance :

« Je n'ai pas fait d'analyse des schistes du Doubs, mais je me suis servi des résultats obtenus par M. Billot, pharmacien à Besançon, et qui me paraissent offrir toutes les garanties voulues d'exactitude.

» Poids du mètre cube des schistes de Mouthier : 2,000 kilog.

Composition en poids.

Matières argileuses et calcaires .	85.53	
Eau ammoniacale	7.28	
Hydrogène carboné	1.22	
Huile essentielle (benzine). . .	1.11	
Huile dense	1.93	Provenant
Huile grasse	0.32	de 3,90 d'huile
Goudron	0.42	brute.
Perte	0.12	
Vapeurs et gaz	2.07	
Total	100	

» La richesse des schistes houillers d'Autun est de 7,94, au lieu de 3,90, etc. »

Pour apprécier toute la valeur des éléments de fertilité que renferme l'engrais minéral, il est nécessaire que je les compare à ceux du fumier de ferme, du guano et des engrais chimiques de M. G. Ville. Je suis donc obligé, pour que cette étude soit complète et profitable, d'indiquer préalablement la composition de ces engrais, ainsi que je viens de le faire pour l'engrais minéral.

Chacun sait que l'analyse typique du fumier de ferme, indiscutée et indiscutable, admise sans conteste dans toutes les discussions scientifiques agricoles, est celle déjà relativement ancienne que nous a donnée le grand maître devant lequel nous nous inclinons tous, M. Boussingault. Il nous dit dans son admirable traité de l'*Economie rurale :*

« J'ai analysé à plusieurs reprises le fumier de ferme de Bechelbronn, pris à un état moyen de putréfaction. Les animaux qui avaient concouru à la production de cet engrais étaient : 30 chevaux, 30 bêtes à cornes, 12 à 20 porcs.

» La quantité absolue d'humidité a été déterminée en séchant d'abord à l'air un poids considérable de fumier ; puis, après avoir broyé le produit desséché, la dessication était achevée au bain d'huile, dans le vide sec, à une température de 110°, en opérant sur un échantillon pris dans la masse.

» Sur une moyenne de six analyses, le fumier de ferme contient, sur 200 parties :

	FUMIER	
	humide.	complétement sec.
Eau.	793.00	»
Matières organiques.		
Carbone	74.00	358.00
Hydrogène	9.00	42.00
Oxygène	53.00	258.00
Azote	4.00	20.00
Matières minérales.		
Acide carbonique . . .	1.34	6.44
— phosphorique . .	2.01	9.66
— sulfurique . . .	1.27	6.12
Chlore	0.40	1.93
Silice, argile, sable. . .	44.49	213.81
Chaux	5.76	27.69
Magnésie	2.41	11.59
Oxyde de fer, alumine. .	4.09	19.64
Potasse et soude. . . .	5,23	25.12
	1,000	1,000

D'après de Voght, le fumier des bêtes à cornes en bon état, nourries abondamment, pas trop fermenté, dans un état moyen d'humidité, quand on s'est servi de paille de céréales pour litière, pèse de 730 à 750 kilog. le mètre cube, sous la pression qu'il éprouverait dans une charrette où on le chargerait pour le transporter aux champs.

Je crois être modéré en fixant à 7 fr. 50 le prix d'un mètre cube de ce fumier, ou à 10 fr. celui de 1,000 kilog., que M. G. Ville, pour le besoin de ses calculs, élève de 15 à 20 fr.

Guano. — D'énormes différences se font remarquer dans la composition des guanos de provenance différente, et nous démontrent qu'aucun autre engrais n'exige aussi impérieusement d'être soumis au contrôle de l'analyse, si l'on veut pouvoir compter avec certitude sur sa richesse réelle, quel que soit le degré de confiance que l'on accorde au fournisseur de cet engrais. « Le mot guano couvre des marchandises très différentes, dit avec raison M. de Gasparin, et quelques-unes de ces matières, outre leur qualité inférieure par suite d'une détérioration naturelle et spontanée, sont très suspectes de falsification. »

Le guano du Pérou, de première qualité, le plus estimé, a une couleur brune-jaunâtre et une odeur putride prononcée. Ce n'est que depuis 1840 qu'une société péruvienne, dont le siége est à Lima, formée de maisons françaises, anglaises et péruviennes, ayant obtenu des gouvernements péruvien et bolivien le monopole de l'exploitation de cet engrais, le répandit hors de l'Amérique. L'importation des guanos de toutes provenances n'a cessé, depuis cette époque, de s'accroître d'année en année. Le poids de l'hectolitre de guano péruvien est de 93 kilog., et les 100 kilog., dans les ports français, coûtent 32 fr. 50.

Depuis une trentaine d'années qu'on a introduit en Europe l'usage de cet engrais, beaucoup de chimistes en ont fait l'analyse. Nous allons donner les résultats moyens d'un très grand nombre d'analyses citées par sir Ch. Way dans un travail intéressant qu'il a publié sur la composition des principales variétés de guano :

Guano du Pérou, sur 1,000 parties.

Eau.	141
Matières organiques et sels ammoniacaux.	506
Sable et silice	15
Acide phosphorique	126
— sulfurique.	28
Chaux	113
Magnésie	6
Oxyde de fer.	3
Potasse.	31
Soude	13
Chlorure de sodium	18
	1,000

Dans les 506 parties indiquées aux mots matières organiques et sels ammoniacaux se trouvaient 174,2 d'ammoniaque, contenant 143,3 d'azote. (Moyenne de trente-deux échantillons provenant de chargements différents de bon guano marchand du Pérou.)

Engrais chimique de G. Ville. — MM. Boussingault, Payen, Liebig, Isidore Pierre, en analysant, avec une précision inconnue avant eux, toutes les plantes de notre agriculture, avaient constaté qu'à l'état sec elles se composaient, en moyenne, de 95 0/0 d'éléments organiques et de 5 0/0 seulement d'éléments minéraux ; que les premiers, au nombre de quatre, le carbone, l'hydrogène, l'oxygène et l'azote, provenaient en totalité de la décomposition de l'air et de l'eau, à l'exception de l'azote, dont une partie (du sixième aux deux tiers, selon les plantes) devait être fournie par le sol, tandis que les seconds étaient nécessairement puisés presque en totalité dans la terre et les engrais.

Effaçant la distinction que la science agricole avait fait passer en axiome, entre l'engrais d'origine organique et le stimulant ou amendement minéral, salin ou alcalin, qu'on supposait apte seulement à faciliter l'assimilation des principes qui entrent dans la composition des fumiers, ils avaient surabondamment prouvé, par d'irréfutables expériences, que tous deux devaient être mis sur le même rang, parce que tous deux étaient indispensables pour une bonne végétation.

Le meilleur engrais était donc, selon ces savants, celui qui pouvait offrir à la plante cultivée, sous une forme assimilable, non-seulement l'azote, mais encore tous les principes qui entrent dans la composition de cette plante.

Le jour était enfin arrivé où, à l'aide de la chimie, il était possible de se rendre un compte exact des substances enlevées au sol par les récoltes, et le temps était proche où l'agriculteur, ainsi que le prédisait le savant baron suédois, pourrait, comme dans une manufacture bien organisée, tenir des livres pour y inscrire par DOIT et AVOIR, suivant les récoltes, la nature et la quantité exacte des principes qu'il devrait porter sur chacune de ses terres pour en maintenir ou en augmenter la fertilité.

G. Ville, continuant à scruter les mystères de la végétation, a, par des séries d'expériences de laboratoire confirmées par la pratique, essayé d'employer comme engrais, soit seules, soit réunies au nombre de deux ou plus, les quatorze substances différentes que renferment toutes les plantes sans exception, et, à leur suite, a affirmé que quatre seulement, l'acide phosphorique, la potasse, l'azote et la chaux, suffisaient au développement le plus complet de la plante, le surplus se trouvant surabondamment fourni par l'eau, l'air et le sol le plus stérile. Or, comme l'analyse de chaque végétal indiquait que l'une des trois premières substances prédominait, il en tira la conséquence forcée que l'une d'elles devait prédominer à son tour dans la composition de l'engrais chimique, suivant la nature et l'espèce de la plante cultivée, la chaux semblant indispensable pour tous. Il fut bientôt amené à remplacer la chaux par le sulfate de chaux, ajoutant ainsi l'acide sulfurique aux quatre substances qui forment son engrais chimique complet. Plus tard encore, dans sa brochure de 1872, il annonça à ses lecteurs qu'il faisait entrer le chlore dans son engrais intensif.

Dans l'impossibilité où se trouve la science de reconnaître les substances assimilables que contient le sol, il a engagé de toutes ses forces les agriculteurs à organiser des séries de champs d'expérience, les uns sans engrais, et les autres, soit avec du fumier de ferme, soit avec son engrais chimique complet ou privé de l'un ou de plusieurs des éléments qui le composent.

Enfin, basant ses calculs sur 40,000 kilog. de fumier, que, dans la pratique, on considère comme une bonne fumure d'un hectare pour deux années, il trouve qu'ils renferment, en prenant la moyenne de la composition du fumier de Bechelbronn et de la ferme de Vincennes :

Azote, 163 kilog.; — acide phosphorique, 75 kilog.; — potasse, 150 kilog.; — chaux, 321 kilog.

Il les remplace par les équivalents chimiques qui suivent, pour former son engrais chimique complet, intensif :

Phosphate acide de chaux .	600 kil.,	qu'il estime à	96[f]	»
Nitrate de potasse . . .	320	—	198	40
Sulfate d'ammoniaque . .	560	—	252	»
Sulfate de chaux	830	—	16	60
Total	2,310	—	563	»

Ce qui porte à 14 francs l'équivalent des engrais chimiques nécessaire pour remplacer mille kilogrammes de fumier, en supposant toutefois que les neuf substances et l'eau que renferment en plus le fumier et toutes les plantes n'aient aucune valeur, ce qui, ainsi que je le démontrerai, est tout simplement impossible.

Nous allons nous assurer que si l'engrais minéral contient comme le fumier de ferme, mais en proportions plus considérables, toutes les substances qui entrent dans la composition des végétaux, il se trouve enrichi de plusieurs autres dont l'emploi était resté inconnu dans l'agriculture et dont l'addition vient augmenter encore une supériorité sans égale.

Dans la comparaison que nous allons établir entre les éléments utiles du fumier de ferme et de l'engrais minéral, nous prendrons pour point de départ les chiffres des deux analyses déjà données de MM. Boussingault et Maiche, en raisonnant sur la tonne ou les mille kilogrammes de ces deux engrais.

Je ne dissimule pas que cette partie de mon travail n'ait à subir, dans l'avenir, de grandes et profondes modifications, car la divergence excessive des analyses obtenues par les personnes les plus capables, sur des fragments détachés du même morceau, me prouve surabondamment que, dans l'état actuel de la science, l'examen exact de cette substance si extraordinaire et si complexe dépasse les forces humaines.

Cependant je n'hésite pas à me servir des chiffres indiqués par M. Maiche, parce que ce jeune ingénieur, dont j'ai été à même d'apprécier la capacité, a bien voulu se livrer sous mes yeux à une série d'études spéciales à l'engrais minéral, contrôler à maintes reprises chacun des résultats obtenus, par des expériences différentes et contradictoires, et surtout, ce qui rend ma conviction plus entière, c'est que toujours, dans les multiples essais que j'ai tentés sur la plupart de nos plantes, dans les conditions de sol, d'époque, de fumure et de température les plus diverses, j'ai obtenu un succès dépassant de beaucoup l'emploi du mélange des mêmes substances chimiques effectué dans les mêmes proportions.

L'analyse accuse dans le fumier humide 2 kilogrammes 01 d'acide phosphorique ; nous en trouvons dans l'engrais minéral 9 kilogrammes 20, c'est-à-dire 4 fois 1/2 davantage. Sans dénier à cette substance une importance moins exclusive cependant que celle qui lui est accordée aujourd'hui par certains chimistes agricoles, nous devons dire qu'elle fait partie de tous les végétaux dont on a jusqu'ici examiné les cendres, et qu'elle s'accumule surtout dans les graines des céréales. Les cendres de froment en contiennent 47 pour 100 ; celles de fèves, 34 ; celles de pois, 30 ; celles de haricots , 27. L'acide phosphorique se trouve à l'état de phosphate dans les terres fertiles, dans les engrais, dans un grand nombre d'amendements, et surtout dans les os, qui en renferment une proportion énorme.

Le phosphate de chaux eût été promptement entraîné par les eaux pluviales à la mer ou dans les profondeurs du sous-sol, et perdu à tout jamais pour l'agriculture, s'il se fût trouvé à l'état soluble.

Dans sa prévoyance, Dieu a voulu que cette puissante réserve, plus abondante dans les terres qu'on ne le pense généralement, n'abandonnât aux plantes que la stricte ration qui leur était indispensable, sous l'énergique action des acides sulfurique et carbonique qui rendait peu à peu soluble une faible partie de cette substance précieuse.

Si une addition au sol de phosphates tribasiques, c'est-à-dire rendus solubles par l'intervention de l'industrie humaine, est toujours d'une grande utilité avec l'emploi exclusif du fumier de ferme, il n'en sera plus de même au milieu des gaz nombreux et puissants qui naîtront de l'action réciproque des éléments de l'engrais minéral et rendront solubles une plus forte proportion des phosphates de chaux du sol que la plante ne pourra s'en assimiler.

Le fumier de ferme est déshérité du soufre et ne donne qu'un kilog. d'acide sulfurique, tandis que l'engrais minéral présente 10 kilog. de soufre pur, auxquels il faut ajouter les 26 kilog. 66 gr. qui se trouvent combinés avec le fer dans les 60 kilog. de sulfure de fer. Comme 1 kilog. 27 gr. d'acide sulfurique se décompose en 580 gr. de soufre et 690 gr. d'oxygène, il s'ensuit que la richesse de l'engrais minéral est de 61 fois 1/2 (61,48) plus grande que celle du fumier. Voici quelle est, je crois, la raison et le but de cette incroyable différence.

Nous avons vu comment l'hydrogène sulfuré avait, lors de sa décomposition dans la formation de l'engrais minéral, donné naissance au soufre pur et au sulfure de fer.

Le soufre, si avide d'oxygène lorsqu'en molécules ténues il se trouve répandu dans un sol humide, se convertit rapidement en acide sulfureux (SO^2), indispensable pour dissoudre les huiles et bitumes qui l'accompagnent, puis en acide sulfurique (SO^3), dont une faible partie se trouve absorbée par la plante ; le surplus vient aider, avec les acides chlorhydrique et carbonique et les alcalis, à la combustion et à la décomposition du charbon ligniteux, de l'huile et du bitume, substances les plus rebelles à la fermentation et les plus antiseptiques que nous connaissions.

Le sulfure de fer à variété blanche, ou sperkise de Beudant, composé de 54 de soufre sur 46 de fer, se décompose dès qu'il se trouve exposé à l'air humide avec une facilité plus grande que la pyrite jaune, et se convertit en sulfate de fer en développant une grande chaleur. Aussi ne peut-on conserver à l'air des houilles renfermant une certaine proportion de pyrites, sans courir le risque de les voir s'enflammer.

Il concourt avec une énergie plus forte encore que celle de l'acide sulfurique aux effets que nous venons d'indiquer.

Soufre et sulfate de fer viennent, par leur affinité remarquable pour l'oxygène, s'emparer, avec dégagement de chaleur, de celui de l'air, pour laisser à l'état naissant l'azote qui s'unira avec l'hydrogène de l'eau, des huiles et des bitumes décomposés par le fer, et les acides, pour former des sels ammoniacaux.

Le soufre, par suite de sa transformation forcée en acide sulfurique, constamment enlevé au sol par les eaux pluviales, est de toutes les substances nécessaires à l'animalisation et à la végétation celle qui fait le plus défaut à la terre et qu'il fallait lui restituer en plus forte quantité. De là, la cause la plus réelle des maladies de toute nature qui ne cessent d'attaquer l'un après l'autre chacun de nos végétaux; de là, l'explication de l'énorme proportion de soufre contenue dans l'engrais minéral.

Le chlore se trouve en quantité huit fois plus considérable (8,2626) dans l'engrais minéral que dans le fumier, puisque le premier en a 3 kilog. 33 et le second 0 kil. 40 seulement.

Dans l'état d'enfance où est encore la chimie agricole, malgré les progrès qu'elle a faits dans ces derniers temps, nous ne comprenons pas bien le rôle que cette substance joue dans les combinaisons si multiples qui naissent de la fermentation des engrais, et où chaque plante vient choisir, à l'état gazeux ou de dissolution, les éléments qui lui sont nécessaires pour son développement.

L'énergie de son action sur les corps organiques, son affinité pour l'hydrogène, qui lui permet de décomposer l'eau et tant d'autres substances, l'incroyable vertu de la dissolution de chlore à devenir oxydante, ses combinaisons avec la presque totalité des métalloïdes à la température ordinaire, sont pour moi une preuve certaine que ce ne serait pas impunément que l'on éliminerait de l'engrais ce corps qui entre dans la composition de toutes les plantes.

Aussi est-ce sans étonnement que j'ai appris que M. Georges Ville venait de l'ajouter l'année dernière aux cinq substances qu'il avait fait entrer seules jusqu'alors dans la composition de ses engrais chimiques.

Si le chlore se trouve en aussi forte proportion dans l'engrais minéral, c'est sans contredit parce que son action était indispensable pour obtenir, des éléments nouveaux qui s'y trouvent, le maximum de leur effet utile. Je ne puis constater aujourd'hui que deux des importantes propriétés dont il jouit : l'une déjà connue depuis nombre d'années, l'autre, beaucoup plus importante, qui vient seulement de nous être révélée au moment même où j'écris cette page, comme pour me permettre de faire mieux comprendre combien est admirable la perfection surhumaine de l'engrais minéral.

On doit à M. de Humboldt, nous dit le maître vénéré dans son beau livre de l'*Economie rurale,* des observations très curieuses sur la propriété que possède le chlore de favoriser énergiquement la germination. L'action du chlore est tellement manifeste, qu'elle s'exerce même sur des semences anciennes qui refusent de germer quand on les place dans des circonstances ordinaires. Les expériences de M. de Humboldt portèrent d'abord sur le cresson (*lepidium sativum*). Les graines étaient placées dans deux éprouvettes en verre, dont l'une renfermait une dissolution de chlore, et l'autre de l'eau ordinaire. Les éprouvettes furent mises dans l'obscurité, la température étant maintenue à 15°. Dans la dissolution de chlore, la germination eut lieu en six ou sept heures ; il en fallut trente-six à trente-huit pour qu'elle se manifestât sous l'eau. Dans le chlore, les radicules avaient déjà un développement d'un millimètre et demi au bout de quinze heures, tandis qu'on les apercevait à peine après vingt heures d'immersion sur les graines immergées dans l'eau.

Dans les jardins botaniques de Berlin, de Postdam et de Vienne, on a tiré un parti très utile de cette propriété du chlore en faisant germer de vieilles graines sur lesquelles tous les essais possibles de germination avaient été infructueux. A Schœnbrunn, jamais on n'avait pu faire lever du clusea rosea, lorsque M. de Humboldt y réussit, en formant une pâte avec du peroxyde de manganèse, de l'eau et de l'acide chlorhydrique (muriatique), dans laquelle il plaça les graines de clusea, en soumettant le tout à une chaleur de 62° à 75° centigrades. L'emploi de ce mélange peut surtout devenir avantageux lorsqu'il est difficile de se procurer de la dissolution de chlore.

Il est vraisemblable que la méthode de M. de Humboldt recevra un jour une application dans la grande culture. Il est hors de doute que la totalité des graines de semailles ne germe pas, surtout quand on est réduit à employer d'anciennes semences; la perte peut devenir alors considérable. Or, l'intervention d'une liqueur chlorée ne saurait être coûteuse, et la main-d'œuvre que cette manipulation exigerait n'ajouterait rien à celle du chaulage, généralement pratiquée aujourd'hui.

Dans le courant de janvier 1873, M. Melsens annonçait que l'on pouvait transformer le chlore et l'hydrogène en acide chlorhydrique à la température ordinaire. On obtient cet acide en assez grande quantité, en abaissant même sa température, si on prend pour point de départ le chlore condensé par le charbon. On a pu obtenir des charbons qui contenaient leur poids de chlore; alors il suffit de placer ce charbon chargé de chlore dans un vase renfermant de l'hydrogène, pour qu'il se forme de l'acide chlorhydrique, la température s'abaissant à 15° ou 20°. Quand le charbon chloreux est mis en contact avec de l'eau, celle-ci est décomposée, et il y a formation d'acide

chlorhydrique pur et d'acide carbonique pur. C'est l
première fois qu'on parvient à convertir le charbon e
acide carbonique à la température ordinaire.

Mieux que personne, que l'inventeur lui-même, j'a
compris toute la portée d'une découverte dont la vu
et l'odeur du chiffon soumis à l'action du chlore dan
la papeterie m'avaient mis sur la trace, et qui vien
expliquer pourquoi le chlore se trouve en si forte pro
portion dans l'engrais minéral, l'importance du rôl
qu'il va y jouer et la nécessité de la présence, dan
l'engrais minéral, d'un charbon aussi riche en car
bone, il est vrai, mais aussi rebelle à toute décompo
sition que le charbon ligniteux.

Silice et alumine. — En retranchant le sable et l'ar
gile, qui ne proviennent pas de la décomposition d
végétal, mais se trouvent ajoutés aux pailles et au
racines, soit par les pluies, soit par le piétinement de
animaux, les 44 kilog. 49 gr. de silice, de sable et d'ar
gile contenus dans la tonne de fumier doivent êtr
réduits à 35 kilog. environ de silice pure, c'est-à-dir
à la dixième partie de celle renfermée dans l'engrai
minéral.

Comme la silice entre pour plus des 6/10es dans l
cendre des pailles du froment, du seigle, de l'orge e
de l'avoine, je comprends parfaitement qu'avec l'énei
gique engrais de M. G. Ville, dont cette substance es
exclue, les céréales soient si sujettes à la verse, et le
remarquables effets produits sur elles, dans tant d
sols si différents, par l'addition des scories ou laitier
de hauts-fourneaux réduits en poudres impalpables

Si, selon toute probabilité, la silice de l'engrais mi

néral se trouve, comme semble l'indiquer l'examen sous un puissant microscope, de la poussière la plus ténue, associée à de la potasse et à de la soude pour former un silicate de potasse et de soude, on doit y appliquer les principes suivants, professés dans les écoles :

L'eau froide ou bouillante n'altère qu'avec une excessive lenteur les vases en verre dans lesquels on la maintient en ébullition, mais décompose avec une facilité remarquable le verre en poudre.

C'est ainsi que, d'après M. Pelouze, une fiole d'un demi-litre de capacité perd à peine un demi-gramme de son poids après qu'on y a fait bouillir de l'eau pendant cinq jours entiers ; mais, coupe-t-on le cou de cette même fiole, le réduit-on en poudre et fait-on bouillir la poudre dans le même vase et pendant le même temps, elle perdra jusqu'au tiers de son poids.

D'un autre côté, le même vase, qui aurait contenu de l'eau pendant des années sans éprouver dans son poids une perte susceptible d'être accusée par la balance, subira, par le simple contact de l'eau froide pendant quelques minutes, s'il est réduit en poudre, une décomposition représentant 2 à 3 centièmes ; par une ébullition de quelques minutes, la décomposition, à peu près double, s'élève à 5 ou 6 centièmes : les produits de la décomposition font effervescence avec les acides.

M. Barral a constaté que 4 litres d'eau de pluie, évaporés et condensés sept fois de suite dans une même cornue de verre, lui enlevèrent plus de deux grammes de chaux, un gramme de silice et un demi-gramme d'alcali.

Toutes les sortes de verre qu'on trouve dans le commerce, verre à glaces, verre à vitres, à bouteilles, cristal, flint-glass et verre d'optique, réduites en poudre fine et abandonnée au contact de l'air, se décomposent lentement en absorbant peu à peu l'acide carbonique de l'atmosphère; elles font au bout de fort peu de temps une vive effervescence, à ce point qu'on pourrait croire agir sur de la craie.

Si on augmente, dans la composition du verre, la proportion de la potasse et de la soude, on obtient dans l'eau, à la température ordinaire, une dissolution complète. On comprend que la présence et l'absorption des acides carbonique, chlorhydrique, sulfurique et autres, nés de la réaction des éléments de l'engrais minéral, faciliteront cette action.

Le silicate d'alumine absorbe 70 0/0 de son poids d'eau, qu'il n'abandonne ensuite que difficilement, d'où la conséquence qu'en temps de sécheresse, la présence de cette substance permet à la plante de moins souffrir, en lui abandonnant peu à peu une partie de son humidité.

L'engrais minéral agissant avec une tout autre énergie que le fumier, devait nécessairement en contenir une proportion beaucoup plus considérable. Aussi voyons-nous que le silicate d'alumine forme le quart du premier et à peine le centième du second.

Cette substance jouit d'une propriété bien importante au point de vue agricole; elle s'empare des vapeurs ammoniacales avec lesquelles elle se trouve en contact, et cela lors même qu'elle a été soumise à la température du rouge sombre. De là l'explication de cette différence entre les terres argileuses, qui, une fois saturées d'engrais, conservent si longtemps leur fertilité, et le sol siliceux ou calcaire, qui s'épuise si promptement si on ne répare souvent ses forces affaiblies.

Nous verrons plus loin que c'est surtout à la présence de plusieurs éléments n'existant pas dans le fumier et possédant à un degré remarquable la faculté d'absorber l'azote de l'air et d'emmagasiner les émanations ammoniacales, qui se perdent dans l'état actuel, lors de la fermentation, que l'engrais minéral doit son incontestable supériorité et son incroyable puissance.

Carbonate de chaux. — Cette substance est indispensable pour toutes les plantes de notre agriculture moderne, et notamment pour les luzernes, trèfles, sainfoins, colza, dont les cendres renferment de 17 à 60 0/0 de chaux. Grâce à elle, toute la vaste bande granitique qui, de l'extrémité de la Bretagne, traverse en écharpe la France presque entière, a vu, depuis vingt ans, doubler l'importance et la richesse de ses produits, et de magnifiques blés succéder aux maigres récoltes de sarrasin et de seigle qui, seules, couvraient ce sol autrefois stérile.

Lorsqu'elle se trouve dans un parfait état de division, elle exerce sur les matières organiques et minérales une action d'une incontestable utilité pour la végétation. En s'unissant à l'acide des premières, elle les désorganise, les rend solubles et facilement assimilables. Sous la double influence de l'humidité et de la fermentation, elle fait passer à l'état de car-

bonate d'ammoniaque, absorbé par les pores des racines, l'azote contenu dans les matières organiques,
qui, sans elle, auraient pu résister longtemps à la
décomposition lente ou pourriture.

En se combinant avec une partie des éléments de
l'argile, du silicate de potasse et d'alumine, le carbonate de chaux met en liberté de la silice à l'état
gélatineux, et des alcalis rendus immédiatement solubles et assimilables. La présence de la magnésie,
que l'engrais minéral contient en notable quantité,
ne fait qu'activer l'énergie de ces transformations.

Insoluble dans l'eau ordinaire, il se dissout avec
facilité dans l'eau chargée d'acide carbonique, et ne
fait que contribuer à augmenter l'abondance de cet
acide, qui joue un si grand rôle dans les phénomènes
chimiques qui permettent aux éléments de fertilité
d'être attirés et absorbés par la plante. Il augmente
la porosité des terres, facilite la production des nitrates, si favorables à la végétation, arrête la rouille
et la carie des blés, et détruit bien des larves et œufs
d'insectes.

Comme l'engrais minéral est destiné à tous les sols,
aussi bien à ceux qui manquent de silice qu'à ceux
qui sont privés de chaux, le calcaire à l'état de carbonate, de silicate ou de phosphate, devait s'y trouver
en une proportion à peu près égale à celle de la silice, et plus de cinquante fois plus forte que dans le
fumier de ferme.

Soude et potasse. — Les soudes et potasses constituent des éléments de fertilité extrêmement importants, les plus importants peut-être avec l'acide sul-

furique ; il est indispensable d'en rendre à la terre de fortes proportions, parce que le fumier de ferme est loin de lui restituer les soudes et potasses enlevées par les eaux, disparues dans le sous-sol ou sorties de la ferme par l'exportation du bétail et d'une partie des produits agricoles. Ces substances constituent les agents les plus actifs de la fermentation des engrais et des décompositions de la matière ligneuse et du carbone qu'ils renferment ; elles se trouvent en proportions considérables dans les cendres d'un grand nombre de végétaux, combinées aux acides carbonique, sulfurique, chlorhydrique, etc. Les cendres du tubercule de la pomme de terre en contiennent plus de moitié de leur poids ; celles des haricots, des fèves de marais, des pois, des topinambours, des betteraves, des turneps, environ 45 0/0 ; celles des grains de froment, de maïs, de lentilles, de vesces, de 30 à 35 0/0, etc. — On pouvait hardiment affirmer, sans crainte de se tromper, que l'engrais minéral serait certainement très riche en potasses et en soudes. Il ressort, en effet, de l'analyse chimique, qu'il en renferme 7 fois 1/2 (exactement 7,53) plus que le fumier, c'est-à-dire 39 kilog. 40 par tonne, au lieu de 5 kilog. 23, constatés dans le même poids de fumier.

Azote. — Si la plante puise la totalité des substances minérales qu'elle renferme et dont nous avons fait l'énumération, dans le sol, il n'en est pas de même pour l'azote, qu'elle prélève quelquefois dans l'atmosphère seule, mais le plus souvent dans le sol et l'atmosphère. De là la conséquence que, s'il faut rendre à la terre par les engrais une plus forte quantité de substances minérales que celle enlevée par les récoltes, on doit se contenter de lui restituer au maximum 50 0/0 de l'azote contenu dans ces dernières. Je dis 50 0/0, parce que le froment, selon M. George Ville, la plante la plus exigeante en azote de notre culture moderne, n'en tire pas du sol une proportion plus forte. Les légumineuses, et notamment la luzerne et le trèfle, jouissent de la précieuse faculté de prendre la totalité de leur azote au grand réservoir commun, qui n'appartient à personne, l'atmosphère. Telle est la principale cause du progrès que leur introduction a imprimé à l'agriculture du xixᵉ siècle.

Les expériences si nombreuses faites sur le fumier, en tous pays, par une foule d'hommes distingués, ne sont malheureusement que trop d'accord pour nous démontrer quelles pertes énormes d'azote il subit, par le défaut de soins apportés à sa préparation, et combien faible se trouve la part laissée à la plante dans les nitrates, sulfates et carbonates d'ammoniaque enfouis dans le sol, par les prélèvements, opérés par les eaux et l'atmosphère, de ces sels si solubles et si volatils.

Dans l'état actuel, l'azote du fumier, et surtout celui plus soluble encore des engrais chimiques, s'offre, au même moment, dans toute son intégralité, au végétal. Par un développement momentanément immodéré donné à la partie herbacée, on prépare les tissus trop spongieux à subir toutes les maladies qui depuis quelques années les déciment. Les céréales ne peuvent plus, dans leur luxueuse mollesse, supporter les intempéries de la saison ; elles sont sujettes à la carie,

à la verse, et sont loin de tenir les espérances premières qu'elles avaient fait naître.

L'engrais minéral devait être moins riche en azote
qu'en tout autre élément fertilisant, parce que, pour
la première fois, nous allons nous trouver en face de
substances qui, à l'instar de la plante en pleine croissance, jouissent de l'étrange privilége de décomposer
l'air pour en absorber l'azote, de recréer leur réserve
au fur et à mesure que l'entament les prêts faits à la
plante. Ceci nous explique pourquoi la Providence,
dont on ne saurait assez admirer la profonde sagesse,
qui a présidé aux moindres détails de son œuvre, n'a
placé que 3 fois 1/2 plus d'azote dans l'engrais minéral
que dans le fumier, soit 13 kilog. 80 contre 4 kilog.

L'incontestable supériorité de l'engrais minéral sur
le fumier de ferme résulte, non-seulement de ce qu'il
contient, ainsi que nous venons de le constater, toutes
les substances fertilisantes de ce dernier en proportions beaucoup plus considérables, mais surtout de
la présence de quatre éléments nouveaux : l'huile minérale et le bitume, le soufre, le fer et le charbon
ligniteux azoté.

L'action, jusqu'ici complétement inconnue en agriculture, de ces substances sera, ainsi que nous allons
essayer de le démontrer, extrêmement remarquable
sur les produits de la fermentation et, par voie de
conséquence, sur l'activité de la fermentation. Elles
contribueront puissamment à la grande révolution
pacifique qui va nous ouvrir une ère nouvelle, en
remplissant une double mission, celle de détruire les
insectes malfaisants qui dévastent nos récoltes, et de

dérober pour la première fois à l'atmosphère les richesses qu'elle recèle, pour les mettre à la disposition des racines de toutes les plantes.

J'appelle le soufre et le fer des substances nouvelles, parce que, bien qu'ils apparaissent déjà dans le fumier de ferme, le premier à l'état d'acide sulfurique, et le second à celui d'oxyde, ils s'y trouvent en proportions si faibles qu'ils ne peuvent jouer qu'un rôle insignifiant.

Si, par l'augmentation des engrais, la multiplicité et la plus grande profondeur des labours, le choix des assolements et la variété des récoltes, l'homme est parvenu, par son intelligence et son énergie, à dompter, dans une certaine limite, les intempéries des saisons et à s'assurer, malgré l'accroissement de la population, une nourriture de plus en plus abondante, toutes ses nombreuses tentatives pour se préserver contre les déprédations des insectes sont restées infructueuses. C'est que chaque progrès accompli n'a été qu'un encouragement à leur multiplication.

Par l'ameublissement plus complet et plus approfondi des terres, on a sauvé l'ennemi des dangers de la stagnation des eaux, on lui a permis de circuler avec une plus grande facilité dans le sol, d'y trouver une alimentation plus variée, et de se dérober enfin aux froids meurtriers de l'hiver, en descendant rapidement à la couche où il peut impunément les braver.

La plus grande abondance des fumiers n'a, par la chaleur humide de leur transformation, pu que contribuer à l'éclosion plus sûre de ses œufs et au développement plus parfait de sa progéniture. Les pertes en acides sulfurique et phosphorique, potasse et chaux, qu'ont peu à peu fait subir au sol et les pluies et les exportations de récoltes et d'animaux, ont favorisé cette multiplication. D'autre part, la destruction continue des taupes, crapauds, et surtout des oiseaux, qui en font une si énorme consommation, n'est pas une des moindres causes de l'aggravation de cette plaie croissante, qui, si elle ne se trouvait bientôt arrêtée, compromettrait dans un temps prochain l'existence des peuples, et ferait reculer la civilisation en donnant pour reine à la terre déserte la hideuse famine, accompagnée de tout son hideux cortége.

J'engage tous les agriculteurs à lire l'important mémoire adressé à l'Académie des sciences par M. Reiset, président de la commission d'enquête nommée par M. le sénateur Le Roy, préfet de la Seine-Inférieure, pour étudier les moyens de combattre le fléau des hannetons et de leurs larves, qui venait de se déchaîner sur ce riche département.

Ce savant, qui, selon la spirituelle expression de M. de Parville, connaît l'insecte comme s'il faisait partie des conseils secrets de son gouvernement, évalue à vingt-cinq millions les pertes subies dans ce seul département en 1866.

Le conseil général vota une prime de 10 francs par 100 kilog. de mans ramassés ; 37,000 fr. furent ainsi distribués. Comme le poids moyen d'un ver est de 2 grammes 2, le nombre des insectes détruits s'éleva à 168 millions en 1867.

J'ai l'honneur de vous proposer, disait en 1869 le

préfet au conseil général du même département, d'ins
crire au budget de 1870 une somme de 15,000 fr. pou
encourager la destruction des mans et des hannetons
persuadé d'ailleurs que si les circonstances venaien
tromper nos prévisions, l'administration rencontre
rait près de M. le trésorier général le même empres
sement que par le passé, pour l'aider à faire face au
exigences du moment.

Malgré toutes les recherches faites, et les expérience
tentées pour découvrir un procédé efficace et pratiqu
de destruction des mans, le mal n'a pu être combatt
et la question n'a pas fait un pas. — Dans la sessio
ordinaire de 1871, le conseil général de l'Aisne a vot
une somme de 1,000 fr., destinée à récompenser e
indemniser de ses dépenses l'auteur du meilleur pro
cédé de destruction du ver blanc (larve du hanneton)

M. Marsaux, directeur de la pépinière forestière d
Versailles, a proposé l'emploi de 250 grammes d
naphtaline, mêlée à un poids double de sable, pou
obtenir une répartition plus uniforme, par mètre carré
Comme cette substance vaut, au lieu de production
60 fr. les 1,000 kilog., la dépense s'élèverait à 300 fr
par hectare. En outre, la naphtaline étant très volatile
après quelques semaines le poison a disparu asse
complétement pour que le terrain soit de nouveau in
festé par les mans. Ces motifs rendent ce procédé, qu
semblait le meilleur, complétement impraticable dan
la grande culture.

Bientôt un autre mal, autrement terrible, se dé
chaîna sur la plus riche culture de notre beau pays

J'ai sous les yeux le remarquable rapport adressé

en septembre 1869, à la société d'agriculture de la Gironde, par M. le comte de Gasparin, au nom de la commission chargée d'étudier le phylloxera, cet autre fléau qui a causé et cause encore de si incalculables ravages dans les vignobles de la vallée du Rhône et du Bordelais.

On y voit qu'à cette époque quatre départements étaient envahis, 5,000 hectares de vignes étaient détruits dans Vaucluse, et l'insecte dévastateur ravageait la Drôme, le Gard et les Bouches-du-Rhône sur un parcours de 150 kilomètres de longueur. M. de Lavergne a recueilli, « les larmes aux yeux, » les doléances des propriétaires ruinés. L'un d'eux, homme d'énergie et d'initiative, lui a montré un vaste désert, où gisaient çà et là des amas de sarments pourris : « C'est là qu'étaient mes vignes ! » disait-il, la mort dans l'âme. Elles étaient bien à lui, car il les avait créées par dix années de labeurs et de sacrifices.

Le cri d'alarme et de détresse poussé par des populations affolées fut bientôt si unanime et si perçant, qu'il força le gouvernement à entrer dans l'arène.

« Le ministre de l'agriculture et du commerce,

» Considérant qu'une nouvelle maladie, connue sous le nom de pourridie et attribuée au *phylloxera vastatrix*, atteint aujourd'hui la vigne et menace, par sa rapide propagation, de compromettre la production vinicole ;

» Considérant que les études et recherches poursuivies jusqu'à ce jour n'ont donné que des résultats incertains, — arrête :

» Article unique. — Il est institué un prix de

vingt mille francs en faveur de l'auteur d'un procédé efficace et pratique pour combattre la nouvelle maladie de la vigne.

» Paris, le 14 juillet 1870. LOUVET. »

A la suite de cet arrêté, et comme sanction nécessaire, une commission, composée d'illustrations scientifiques et agricoles, fut instituée, sous la présidence du ministre, pour établir le programme des conditions du concours, examiner les mémoires adressés à l'administration, prendre connaissance des documents rassemblés par elle, décider les expériences qu'il y aurait utilité de poursuivre, recueillir les procès-verbaux des commissions locales, et décerner, s'il y avait lieu, le prix offert par le gouvernement.

Une guerre bien autrement formidable allait être déclarée, six jours après, à un ennemi mille fois plus terrible et plus destructeur que le phylloxera, et, par une trêve forcée, faire oublier pour un temps cet insecte malfaisant.

Le rapport de la commission, présidée par M. Dumas, ne fut publié qu'en août 1871. Ce document me semble trop important pour que je ne le donne pas *in extenso* à mes lecteurs, et que je n'abandonne pas ma prétention première de le refaire plus complet, à l'aide de la multitude de pièces que je viens de classer, à cet effet, sur mon bureau.

« Plusieurs grands vignobles du midi de la France » ont été envahis depuis quelque temps par une maladie redoutable et complétement inconnue. Les » vignes qui en sont atteintes succombent en général » à la fin de la seconde année.

» Cette maladie, dont on ne connaît pas l'origine, a
» paru pour la première fois dans la vallée du Rhône
» en 1864 ou en 1865. Ce ne fut qu'en 1867 qu'elle
» prit des proportions inquiétantes; dans les années
» 1868 et 1869, elle devint un véritable fléau. C'est
» alors qu'on vit ces grandes destructions de domaines
» qui émurent tant les agriculteurs et qui parurent
» d'autant plus foudroyantes qu'on avait peut-être
» méconnu les premiers indices du mal. Cette ma-
» ladie n'a pas cessé dès lors de s'accroître; elle
» s'étend aujourd'hui depuis le département de la
» Drôme jusqu'à l'extrémité de la Crau, frappant de
» préférence les terrains maigres, secs, caillouteux, et
» les terrains très sujets à l'humidité. L'arrondisse-
» ment d'Orange, un des points les plus atteints sur
» la rive gauche du Rhône, avait déjà perdu l'année
» dernière 3,600 hectares de vignes sur 10,880 qu'il
» possédait. Le département des Basses-Alpes, pré-
» servé jusqu'à ce jour, commence à être attaqué.

» Sur la rive droite du Rhône, les progrès de cette
» maladie n'ont pas été aussi rapides ; le département
» du Gard est pourtant envahi sur un grand nombre
» de points; l'Ardèche a des vignes atteintes, et l'Hé-
» rault présente déjà les premiers symptômes du
» mal.

» Dans le Bordelais, où la maladie a paru aussi
» depuis quelques années, les progrès qu'elle a faits
» ont été plus lents que dans la vallée du Rhône.

» Le trait extérieur le plus caractéristique de la
» nouvelle maladie, celui qui a frappé le plus tous les
» observateurs, c'est l'existence, dans toutes les par-

» celles atteintes depuis peu, d'un centre d'attaque
» qui s'élargit sans cesse. Les ceps environnant ce
» premier foyer d'infection s'étiolent et jaunissent de
» plus en plus, jusqu'à ce qu'ils soient complétement
» desséchés. Quand la parcelle a une certaine étendue
» et quand le mal est suffisamment intense, au lieu
» d'un centre d'attaque, on en trouve plusieurs. Il
» ressort de ces faits, observés partout, que la maladie
» de la vigne se propage de deux manières : de proche
» en proche et à distance. L'extension progressive des
» divers centres d'attaque dont nous venons de par-
» ler nous révèle le premier mode de propagation ;
» leur existence simultanée sur plusieurs points éloi-
» gnés les uns des autres nous révèle le second.
» L'expérience nous a d'ailleurs appris bien des fois
» que la nouvelle maladie de la vigne procède par
» bonds irréguliers, et qu'elle fait souvent une brusque
» apparition à de grandes distances des foyers d'in-
» fection déjà connus. Quand on examine les racines
» des vignes attaquées, on s'aperçoit facilement
» qu'elles sont le siége des altérations les plus pro-
» fondes ; on les trouve toujours molles et pourries ;
» leurs tissus, hypertrophiés et sans consistance, ne
» résistent pas à la pression des doigts.

» Ces graves désordres sont occasionnés par une
» espèce de puceron, auquel on a donné le nom
» de *phylloxera vastatrix*. Ce puceron, presque in-
» visible à l'œil nu, s'établit sur les racines de la
» vigne et les pique de son suçoir, afin de se nourrir
» de leurs sucs. Ces piqûres multipliées irritent pro-
» bablement les tissus et amènent leur hypertrophie.

» Elles produisent sur le chevelu des racines des no-
» dosités tout à fait caractéristiques, qui établissent
» une distinction fondamentale entre la maladie nou-
» velle et tous les autres genres d'altérations obser-
» vés dans les vignes, tels que la pourridie ou blan-
» quet, espèce de pourriture produite par des cham-
» pignons souterrains, et la maladie de la Camargue,
» qui a déjà fait périr dans cette contrée un assez
» grand nombre de plantations.

» On remarque en même temps que les phylloxeras,
» auteurs de ces graves désordres, ne restent jamais
» sur les racines qui commencent à se décomposer.
» Dès qu'un point se pourrit, ils se portent immédia-
» tement sur un autre. En un mot, ils produisent la
» pourriture, ils la précèdent sans cesse et ne la
» suivent jamais.

» Jusqu'à ce jour, aucun de nos cépages n'a été
» épargné par la nouvelle maladie de la vigne, mais
» on signale dans les environs de Bordeaux quelques
» variétés américaines qui n'ont pas été encore atta-
» quées, quoique entourées de vignes malades depuis
» trois ans.

» L'insecte qui dévaste les vignes appartient au
» genre phylloxera, faisant partie lui-même de l'ordre
» des hémiptères, et plus particulièrement du sous-
» ordre des homoptères, dont les cigales, les pucerons
» et les cochenilles sont les représentants les plus
» connus. Il constitue, du reste, à lui seul, une petite
» famille, qui sert en quelque sorte de transition entre
» les pucerons ou aphidiens et les cochenilles ou coc-
» cidées.

» D'après les études faites dans ces derniers temps,
» les phylloxeras vivent sous deux formes différentes :
» à l'état aptère et à l'état ailé ; ils ne sont jamais
» vivipares ; en toute saison et sous les deux formes
» qu'ils affectent, ils ne pondent jamais que des œufs.
» Nous devons ajouter que les individus observés
» jusqu'à ce jour, et le nombre en est grand, ont tou-
» jours été des femelles.

» Le phylloxera mâle, qu'on cherche depuis long-
» temps, n'a été encore trouvé ni à l'état aptère ni à
» l'état ailé.

» Voici quelles sont les principales phases de la vie
» de ces insectes. Ils hivernent sur les racines de la
» vigne à l'état d'insectes aptères, jamais à l'état
» d'œufs. Tant que la température est rigoureuse, ils
» restent plongés dans un état complet d'engourdisse-
» ment ; mais, dès que la chaleur commence à faire
» sentir son influence, tous les individus épargnés par
» les froids et par les humidités de l'hiver reprennent
» une vie nouvelle ; ils se nourrissent avec abondance
» et se mettent immédiatement à pondre des œufs.
» Leur multiplication devient bientôt effrayante et ne
» s'arrête plus que dans le courant du mois d'octobre.
» C'est pendant cette période, qui dure de sept à huit
» mois dans le Midi, que les pucerons font leurs plus
» grands dégâts.

» Le phylloxera, à l'état aptère, est essentiellement
» voué à la vie souterraine ; il chemine probablement
» sur les racines de la vigne, en suivant les nom-
» breuses fissures qu'on trouve à leur surface ; mais il
» ne reste pas toujours en cet état. Pendant la saison

» chaude, on voit de loin en loin quelques rares in-
» dividus présentant sur leur corselet de petits appen-
» dices destinés à devenir des ailes. Les insectes ainsi
» transformés sont de véritables nymphes, qui ne
» tardent pas à se dépouiller de leur enveloppe et à
» se transformer en insectes parfaits, possédant des
» ailes et des yeux bien caractérisés. C'est probable-
» ment quand ils ont pris cette forme, que les phyl-
» loxeras sont soulevés et emportés par les vents à des
» distances souvent très considérables. On ne pourrait
» pourtant pas affirmer que les pucerons aptères ne
» peuvent pas, eux aussi, dans de certaines condi-
» tions, être transportés par les vents.

» Les phylloxeras ailés sont excessivement rares,
» nous l'avons dit ; le nombre de ceux qu'on a pu
» observer jusqu'à ce jour n'est nullement en rapport
» avec les myriades d'insectes aptères qu'on voit par-
» tout sur les racines des vignes malades. Est-ce une
» loi de la nature? Est-ce une simple lacune due aux
» procédés d'observation imparfaits dont nous dispo-
» sons ?

» Tous les phylloxeras ailés qu'on a vus étaient des
» femelles pondant des œufs et donnant ainsi nais-
» sance à des pucerons aptères.

» On rattache à l'existence de l'insecte sous sa
» forme ailée un fait d'une très haute importance.
» Dans la vallée du Rhin et plus encore dans le Bor-
» delais, on a observé, pendant l'été, quelques ceps,
» excessivement rares, dont les feuilles étaient cou-
» vertes de galles d'une forme particulière ; la saillie
» verruqueuse est en dessus et l'ouverture est au-

» donné dans l'Hérault et dans la Gironde, où l'on n'a
» pas hésité à arracher les ceps, à les brûler et à
» désinfecter le sol par un sérieux écobuage. Elle
» conseille, dans le même ordre d'idées, de ramasser
» les feuilles portant des galles et de les brûler.

» Ces mesures défensives, analogues à celles qu'on
» a prises contre la peste bovine, ont l'avantage de
» détruire un grand nombre d'insectes qui pourraient
» se propager et répandre la maladie dans les vignobles
» environnants. Prescrites à propos et mises à exécu-
» tion avec ensemble et sous une surveillance intelli-
» gente, elles peuvent arrêter le progrès du mal et le
» faire reculer. Mais ces mesures immédiates, que le
» ministère peut recommander comme extrêmement
» urgentes, le mois d'août étant l'un des plus dangereux
» pour la propagation énergique du phylloxera ; ces
» souscriptions à l'aide desquelles les sociétés, comices
» ou syndicats, pourront subvenir aux indemnités ré-
» clamées par certains propriétaires de vignes con-
» damnées à la destruction, ne sauraient dispenser de
» chercher ailleurs un remède d'une application assez
» facile. Toutefois, autant la commission s'exprime
» avec conviction lorsqu'il s'agit de conseiller des
» mesures de police rurale, autant elle veut rester ré-
» servée lorsqu'il est question des règles de conduite
» à tracer à ceux qui s'occuperont de cette question ;
» elle laisse le champ libre à toutes les idées.

» En instituant un prix de 20,000 francs pour la
» découverte d'un moyen capable de guérir les vignes
» malades, le ministre de l'agriculture et du com-
» merce a montré sa profonde sollicitude pour les

» intérêts de la viticulture. L'appel qu'il adresse, par
» cette haute récompense, à tous les hommes de
» science et de bonne volonté, sera certainement en-
» tendu, et il y a lieu d'espérer que nous serons
» bientôt en possession d'une histoire complète de la
» maladie et d'un procédé efficace et pratique qui
» rendra la sécurité à nos vignerons.

» L'arrachage des ceps malades et leur emploi,
» avec d'autres combustibles, à l'écobuage du sol in-
» fecté, la cueillette et la destruction par le feu des
» feuilles portant lés galles spéciales du phylloxera,
» circonscriront la marche de la maladie et marque-
» ront un temps d'arrêt. Les personnes qui se voue-
» ront aux recherches qu'on désire provoquer auront
» ainsi le temps nécessaire pour atteindre le but; car,
» il ne faut pas l'oublier, dans les problèmes com-
» plexes de l'agriculture, il n'est pas permis d'im-
» proviser, et plus que jamais il n'est donné à per-
» sonne, en pareil cas, de deviner la nature en pas-
» sant. »

Malgré ses défaillances, la France est toujours la
terre sainte de l'intelligence et du dévouement.
A l'aspect d'une calamité sans exemple dans les
fastes historiques, de cette plaie nouvelle dont Dieu
ne nous frappe que pour nous forcer à revenir à lui,
et qui semble ne s'arrêter un moment que pour reprendre sa marche avec plus de rapidité et poursuivre avec plus de force son œuvre de destruction,
les hommes de cœur n'ont pas failli à la mission qui
leur était dévolue.

Des études et des expériences aussi consciencieuses

que multipliées de MM. de Serres, Faucon, Planchon, Lichtenstein, Milne-Edwards, Heuzé, Riley, volontaire accouru de Saint-Louis (Missouri) pour se joindre à l'illustre cohorte, Laliman, Signoret, Gaston Bazille et tant d'autres, il ressort :

1° Que l'insecte a été placé sur des vignes saines et que ces vignes ont péri ; que des rameaux infectés placés dans l'eau un temps suffisant pour détruire le phylloxera ont été sauvés. Morte la bête, mort le venin : détruisez le phylloxera, vous sauvez la vigne.

2° Que le type de l'insecte appelé radicicole, dont les piqûres entraînent le dépérissement et la mort du cep, et le type gallicole, qui provoque sur la feuille du même arbuste des excroissances ou galles, sont identiques.

« Nous enfermions dans des flacons — disent
» MM. Planchon et Lichtenstein — des racines fraî-
» ches de vigne à côté de feuilles chargées de galles
» que venait de nous envoyer M. Laliman, de Bor-
» deaux. Des centaines de jeunes phylloxeras s'échap-
» paient déjà de ces galles. Ne trouvant pas de jeunes
» feuilles à piquer pour y développer des galles nou-
» velles, les insectes se fixèrent sur les racines. Douze
» jours après, ils formaient sur ces racines des
» groupes serrés, parmi lesquels des femelles adultes
» en train de pondre et des jeunes à divers âges, la
» plupart tendant vers l'état adulte. Les plus jeunes
» n'avaient pas de tubercules apparents ; ceux de
» moyenne grosseur, de même que les femelles
» adultes, portaient les tubercules caractéristiques, et

» tous, du reste, par leurs formes, leur mode de vie,
» la dimension et la couleur de leurs œufs, se con-
» fondaient absolument avec les phylloxeras souter-
» rains qui vivent normalement sur les racines. »

3° Que dans les galles ouvertes qui semblaient vides de phylloxeras et inoffensives, il reste un grand nombre de ces insectes qui présentent des dimensions microscopiques, d'où la conséquence qu'il faut procéder avec soin à la cueillette des feuilles attaquées et les brûler avant que l'ennemi puisse descendre en terre et causer ses ravages sur les racines de la vigne.

4° Que si le phylloxera, une fois établi sous terre, semble indestructible, rien n'est plus facile que de l'empêcher d'envahir de nouvelles localités, puisque cet envahissement ne peut avoir lieu que par le transport de l'insecte, dont la progéniture forme sur les feuilles des galles très faciles à voir, à reconnaître et à détruire.

5° Que le phylloxera subit plusieurs tranformations ou métamorphoses distinctes.

Au sortir de l'œuf, sa longueur est de 1/4 de millimètre. Il est de couleur jaunâtre et difficile à apercevoir à l'œil nu. Sa mobilité, son agilité, sa puissance de locomotion, sont déjà excessives.

A l'état de larve il est plus gros, plus allongé, et d'un jaune plus vif. Il a près d'un millimètre de long et se voit plus facilement.

Enfin, à l'état d'insecte parfait, aussi bien dans les mâles, postérieurement découverts par M. Heuzé, que dans les femelles, il n'a guère qu'un millimètre de long ; il échappe aux regards quand il vole dans l'air. Le vol du mâle, quoique très faible, est plus puissant que celui de la femelle ; c'est le vent qui presque toujours les transporte à de grandes distances. Jamais le phylloxera aptère n'a été vu ailleurs que sur les racines.

6° Que sa puissance de fécondation est énorme. MM. Planchon et Lichtenstein assurent qu'en trois générations les œufs contenus dans une seule galle peuvent produire 8 millions d'individus.

7° Que le phylloxera sans ailes s'attaque de préférence aux radicelles du chevelu supérieur de la vigne, ce qui ne l'empêche pas de suivre les racines jusqu'à leur plus grande profondeur et de cheminer souterrainement du cep épuisé au cep bien portant.

8° Que certaines variétés américaines, notamment celle appelée concord-grappe, ont été jusqu'à cette époque respectées dans ce pays par le phylloxera, et que les nombreux plants ou greffes de ce cépage introduits en France sont restés à l'abri de la maladie ; que tous les essais de plantation de nos vignes, si souvent répétés en Amérique, n'avaient toujours échoué, sans qu'il eût été jusqu'à ce jour possible d'en soupçonner la cause, que parce qu'elles succombaient bientôt aux attaques que le phylloxera américain, père du nôtre, faisait subir à ses racines.

Quand le phylloxera attaque une vigne pour la première fois, rien dans l'apparence extérieure du végétal ne trahit cette atteinte funeste. L'aspect de la végétation est normal ; les sarments sont longs et vigoureux comme à l'ordinaire, les feuilles et les grappes sont saines et bien développées. Le mal est donc tout intérieur. Il ne se révèle que quand on découvre les racines. Mais si on arrache un des ceps, on constate sur les radicelles du chevelu des renflements dans les plis desquels se trouve l'insecte dévastateur. Ces renflements, de couleur blanchâtre, sont la suite de la piqûre faite par le phylloxera. Dans ces nodosités anormales, on trouve souvent, en même temps que l'insecte, des agglomérations d'œufs.

Le phylloxera passe l'hiver fixé et comme engourdi sur les racines de la vigne. Les ravages qu'il a causés sont déjà appréciables pendant la première année, car le chevelu des racines est en partie désorganisé et s'écrase sous la simple pression des doigts.

Pendant la deuxième période d'envahissement, c'est-à-dire pendant la deuxième année, le mal se traduit par des symptômes extérieurs. Les ceps ont une végétation languissante, les sarments sont courts, les feuilles petites et pâles, les grappes presque nulles ou peu nombreuses et parviennent difficilement à la maturité.

Sur les vignes ainsi infectées, le phylloxera est peu abondant ; il les a abandonnées en grande partie à la fin de l'hiver, époque où finit son sommeil léthargique, pour se diriger sur les vignes saines avoisinantes. Les racines sont presque pourries et présentent de nombreuses nodosités. On y remarque un foyer central d'attaque et une désorganisation qui rayonne de ce point central à la périphérie, avec une intensité décroissante, de manière à former

comme une tache d'huile intense au centre et s'affaiblissant du centre aux extrémités.

Pendant cette seconde année, la végétation extérieure conserve encore l'aspect à peu près normal.
Pour constater la présence du puceron, il est toujours
nécessaire de découvrir les racines.

Pendant la troisième période ou troisième année,
le mal ne devient que trop apparent au dehors. Les
racines sont atrophiées ou pourries, la végétation est
languissante, les feuilles petites et d'une couleur
jaunâtre. L'arbuste ne tarde pas à mourir. Il périt
ordinairement pendant la troisième et la quatrième
année qui suit le moment où le phylloxera s'est
montré pour la première fois dans le vignoble.

Toute une armée d'inventeurs surgit à l'appel fait
par la commission et les comités locaux et se mit
vigoureusement à l'œuvre. Toutes les substances in-
secticides furent successivement passées en revue, et
les procédés succédèrent aux procédés. Citons les
principaux.

M. Ponsard, président du comice de la Marne, pro-
posa de pratiquer à la base du cep de vigne attaqué
un trou rond du diamètre de 2 à 3 millimètres, ne
dépassant pas en profondeur les 2 cinquièmes de
l'épaisseur du tronc, et d'y introduire le volume de
la grosseur d'un grain de blé ou d'un pois, suivant
la force du cep, de sulfure de potassium, et de sceller
l'orifice avec de la cire molle ou avec le mastic de
Lhomme-Lefort.

La séve devait répartir cette substance dans toute
la plante, et huit jours après l'opération les phyl-

loxeras devaient tous périr, sans exception, par un véritable empoisonnement.

Louis Faucon, propriétaire à Graveron (Bouches-du-Rhône), guérit son vignoble de 21 hectares, condamné à l'arrachage par tous les viticulteurs qui l'avaient visité en 1868 et 1869, en le submergeant totalement en hiver pendant 15 à 20 jours.

Le savant professeur de Montpellier, membre de la commission, M. Planchon, annonçait à l'Académie des sciences qu'il espérait avoir trouvé une solution applicable à toutes les plantations, quelle que soit leur situation. Il empoisonnait le puceron par l'acide phénique dissous dans 1,000 fois son poids d'eau pour un sol sec, et dans 200 à 500 seulement lorsque la terre était pénétrée d'humidité.

Guillemenot et Billebault tuent le parasite en fumant la vigne au moyen d'un mélange dans lequel il entre une certaine quantité de goudron de gaz de houille. Le second complète le procédé en badigeonnant les échalas avec ce même goudron dans la saison où les insectes sont ailés, afin que, poussés par le vent, ils viennent s'y coller et périr ou tout au moins soient chassés par l'odeur.

Barthélemy, de Montpellier, propose de propager dans les vignes les espèces végétales qui détruiraient le plus efficacement la larve de cet insecte.

Pour sauver un pays du phylloxera, écrit M. Crillon au ministre, il ne s'agit pas seulement de s'abstenir de le labourer, mais encore d'en affermir le sol au pied des ceps, soit en le piétinant, soit en le frappant avec des pilons.

» dessous de la feuille. Ce caractère constant établit
» une distinction radicale entre les galles dont il
» s'agit et toutes les autres galles ou boursouflures
» qu'on trouve sur les feuilles de la vigne. Ces galles
» sont des nids remplis de pucerons aptères, ressem-
» blant beaucoup à ceux qu'on trouve sur les racines.

» On croit pouvoir attribuer la formation de ces
» galles et l'apparition des habitants qu'elles ren-
» ferment, aux insectes provenant des œufs pondus
» par les phylloxeras ailés.

» Comme on le voit, le phylloxera a deux genres
» de vie. Il reste presque toujours caché sous
» terre; mais, à certains moments, quelques rares
» individus jouissent d'une véritable existence aé-
» rienne. La vie souterraine de cet insecte est assez
» bien connue; il n'en est pas de même de la seconde.

» Il serait pourtant très intéressant et très utile de
» savoir d'une manière exacte à quel moment de
» l'année la métamorphose de l'insecte ailé s'accom-
» plit, combien de temps elle dure, sur quel point du
» cep ou du sol elle a lieu. Les divers modes de pro-
» pagation du phylloxera, son origine, les conditions
» les plus favorables à son développement, mérite-
» raient aussi d'être mieux connus; nous en dirons
» autant de l'existence des mâles et des époques de
» fécondation.

» Espérons que des études biologiques, conduites
» avec méthode et avec persévérance, nous éclaire-
» ront bientôt sur toutes ces questions si mystérieuses
» et pourtant si importantes à connaître. Cet insecte,
» qu'il est si difficile d'atteindre pendant sa vie sou-

» terraine, sera peut-être susceptible d'être détruit si
» on peut l'attaquer pendant quelque moment favo-
» rable de son existence aérienne.

» Telles sont les conditions dans lesquelles se pré-
» sente la nouvelle maladie de la vigne. Depuis
» qu'on la connaît, une foule de moyens ont été pro-
» posés pour la combattre. Aucun d'eux n'a compléte-
» ment réussi. En trouvera-t-on de plus actifs à l'ave-
» nir? Parviendra-t-on, ce qui est très possible, à
» tirer meilleur parti de ceux qu'on a essayés? Il est
» permis de l'espérer. Ce qu'il y a de bien certain,
» c'est que l'efficacité du remède qu'on cherche et qu'on
» trouvera ne dépend pas seulement de la nature et
» de l'énergie des substances employées. Le mode
» d'emploi et le moment de l'application seront tou-
» jours d'une très grande importance. Les substances
» capables de tuer les puccrons sont très nombreuses ;
» mais, pour produire de bons effets, il faut qu'elles
» soient sans danger pour la plante et qu'elles puissent
» pénétrer assez facilement dans le sol pour atteindre
» les insectes à 40 ou 50 centimètres de profondeur
» et quelquefois même au delà. C'est là que se trouve
» la plus grande difficulté. Aussi les traitements pré-
» ventifs, destinés à préserver les vignes encore in-
» tactes, doivent-ils surtout être l'objet de l'attention
» des personnes qui chercheront un remède à ce nou-
» veau mal.

» En attendant que la science nous ait fourni de
» véritables moyens de défense, la commission est
» d'avis qu'il y a lieu, dès à présent, de conseiller aux
» agriculteurs et aux municipalités d'imiter l'exemple

D'après **M. Bossin**, il faut pratiquer après la chute des feuilles une tranchée circulaire autour du pied infecté, assez profondément pour se rapprocher des racines le plus possible, et placer dans cette petite tranchée une couche de charbon de bois pilé qu'on recouvre ensuite de terre ; enfin badigeonner la tige et les branches avec un mélange de chaux, de guano du Pérou et de soufre en poudre, le tout délayé dans de l'eau.

Reprenant le remède employé contre les mans, **M.** Baudet répand la naphtaline en poudre sur les racines malades, préalablement déchaussées, et en enduit le tronc, les sarments et les feuilles, humectés avec de l'eau légèrement gommée ou gélatinée.

Un viticulteur du Gard, **M.** Rougier, emploie de même par cep un demi-kilogramme de suie, que d'un coup de pelle il recouvre d'une légère couche de terre. Il conseille, afin d'augmenter l'action du remède, de pratiquer à l'aide d'un pal trois trous au pied de la souche et de les remplir de suie. Au bout de quelques jours, une odeur empyreumatique pénétrante se dégage ; elle est sensible à une assez grande distance et en même temps imprègne le sol autour de la souche. S'il pleut, l'eau s'accumule dans le godet laissé au pied de la souche, traverse la couche de suie, se charge des parties solubles que ce corps lui abandonne, et, suivant les racines comme un drain naturel, va porter jusqu'aux dernières radicelles les principes dont elle est saturée. Cette action de la suie se trouve en même temps prolongée, puisqu'elle dégage encore une odeur assez marquée lorsque, l'année suivante, la pioche la découvre.

Dans sa brochure sur le phylloxera, publiée en 1872, Edouard Loarer recommande l'orpiment ou sulfure d'arsenic, employé si généralement dans l'Inde contre les myriades d'insectes destructeurs de la végétation.

Enfin, pour terminer cette trop longue énumération, MM. Laliman et Gaston Bazille greffent les anciennes vignes avec les cépages américains réfractaires au phylloxera, et MM. Pomier, Layrargue et Castelnau enfouissent les sarments dans les vignes atteintes pour, suivant l'idée de M. Lichtenstein, les enlever au printemps de 1873, avec les innombrables légions de phylloxeras qui se seront fixés à leurs radicelles.

Au mois d'août 1872, une commission de naturalistes a été instituée au sein de l'Académie des sciences de Paris pour réunir tous les documents relatifs au phylloxera et chercher les moyens de détruire ce terrible insecte. Cette commission a pris sa tâche très au sérieux. Elle s'est fait rendre compte de tous les résultats acquis par l'observation et l'expérience ; elle a même étudié sur les lieux le mal et ses effets ; mais tous ses efforts ont été stériles. L'Académie des sciences a entendu, au mois de décembre 1872, le rapport de cette commission : ses conclusions sont négatives sur tous les points ; aucun remède efficace n'a pu être signalé par elle, et il faut attendre de nouvelles études pour reprendre la question après cette inutile campagne.

Justement alarmés des ravages qui menacent de tarir dans sa source la plus féconde la grande richesse agricole du pays, les conseils généraux de l'Hérault, des Bouches-du-Rhône, du Var, de Vaucluse, du Gard et de l'Aude, ont nommé des délégués pris dans leur sein pour aviser sans retard aux moyens de combattre le fléau.

Dans la réunion de novembre 1872, M. Raspail a proposé d'émettre le vœu suivant :

La commission interdépartementale réunie à Montpellier émet le vœu que l'Assemblée nationale crée d'urgence un prix d'un million, qui serait décerné à l'inventeur d'un remède pratique, peu coûteux, applicable à la généralité des vignobles français, et dont l'effet curatif serait constaté par de nombreuses expériences et pendant une période de temps déterminée.

M. Poujade a également proposé la résolution qui suit :

Un fonds commun de 20,000 fr., renouvelable annuellement, sera voté par les départements intéressés, pour servir à la création et au fonctionnement d'une commission d'étude et d'expérimentation.

Cette commission sera composée de trois à cinq membres, délégués par les conseils généraux, qui contribueront à la dépense dont il s'agit, et des membres de la commission du phylloxera instituée à Montpellier.

Les délégués pourront être pris en dehors des conseils généraux. Chaque département sera invité à concourir proportionnellement au principal de sa contribution foncière.

Ce fonds commun sera sollicité non-seulement auprès des conseils généraux des Bouches-du-Rhône, Var, Vaucluse, Gard, Hérault et Aude, mais encore des Alpes-Maritimes, Basses-Alpes, Drôme, Isère, Ardèche et Pyrénées-Orientales.

Chacun des conseillers délégués est chargé de provoquer un vote favorable du conseil général de son département, et le président de la commission départementale de l'Hérault devra communiquer la résolution qui vient d'être prise à ses collègues des départements susnommés, qui ne sont pas représentés au congrès, de même qu'à tous les départements des régions vinicoles, qui pourront ainsi contribuer, soit par un vote de fonds, soit aussi par délégation.

Il est inutile de dire que les deux propositions de MM. Raspail et Poujade furent adoptées à l'unanimité.

Que la cause de ce mal provienne directement de ce puceron qui accomplit son œuvre souterraine de destruction par l'épuisement ou l'empoisonnement de la séve qui lui sert de nourriture, comme le croient avec raison le plus grand nombre des expérimentateurs, ou résulte d'une prédisposition maladive de la la plante qui soit favorable à la multiplication prodigieuse de cet animalcule, toujours est-il que les mille remèdes essayés jusqu'ici n'ont été que des palliatifs impuissants, dont les principaux empoisonnaient le malade en même temps que le phylloxera.

Que dirai-je des ravages et des pertes incalculables tour à tour causés et par l'oïdium (érésyphe) et par la maladie des pommes de terre, et par tous ces ennemis, pyrales, alucites, courtilières, vers, charançons, pucerons de toutes espèces, qui tantôt s'attaquent aux racines des plantes et tantôt à leurs feuilles et à leurs graines, sinon que c'est par centaines de millions que se calculerait, pour la France seule, l'économie produite chaque année, de ce chef, par l'emploi d'un engrais à vil prix, faisant disparaître, comme par enchantement, toutes ces causes de ruines et de désastres auxquelles, dans l'état actuel, ne peut échapper le cultivateur le plus intelligent et le plus soigneux.

Que peut vous rapporter, bon an mal an, demandais-je à un jardinier, cette longue couche couverte d'un mélange épais de carottes, de salades et de choux, où pendant des mois entiers vous tirez chaque jour une énorme quantité de primeurs et de replants, au grand avantage de ceux qui restent? « Des bénéfices extrêmement considérables, me répondit-il, si les courtilières, vers et autres insectes ne la saccagent pas trop, et de grandes pertes, s'ils s'y jettent trop nombreux, ce qui malheureusement arrive bien souvent.

— Achèteriez-vous à un prix élevé un engrais qui vous garantirait de ces dévastations?

— Je le paierais tout ce que l'on voudrait, car ce serait une révolution dans le jardinage.

A l'apparition du phylloxera, le grand remède, le seul et unique qui pût le combattre avec efficacité, m'avait déjà été révélé. Je l'avais consigné tout au long sur une des feuilles imprimées de ma brochure, avant que le gouvernement n'eût créé son prix de 20,000 fr. Je n'avais qu'à adresser cette feuille à la commission, et le prix m'était adjugé sans conteste.

Mais l'heure du Seigneur n'avait pas sonné, et l'ouvrage tout entier dut encore être enseveli, sur les rayons de ma bibliothèque, dans le linceul de la mort.

Ce ne fut pas sans une profonde amertume que je suivis pas à pas cette lutte impossible de la science humaine contre un fléau de Dieu, et que j'assistai aux désastres toujours croissants qui plongent dans la misère des populations entières.

Arrière bientôt à tous ces palliatifs impuissants ! et hosanna ! car voici l'œuvre du Seigneur qui va apparaître dans toute sa splendeur, comme signe infaillible du pardon, et le premier anneau de la longue chaîne de prospérités dont sa bonté va combler la France.

C'est que l'engrais minéral renferme en fortes proportions l'huile minérale, le bitume, le soufre, et cette mixture de plantes disparues depuis des milliers de siècles, le tout combiné et amalgamé dans le triple but d'activer la végétation, de détruire les insectes et de guérir les maladies des végétaux, maladies qui, le plus souvent, ne proviennent que des perturbations apportées dans l'économie vitale par la présence d'animalcules qui quelquefois échappent, par leur petitesse, à l'action de nos instruments les plus perfectionnés.

L'huile minérale, me disait, en 1869, M. Kopp, le grand chimiste italien, éloigne et détruit les insectes, d'accord ; mais ne craignez-vous pas qu'elle ne soit également un poison pour la plante ? Comme preuve à l'appui de son opinion, il ajoutait : Notre principal fabricant d'engrais de Turin, séduit dernièrement par le bas prix des sels ammoniacaux provenant de l'épuration du gaz d'éclairage, s'empressa de les accaparer pour les faire entrer dans la composition de ses produits. Les bénéfices réalisés étaient considérables, il s'applaudissait de son opération, lorsqu'il se vit, à sa grande stupéfaction, assailli d'un grand nombre de réclamations ; les nouveaux engrais n'avaient donné que peu ou point de résultats. Sous le coup de poursuites judiciaires, il vint me conter sa mésaventure. Je ne pus que lui conseiller de répondre que les instances étaient prématurées ; que si l'action des engrais avait été tout d'abord retardée et paralysée par la présence des huiles et goudrons minéraux qui accompagnent les sels ammoniacaux, elle reprendrait toute son efficacité pour la récolte prochaine. Il attendait alors le résultat.

J'affirme ici, comme j'ai affirmé à M. Kopp, que mes expériences pratiques, répétées et multipliées sur toute espèce de végétaux, m'avaient complétement rassuré sur ce danger.

L'huile minérale et le bitume, modifiés dans leur constitution primitive par la chaleur que nécessite leur distillation, constituaient, employés seuls, un poison aussi actif pour la plante que pour l'insecte ; mais à l'état de nature, associés comme ils sont à une forte quantité de soufre et d'éléments variés, leur puissance destructive, pour être réduite au but que Dieu lui a assigné, n'en est que plus complète.

Ces quelques lignes étaient imprimées depuis trois ans lorsque, guidé par mes études toutes spéciales sur l'engrais minéral, j'ai dû, le premier, comprendre que

les substances qui approcheraient le plus du but proposé seraient : le goudron de houille, l'acide phénique, le soufre et le sulfure de calcium, parce que
toutes quatre se trouvent comprises dans l'engrais minéral, mais à l'état de nature, et à un tout autre degré
de puissance et d'énergie.

Toute plante sert à la fois à la nourriture d'insectes
spéciaux, en même temps qu'elle constitue un poison
pour d'autres insectes d'espèces différentes. De là l'emploi du poivre, de l'assa fœtida, du pyrèthre, du tabac,
de la moutarde, du staphisaigre, du brou de noix et
de tant d'autres. Les parties humides des zones tor-
rides sont aujourd'hui les plus riches en végétaux à
odeurs caractéristiques, qui sont pour l'insecte de nos
climats un poison violent.

La flore liassienne se composait plus qu'à l'époque
carbonifère, et surtout qu'à notre époque dans les
climats les plus favorisés, d'espèces disparues depuis
de longues époques géologiques, de conifères et de
plantes à résines, gommes et sucs odorants qui, fondus dans l'engrais minéral, sont venus ajouter aux
poisons minéraux leur contingent de poisons végétaux.
L'engrais minéral, dont la composition est admirablement appropriée aux besoins de la vigne, qui exige
surtout de la potasse, est le seul qui puisse à la fois
atteindre ce double but.

Nous savons tous que la fleur de soufre, répandue
à l'aide d'un soufflet spécial, constitue le seul remède
efficace que nous connaissions contre les champignons
parasites de la vigne (*oïdium Tuckerii*), du pêcher, du
rosier et du houblon.

Depuis quelques années nous détruisons l'acarus de la gale par une friction d'une demi-heure, faite à l'aide de 14 grammes de pommade composée de : soufre 20, potasse caustique 10, mélangés dans 100 d'axonge. En substituant l'huile minérale à l'axonge, l'action serait plus prompte et plus certaine.

M. Marès, l'un de nos viticulteurs les plus distingués, dans un mémoire curieux lu à l'Académie des sciences, dans la première séance de novembre 1869, s'est demandé ce qu'étaient devenues dans le sol les quantités souvent considérables de soufre employé pour combattre l'oïdium, et qui, pour certaines vignes, se sont élevées, depuis 1854, à 100 kilog. par hectare et par an. Il a constaté que, dans les terrains calcaires, le soufre se convertit, sans conversion préalable d'hydrogène sulfuré, d'autant plus rapidement que les terres sont plus fumées, en acide sulfurique, pour donner du sulfate de chaux, qui descend peu à peu dans le sol, où il se retrouve souvent à une certaine profondeur. Il affirme que jamais le phylloxera n'a paru d'une manière permanente sur les racines des vignes soufrées largement depuis assez de temps.

Chaque pas nouveau que je fais dans l'étude de l'engrais minéral me démontre davantage l'existence de cette loi bien remarquable, que l'énergie des substances qu'il renferme se trouve quintuplée par la présence des autres substances qui l'accompagnent, de telle sorte que, si je représente par 1 l'effet produit sur la végétation par un poids donné de charbon, d'azote, de potasse, de phosphate, de soude ou de chaux, le résultat obtenu à l'aide de ces substances réunies sera, non pas de 6, mais bien de 25, 30, 35, selon les circonstances et la nature de la plante sur laquelle on opérera.

De même ici, le pouvoir destructif de l'huile minérale ou du soufre se trouve considérablement augmenté par la réunion de ces deux éléments en molécules impalpables, et par les combinaisons qui se forment entre ces deux corps, grâce surtout à la présence du charbon ligniteux azoté, si riche en carbone, qui entre pour 75 0/0 dans sa composition.

Je n'ai que trop appris, à mes dépens, combien faiblement agissent sur les huiles minérales et les bitumes les acides les plus énergiques. Le sulfure de carbone seul, jusqu'ici, les désagrége et les décompose. Or, le sulfure de carbone contient, en centièmes : carbone, 15,7 ; soufre, 84,3. Il fallait donc beaucoup de soufre et beaucoup de carbone pour la proportion d'huile contenue dans l'engrais minéral. Et ici, on ne saurait trop admirer, comme toujours, avec quelle sagesse et quelle prévoyance infinie Dieu a pondéré chacun des éléments qui composent l'engrais minéral, de manière à obtenir le maximum de son effet utile.

Le sulfure de carbone, une fois sa mission remplie, est décomposé à son tour par l'oxyde de fer, qui met en liberté du sulfure et de l'acide carbonique, retenant une partie de ce dernier corps, pour se transformer avec lui en fer carbonaté.

La plante desséchée se compose d'environ moitié de son poids en carbone, de près de deux cinquièmes en oxygène, d'un peu plus d'un vingtième en hydrogène, et de deux à cinquante millièmes en azote. Les substances minérales forment le surplus, soit environ 5 0/0. Comme l'eau et l'air renferment, la première, deux volumes d'hydrogène pour un d'oxygène, ou en poids, 8 d'oxygène pour 1 d'hydrogène, et le second, 21 parties d'oxygène pour 79 d'azote, auxquelles il faut ajouter 4 dix-millièmes d'acide carbonique, on comprend, à première vue, que le végétal puise la presque totalité de ses éléments dans l'air et l'eau.

Les substances minérales qui constituent le fonds de son ossature proviennent en quelque sorte toutes du sol, et doivent lui être restituées dans leur intégralité, sous peine d'arriver fatalement, dans une période plus ou moins longue, à le voir frappé de stérilité.

On reconnaît bien, d'après les expériences de ces dernières années, qu'une partie de ces substances jouent un rôle prépondérant dans les réactions chimiques qui ont pour effet de rendre assimilables à la plante des éléments qui ne l'étaient pas, mais on a complétement méconnu la nécessité de la présence dans le sol et l'influence capitale de l'acide carbonique dans ces opérations mystérieuses.

L'étude des engrais date d'hier et n'est pas assez avancée pour constituer une science, même à l'état d'enfance. Cette infériorité provient de ce qu'elle ne peut pas plus naître des expériences de laboratoire du savant non agriculteur que des essais pratiques de l'agriculteur non savant. Ebauchée seulement par les récents travaux de quatre ou cinq hardis pionniers, elle va enfin se constituer à la suite de la découverte de l'engrais minéral. Alors seulement on comprendra bien toute l'importance qu'auront le charbon ligniteux azoté, le chlore et l'oxyde de fer, dans cette agriculture de demain, qui sera si différente de la misérable agriculture d'aujourd'hui.

C'est bien à tort que l'on a cru pouvoir attribuer l'accumulation de la totalité du carbone de la plante à la précieuse faculté d'absorption de l'acide carbonique de l'air par la feuille, sous l'action combinée de la chlorophylle et des rayons lumineux. Comme si l'énorme quantité du carbone de la plante, augmenté de tout l'acide carbonique exhalé par elle pendant la nuit, était en rapport avec la si minime proportion de cet acide contenu dans l'air! Que m'importent les résultats proclamés si bruyamment par quelque chimiste de second ordre, d'expériences de laboratoire portant sur des sujets si complexes et si délicats qu'ils ont fait, non sans raison, reculer les maîtres les plus autorisés de la science. « Les réactions, nous dit Boussingault, qui s'effectuent dans les conditions toutes spéciales que présente la terre arable, nous prouvent qu'il ne faut pas toujours conclure des phénomènes qui se passent dans les laboratoires aux phénomènes qui se réalisent dans la grande culture. » Je reste bien convaincu que si la vigueur de la végétation se trouve activée, ainsi que le démontrent des faits nouveaux, par une proportion plus forte de l'acide carbonique dans l'air extérieur, elle l'est davantage encore lorsque cette augmentation se trouve dans le sol où plongent les racines. Aussi la Providence, qui ne crée rien en vain lorsque ses lois ne sont pas contrariées, a-t-elle eu soin de mettre à la disposition des racines une proportion d'acide carbonique beaucoup plus forte que celle qu'elle offre aux feuilles.

MM. Boussingault et Lewy ont constaté que si l'air normal contenait 4 litres d'acide carbonique sur 10,000 litres, l'air emprisonné dans le sol à la profondeur des labours ordinaires en renfermait 90 litres, c'est-à-dire 22 fois 1/2 plus, dans les terres non fumées depuis un an. Ils ont trouvé jusqu'à 990 litres d'acide carbonique dans une terre fumée depuis neuf jours, ou près de 10 pour 100 du volume de l'air, et 245 fois plus qu'on n'en trouve dans l'air pris à quelques mètres au-dessus du même champ.

Par des expériences diverses, M. Corrinwinder s'est assuré qu'une couche de terre argileuse de huit à dix centimètres d'épaisseur, fumée avec du fumier de ferme et 3,300 kilog. de tourteaux par hectare, à une température comprise entre 20° et 30°, peut fournir, en vingt-quatre heures, plus de 1,500 hectolitres d'acide carbonique par hectare, et que cette proportion de gaz descend rarement au-dessous de 300 hectolitres par jour.

Le même observateur a reconnu que le crottin de cheval, au bout de cinq à six jours, en a engendré beaucoup plus encore, soit 8,800 hectolitres par hectare et par jour. Les labours, en augmentant la porosité du sol, la chaleur jointe à une légère humidité, ont pour effet inévitable d'accroître cette production d'acide carbonique.

L'air confiné dans le sol contient aussi une proportion appréciable d'ammoniaque ou de carbonate d'ammoniaque.

Il était nécessaire que l'acide carbonique, pour remplir son but et rester en aussi forte quantité dans le sol, fût plus lourd que l'air. De là, l'explication du phénomène que le chien meurt asphyxié dans la couche inférieure d'acide carbonique de certaines grottes, là où l'homme, d'une taille plus élevée, qui respire dans la couche d'air supérieure, n'éprouve aucun malaise.

Un litre d'eau dissout, à 15°, sous la pression de l'atmosphère, un litre d'acide carbonique. Cette eau non-seulement fournit à la plante une notable partie de son carbone, mais encore tous les éléments qui entrent dans sa composition et dont elle s'est emparée en les rendant solubles. Comme l'acide carbonique se compose de carbone, 27,27, et d'oxygène, 72,73, l'engrais minéral devait, pour ne pas faillir à sa destination, contenir beaucoup de carbone. Aussi renferme-t-il 3 à 4 pour 100 d'huile minérale et de bitume, formés en majeure partie de carbone, 14 pour 100 de charbon ligniteux azoté, dont le carbone s'élève à 75 pour 100, et du fer carbonaté. L'oxygène de l'eau, de l'air et de l'oxyde de fer, puissamment aidé, comme nous l'avons vu, par la présence du chlore, brûle lentement le carbone de ces trois substances pour, en s'unissant avec lui, créer de l'acide carbonique. L'hydrogène de l'huile minérale, du bitume et de l'eau, mis en liberté, se combine d'autre part avec l'azote de l'air désoxydé pour donner de l'ammoniaque, qui, par son affinité pour l'acide phosphorique et la chaux, fournit à la plante les phosphates et carbonates d'ammoniaque solubles dont elle a besoin.

De même que l'acide sulfurique rend solubles e[t]
assimilables les phosphates de chaux, qui sans lu[i]
resteraient dans le sol insolubles et stériles, ains[i]
l'eau chargée d'acide carbonique dissout les carbo[-]
nates de chaux et de magnésie, laisse échapper leu[r]
acide carbonique dès qu'elle en est saturée, et apport[e]
à la plante ces richesses nouvelles, aspirée qu'elle es[t]
par ses vaisseaux capillaires.

Notre département offre une riche variété de belle[s]
et vastes grottes, que les eaux, chargées d'acide car[-]
bonique, ont ainsi creusées dans les puissantes assise[s]
des calcaires jurassiques.

Est-il supposable que toute cette quantité d'acid[e]
carbonique que l'eau apporte à la plante s'exhale, inu[-]
tile, en présence de ses besoins, par les pores de s[a]
feuille?

Le charbon n'est pas seulement destiné à créer un[e]
abondante source d'acide carbonique; il jouit de bie[n]
d'autres propriétés.

Formant éponge dans le sol, il absorbe et emmaga[-]
sine : 1° l'humidité nécessaire pour activer la fermen[-]
tation des matières fertilisantes et rafraîchir la plant[e]
à l'heure de la sécheresse; 2° les gaz de toute natur[e]
qui se dégagent dans les réactions chimiques qu[i]
s'effectuent dans la couche arable et qui, sans sa pré[-]
sence, s'échapperaient inutiles, souvent nuisibles[,]
dans l'atmosphère.

Par son adjonction au fumier, au guano et à tou[s]
les engrais azotés, il double et triple leur énergie, e[n]
retenant les gaz ammoniacaux dont la majeure parti[e]
serait perdue. Cette puissance d'absorption varie selo[n]

la nature des gaz, le nombre et le diamètre des pores du charbon. Elle s'accroît avec la pression, avec l'abaissement de la température, la densité du charbon et l'exactitude du vide de ses pores.

Exposé à l'air, le charbon absorbe l'humidité atmosphérique avec une rapidité telle qu'au bout de quelques jours il contient déjà toute l'eau qu'il peut enlever à l'air.

Le charbon de liége absorbe très peu d'air ; celui du sapin en absorbe 4 fois 1/2 son volume ; celui du bois, 7 fois 1/2, et la houille de Ratisberg, 10 fois 1/2. Le charbon de bois absorbe 90 volumes égaux au sien de gaz ammoniacal [1], 85 d'acide chlorhydrique, 65 de gaz acide sulfureux, 55 d'acide sulfhydrique, 40 de protoxyde d'azote, 35 d'acide carbonique, 35 d'hydrogène bicarboné, 9,42 d'oxyde de carbone, 9,25 d'oxygène, 7,50 d'azote, 1,75 d'hydrogène.

Si l'on répand sur un champ à peine humide de l'engrais minéral en poudre sèche, on le voit immédiatement passer du gris clair au noir foncé, par suite de l'absorption de l'eau.

Les 79/100es d'eau que renferme le fumier de ferme ne sont pas, comme le professe l'école nouvelle, une erreur du Créateur. Dieu, on ne saurait trop le répéter, fait bien ce qu'il fait. La fermentation, qui seule donne à l'engrais toute sa valeur, exige d'autant plus impérieusement de l'eau qu'elle est plus active

---

(1) Le moyen le plus efficace de secourir une personne asphyxiée par l'acide carbonique, est de lui injecter de l'eau ammoniacale, qui s'empare de l'acide carbonique pour former avec lui du carbonate d'ammoniaque.

et plus énergique. Ce n'est pas impunément qu'on viole cette loi. En supprimant l'eau en même temps qu'on surexcite cette fermentation, on s'expose, surtout pour les récoltes du printemps, à ce que la sécheresse amène des désastres d'autant plus complets que plus importantes seront les dépenses faites en engrais chimiques.

Le charbon ligniteux seul, par son étonnante faculté d'absorber et de retenir l'eau, était indispensable à l'engrais minéral, pour lui permettre de remplacer le fumier de ferme.

Si le charbon animal ou végétal, pilé et lavé, ne produit aucun effet sur la végétation, il n'en sera pas de même si on y ajoute une substance azotée, du sang, par exemple. Le résultat sera quatre à cinq fois plus considérable que si ce sang eût été employé seul.

Le charbon, en absorbant les gaz, les condense et favorise leur réaction. Si, après avoir fait absorber, jusqu'à saturation, du gaz sulfhydrique par du charbon de bois, on plonge ce charbon dans du gaz oxygène, de rapides combinaisons ont lieu, elles produisent avec explosion de l'eau et du gaz acide sulfureux; lorsque, dans cette expérience, on remplace l'oxygène par l'air atmosphérique, l'hydrogène est lentement combiné avec l'oxygène, et le soufre se dépose. Cette dernière réaction s'effectue de même sous l'influence de différents corps poreux, et notamment dans les terrains traversés par l'acide sulfhydrique et l'air.

On comprend que si à l'azote du charbon on ajoute du chlore, du soufre, de la potasse, de la soude, de la magnésie, de la chaux, de l'acide phosphorique et surtout de l'oxyde de fer, chacune de ces substances viendra accroître l'action produite, avec une énergie qui semble tenir du prodige. Les gaz de toute nature qui se condensent en proportion si considérable dans le charbon se combineront en une multitude de composés différents, au contact du puissant courant électrique, qui ne fera qu'activer encore l'humidité, la porosité et la chaleur du charbon. Dans ces réactions multipliées, les gaz et les sels solubles rendront solubles et ·assimilables des gaz et des sels qui ne l'étaient pas. Les radicelles de la plante, en plongeant dans ce riche amalgame, y choisiront les éléments de la plus luxuriante végétation.

L'engrais minéral réduit, comme il doit l'être, en poussière impalpable, se trouve, après quelques mois de son séjour en terre, à l'état de pâte boursouflée, d'un bleu noirâtre et portant les traces évidentes d'une active fermentation.

Le charbon ligniteux azoté de l'engrais minéral donne à la terre plus de porosité et plus de chaleur, et permet à la plante d'arriver plus promptement au terme de son développement. Il nous permettra d'arriver d'un bond à la culture la plus intensive, la plus productive et la plus rémunératrice, en donnant une plus large part aux récoltes industrielles les plus exigeantes, et en se rapprochant de la culture maraîchère par les doubles plantes occupant le sol en même temps, et par les récoltes intercalaires qui succéderont chaque année, et sans désemparer, à la récolte principale. La terre, toujours remuée, poreuse, sans herbes, ne restera jamais inoccupée. Elle permettra, par une succession ininterrompue de récoltes, de rentrer, comme dans l'industrie, plus rapidement dans les fonds avancés et de mieux répartir les travaux agricoles.

Après avoir constaté que, par suite de combinaisons qu'il nous est plus facile d'entrevoir que de définir rigoureusement, le charbon de l'engrais aide puissamment à la création de sels ammoniacaux en unissant l'azote de l'air à l'hydrogène mis en liberté, et utilise la plus forte proportion de ceux qui, dans les engrais actuels, se perdent sans profit, nous pouvons aborder plus hardiment l'examen d'un autre phénomène du même genre, celui de la production de l'ammoniaque par l'oxydation et la désoxydation successive du fer.

Nous avons vu que la pyrite ou sulfure de fer entre pour $6/100^{es}$ dans la composition de l'engrais minéral, et se décompose dans la terre avec une incroyable facilité, pour produire des sulfates, en développant une grande chaleur. Après avoir subi cette importante transformation, le fer, privé du soufre qui l'accompagnait, se suroxyde et passe à l'état de fer hépatique. Alors, il jouit de trois propriétés bien importantes : il crée de l'ammoniaque en grande quantité, hâte la décomposition des matières organiques du sol, et enfin, par son introduction dans la plante, aide à la formation de la chromule ou chlorophylle, matière verte de la feuille, qui est nécessaire pour l'absorption et la réduction de l'acide carbonique de l'air.

Lorsque le fer de l'engrais minéral, réduit en molécules impalpables, commence à s'oxyder, il forme avec la rouille et le charbon un couple voltaïque qui décompose l'eau en oxygène, se combinant avec le fer pour donner l'oxyde, et en hydrogène, qui, rencontrant l'azote à l'état naissant, s'unit avec lui pour fournir de l'ammoniaque.

D'après le professeur Johnston, qui, dans ses études sur les effets de l'écobuage, a examiné ce phénomène avec la plus grande attention, il se formerait environ un kilog. d'ammoniaque par chaque dizaine de kilog. d'oxyde de fer renfermé dans le sol. De noir qu'il était, le fer prend une teinte d'un gris plus ou moins jaunâtre.

A peine a-t-il été ramené par la charrue de la surface à l'intérieur du sol, qu'il s'opère une action contraire plus remarquable encore.

Il faut, pour brûler tout le carbone des matières organiques du sol, et surtout celui bien autrement difficile à décomposer du charbon ligniteux, de l'huile et du bitume de l'engrais minéral, et le convertir en acide carbonique, une énorme quantité d'oxygène. Aussi, à l'oxygène de l'air, de l'eau, des acides sulfurique, chlorhydrique, vient se joindre celui de l'oxyde de fer. L'hydrogène de l'huile minérale et du bitume, mis en liberté par la disparition de leur carbone, se réunit à l'hydrogène de l'eau, séparé de son oxygène, pour se combiner ensemble avec l'azote de l'air, privé aussi de son oxygène, et produire une nouvelle source d'ammoniaque, plus abondante que la première.

La présence du charbon ligniteux, qui absorbe l'eau, la chaleur et les gaz de toute nature, avec un pouvoir si remarquable, facilite ces étranges et multiples combinaisons, sous l'énergique action du courant électrique né du contact de l'eau, du fer, du charbon et des nombreux acides réunis dans un sol dont la multiplicité des labours et des binages viendra sans cesse augmenter la porosité.

Le fer, en se désoxydant, s'unit avec l'acide carbonique pour former du fer carbonaté aussi noir que le plumage du corbeau. Par ses oxydations et ses carbonisations successives et indéfinies, non-seulement il créera beaucoup d'ammoniaque, mais encore activera la désagrégation et la décomposition des matières organiques du sol et de l'engrais. Supprimez le fer en poudre impalpable de l'engrais minéral, et vous le verrez immédiatement perdre les 5/6es de son énergie. Les huiles, bitumes, acide sulfureux, charbon trop riche en carbone, paralyseront presque entièrement la fermentation, et les craintes que m'exprimait le savant chimiste italien se réaliseront aussitôt.

De là, pour moi, découle l'explication toute naturelle d'une divergence qui me semblait heurter toutes les données de la science, entre le résultat si remarquable du tourteau de graines oléagineuses et l'emploi stérilisant de l'huile pure, qui ne constitue pour le sol qu'un énergique poison. C'est que, dans le premier cas, la faible proportion d'huile est facilement décomposée par l'activité des éléments qui l'enserrent, tandis que, dans le second, son principe antiseptique trop prédominant suspend et arrête toute fermentation.

L'azote est, dans l'état actuel de l'agriculture, l'élément de l'engrais qui a été, bien à tort, le plus préconisé, et qui se paie au prix le plus élevé sur un marché où la demande dépasse de beaucoup l'offre, parce que sa production limitée ne peut suivre la marche croissante de la consommation. La vive impulsion donnée par nos savants, leurs efforts incessants, les prix créés à l'effet de diriger le courant de l'intelligence humaine dans la voie des recherches et de la découverte d'un procédé économique destiné à fabriquer, sur une grande échelle, des nitrates et des sels ammoniacaux par la fixation de l'azote de l'air, n'ont, grâce à Dieu, donné que des résultats négatifs. Tout succès de cette nature eût été un désastre et n'eût servi qu'à hâter le fol gaspillage des ressources agricoles de l'avenir, au profit d'un présent imprévoyant. (Note A. Appendice.)

D'après la moyenne des analyses de M. Maiche, 100 kilog. d'engrais minéral renferment 1 kilog. 38 d'azote. En admettant que cette quotité, inférieure à celle parfaitement constatée de plusieurs gîtes très importants, soit réduite à 1 kilog., j'ai la profonde conviction de rester bien au-dessous de la vérité en évaluant à une proportion égale le supplément d'azote qui naîtra, la première année seulement, de la double action alternative de l'oxydation et de la carbonisation du fer, de l'oxydation et de la désoxydation du soufre, dans les conditions que nous avons expliquées. L'azote de l'engrais minéral, ainsi mis à la disposition de la plante au fur et à mesure de ses besoins, s'élèvera donc à 2 0/0, c'est-à-dire à un chiffre cinq fois supérieur à celui que renferme le fumier de ferme.

Par une admirable prévoyance, l'engrais divin, si j'ose m'exprimer ainsi, l'engrais type, dont aucune composition humaine ne saurait approcher, devait nécessairement contenir une proportion d'azote moins forte que celle des autres substances utiles, par la raison décisive qu'il suffit de donner à la récolte la plus exigeante en azote une quantité maximum égale à la moitié de celle qu'elle enlève à la terre. Les expériences de MM. Lawes et Gilbert, agrandies et vivifiées par M. Georges Ville, ont mis hors de doute cette loi, que l'agriculteur ne saurait assez méditer, que si certaines plantes, comme le trèfle et la luzerne, puisent la totalité de leur azote dans l'atmosphère, d'autres, plus épuisantes, exigent que le sol leur en fournisse une proportion qui ne peut dépasser la moitié de celle qu'elles renferment.

Nous savons, d'après les beaux travaux d'Eugène Gris, dont les conclusions sont aujourd'hui acceptées par tous, que les sels solubles de fer (sulfate, chlorure, pyrolignite), administrés à doses modérées, jouissent de la propriété de favoriser d'une manière surprenante la production et la réapparition de la couleur verte dans les végétaux qui souffrent et dont les feuilles jaunissent avec le temps. Comme la chlorophylle ou chromule, c'est-à-dire cette substance verte de la plante, contient une assez forte proportion de sels ferrugineux, fixe et décompose l'acide carbonique de l'air sous l'influence des rayons lumineux, on comprend l'utilité de ces sels, qui se trouvent être aussi indispensables à la vie du végétal qu'à celle de l'animal.

Il y a peu d'années, j'étais imbu de la fausse idée, alors professée par les savants les plus en renom, que la présence du fer, même en faible proportion, dans le sol, était une cause de stérilité. Depuis j'ai reconnu que les blés les plus magnifiques, ceux dont le vert foncé tranchait sur le vert plus pâle des terres basses les plus fertiles, recouvraient les coteaux d'argile ferrugineuse. En constatant que cette argile, contrairement à tous les principes admis, pouvait en quelque sorte se passer d'engrais et se contenter des trois labours de la jachère, j'avais pressenti ce que l'étude de l'engrais minéral m'a démontré, et, une fois de plus encore, j'ai acquis la certitude que le simple cultivateur, avec son expérience acquise, avait battu le savant.

Il nous sera facile, à la suite de cette rapide esquisse des éléments qui composent l'engrais minéral, d'en fixer la valeur réelle, en prenant pour base le fumier de ferme. Si, par exemple, nous estimons à 10 fr. les 1,000 kilog. de ce dernier, le même poids d'engrais minéral vaudra 65 fr., puisqu'il contiendra en moyenne six fois et demi plus d'éléments utiles.

L'extension qu'à la suite des doctrines de M. G. Ville vient de prendre l'emploi des engrais chimiques, nous fournit un second moyen de contrôle, en nous permettant de connaître le prix réel et commercial de chacune des substances utiles contenues dans l'engrais minéral.

Si nous ouvrons l'école des engrais chimiques du maître, nous voyons que le nitrate de potasse, formé d'acide nitrique, 53,44, et de potasse, 46,56, contient, à l'état de pureté, 13,8 0/0 d'azote, tandis que celui du

commerce n'en renferme 'guère que 12 0/0. A l'époque
où il écrivait ce livre, le nitrate de potasse était coté
à 64 fr. les 100 kilog. Aujourd'hui, d'après les derniers
prospectus des différentes maisons se livrant au commerce des engrais chimiques, ce prix est de 68 à 70 fr.
Les 5 kilog. de nitrate ou azotate de potasse des 100
kilog. de l'engrais minéral vaudraient, dans leur état
de pureté scientifique, au moins 3 fr. 80; 1 kilog. 35
de silicate de potasse devrait être estimé à 0 fr. 75; les
12 kilog. de carbonate de chaux et de magnésie, à
4 centimes le kilog., donneraient 0 fr. 48 ; les 2 kilog.
de phosphate de chaux, 0 fr. 25 ; les 1,000 grammes
d'azote, que créeront, la première année (abstraction
faite de la production des suivantes), l'oxydation et la
carbonisation du fer, 1 fr. 50; enfin, 1 kilog. de soufre,
6 kilog. de sulfure de fer, 2 kilog. d'huile minérale et
de bitume, 14 kilog. de charbon, 33 grammes de
chlore, ne peuvent pas être comptés à moins de 1 fr.
D'après ce calcul, la valeur réelle de l'engrais minéral
s'élèverait à 7 fr. 78 par 100 kilog., ou 77 fr. 80 par
tonne.

Si nous dressons notre compte, en totalisant la valeur des substances simples qui s'y trouvent, nous
avons : 2 kilog. d'azote à 1 fr. 50, soit 3 fr.; 3 kilog.
50 de potasse épurée à 0 fr. 75 le kilog., soit 2 fr. 65
14 kilog. de carbonate de chaux et de magnésie et de
phosphate de chaux, soit 0 fr. 65; enfin, le charbon,
le soufre, l'huile minérale, le bitume, le chlore, le
sulfure de fer, la silice gélatineuse, estimés comme ci-
dessus à 1 fr. : total, 7 fr. 70 les 100 kilog., ou 77 fr.
la tonne.

Mais, m'objectera-t-on avec juste raison, ce n'est pas ainsi qu'il faut calculer. Qu'importe la quotité des éléments renfermés dans l'engrais minéral, si, n'étant pas complétement assimilables, ils ne peuvent être immédiatement absorbés par la plante et ne constituent qu'une valeur inerte ou du moins réalisable à longue période? D'accord. Mais les expériences comparatives faites avec l'engrais minéral et les engrais chimiques, soit par moi, dans mon jardin, sur une grande variété de plantes, soit par M. Maiche, dans les champs de gravier siliceux du bassin de l'Ognon, démontrent que l'engrais minéral a beaucoup plus d'énergie que ne l'indique sa richesse dans les quatre ou cinq substances préconisées par G. Ville.

La valeur pratique de l'engrais minéral est évidemment le point capital qu'il faut parfaitement établir. Je ne pouvais qu'ébaucher un problème qui ne sera définitivement résolu qu'à la suite de milliers d'expériences faites sur tous les points, dans les conditions et les sols les plus divers, sur toutes les plantes de notre agriculture, par tous ceux au cœur desquels bat du sang français; car il s'agit de faire marcher l'humanité en avant et de rendre à la France le rang qu'elle n'eût jamais dû perdre.

Je veux donner, au monde l'exemple d'un dévouement surhumain. Temps, travail, argent, j'ai tout sacrifié sans hésitation; j'ai négligé mes affaires les plus sérieuses pour atteindre plus sûrement mon but. Je m'abstiendrai de tirer aucun profit personnel d'une découverte qui enrichira toutes les générations qui vont se succéder. Alors, quand le moment sera venu

de faire appel aux lumières, à l'expérience, au dévouement de tous, des milliers de voix répondront à ma
voix, et la foule suivra en aveugle celui qui aura mérité la plus entière confiance par une abnégation qui
n'est plus de notre temps.

Lorsque la société que je vais fonder pour organiser
l'exploitation de l'engrais minéral atteindra son plein
développement, nous livrerons en gare, en telle quantité qu'on le désirera, notre produit au prix de 6 à
12 fr. la tonne, selon qu'il sera en pierres ou réduit à
l'état de poudre impalpable, c'est-à-dire à une valeur
de 6 à 12 fois plus faible que celle de l'équivalent de
nos engrais d'aujourd'hui. Qui ne comprend les miracles qu'enfantera une pareille révolution ?

Plus j'étudie chacun des éléments qui composent
l'engrais minéral et cherche à me rendre compte du
rôle qu'ils y jouent pour aboutir au résultat commun,
et plus profondément je m'incline devant cette sagesse
infinie de mon Dieu, qui semble avoir voulu doter
cette œuvre de toutes les perfections.

Mais cette admiration atteint et dépasse toute borne,
lorsqu'au lieu de se concentrer sur l'étude des éléments isolés, l'esprit contemple comment chacun d'eux,
comme le soldat d'une armée ou le rouage d'une machine, vient, par une action ou une évolution spéciale,
différente, multiple, complexe, coordonnée avec une
précision et un art qui nous confondent, concourir, à
l'aide de toutes leurs forces réunies et combinées, au
grand but proposé, celui d'aider au développement le
plus rapide et le plus complet de la plante, tout en
augmentant la fertilité du sol.

Longtemps, bien longtemps, mon âme saisie de vertige au milieu de ce chaos d'actions et de réactions si multiples, si confuses, si incompréhensibles et si contradictoires, se débattit en vain dans l'obscurité d'un dédale aussi inextricable, et désespéra de résoudre un problème qui semblait dépasser les forces humaines.

Comment moi, qui ne suis ni chimiste ni agriculteur, aurais-je pu révolutionner la science par excellence, celle qui n'a cessé de faire progresser l'ensemble de l'humanité tout entière, depuis la naissance de notre premier père, si je n'avais puisé à une source plus féconde que celle de la science humaine ?

Confondu devant la perfection de l'œuvre divine, j'ai cherché dans son étude approfondie à scruter les desseins de mon Dieu, non dans la plus admirable de ses créations, car elles le sont toutes au même degré aux yeux de celui à qui la foi a été donnée, mais dans celle qui, jusqu'ici dédaignée par ceux qui la foulent aux pieds, doit par sa révélation doter le monde de si incalculables résultats ?

Partant du point certain qu'aucun des éléments de l'engrais minéral ne s'y trouvait inutilement placé, que tous y étaient dans l'état le plus parfait, admirablement pondérés et combinés pour produire sur la végétation, par leur multiplicité, leur quotité et leurs réactions les uns sur les autres, le maximum de l'effet utile, j'ai dû chercher, dans la limite de mon ignorance et de ma faible intelligence, le rôle destiné à chacun d'eux.

J'ai choisi pour guides et pour flambeaux les préceptes émanés d'en haut. « Combien vos œuvres sont admirables, ô Seigneur ; vous avez tout fait dans votre sagesse ! » (*Ps.* 103, ꝟ 24.) S'il ne nous est point donné de voir Dieu par les yeux du corps, du moins se découvre-t-il à nos cœurs par les œuvres de sa puissance, ainsi que le dit Salomon : *A la grandeur, à la magnificence des œuvres de la création, l'homme peut connaître le Créateur, autant que le lui permet sa faiblesse.* Ce n'est pas sans raison qu'il ajoute ces derniers mots : « Plus l'homme, en effet, avance dans la contemplation des œuvres du Seigneur, plus le Seigneur lui paraît grand. Plus il s'élève lui-même dans cette contemplation intellectuelle, et plus l'image de Dieu grandit à ses yeux. » (Saint Cyrille, *Catechesis prima*, n° 2.)

Dieu, pour donner au monde une leçon nouvelle, a daigné me récompenser de ma foi aveugle, en soulevant, malgré mon indignité, à mes yeux ravis, un des coins du voile impénétrable qui avait jusqu'ici dissimulé à l'homme des horizons inconnus.

A l'athée qui rejette avec l'ostentation de l'insensé sa plus belle prérogative, celle d'être créé à l'image de Dieu, pour se ravaler au niveau de la brute, je dirai : Viens avec moi contempler un instant ces bancs inépuisables de la plus précieuse substance donnée à l'homme au jour de l'infinie bonté de celui dont tu méconnais même l'existence, et si tu oses encore attribuer au hasard un composé aussi admirablement providentiel, qui écrase de son éblouissante perfection l'obscur génie de l'homme, sois au monde étonné, comme le monstre dans l'ordre physique, une aberration dans la nature humaine, et une preuve de la liberté sans limites dont Dieu a doté l'homme sur la terre.

J'étais énergiquement résolu à pénétrer, quels que fussent les obstacles, les mystérieuses lois qui président à toutes ces actions et combinaisons inconnues, se multipliant sans cesse sous l'influence multiple de l'électricité, de la porosité, de l'air, de la chaleur et de l'humidité du sol, entre tant d'éléments énergiques et nouveaux si intimement unis.

Combien souvent, écartant toute idée étrangère, toute action, quelle que fût son importance pour mes intérêts personnels, j'ai concentré toutes les forces vives de ma pensée sur ces problèmes sublimes, dont la solution devait avoir pour but certain de régénérer le monde matériel, intellectuel et moral! Que de nuits entièrement écoulées dans l'effort d'une incessante méditation !

Les systèmes chassaient les systèmes; aux pages déchirées succédaient rapides d'autres pages. Un premier travail, dont la dernière ligne s'imprimait à Lure, sous l'habile direction de M. Abel Bettend, l'une des plus généreuses natures que j'aie connues, au moment même où éclatait, comme la foudre, cette terrible guerre dont les désastres ne sont que le prélude des courts mais effroyables maux que tient suspendus sur notre tête la colère d'un Dieu justement courroucé, était soustrait à toute publicité et jeté inutile dans les recoins de mon grenier.

La révélation restait incomplète ; l'heure du Seigneur n'était point sonnée.

Mais voici que Dieu va céder aux supplications de ses justes et que les temps sont proches. La lumière est faite, et, émanant de notre pays, va bientôt rayonner de tout son éclat dans l'univers ébloui.

Dans un ensemble de conditions toutes spéciales, les substances les plus avides d'oxygène ont été, par le temps, désoxygénées, de telle sorte que, placées aujourd'hui en poudre impalpable dans un sol aéré et humide, elles s'emparent de l'oxygène de l'air et de l'eau, avec une telle puissance d'affinité que l'hydrogène de l'eau et l'azote de l'air, mis en liberté, se combinent à l'état naissant pour former des sels ammoniacaux.

Le courant électrique qui naît du contact immédiat du fer, du soufre, des alcalis, du chlore, des acides et du charbon, mis en présence de l'air et de l'eau, facilite la dissociation des éléments de ces deux dernières substances et leur union si différente, qui s'opère avec un grand développement de chaleur.

De si profondes transformations dans la constitution de l'engrais minéral devaient avoir pour effet inévitable de provoquer une fermentation excessive, trop rapide et trop complète, d'engendrer une combustion et une chaleur exagérées, de rendre solubles une trop forte proportion des substances inassimilables de la réserve du sol, et, par voie de conséquence, de nuire au développement régulier de la plante, tout en frappant la terre d'une prompte stérilité. Il était donc de toute nécessité de ralentir et de régulariser cette fermentation trop énergique, et par la présence des substances les plus rebelles à toute décomposition, les plus antiseptiques, les plus antiputrides, et par la création, proportionnelle à l'activité d'une fermentatation trop turbulente qu'il fallait calmer, des gaz et acides qui devaient la combattre avec le plus d'efficacité.

Telles se présentent, dans leur admirable simplicité, ces deux lois essentielles, se complétant l'une par l'autre dans leurs tendances opposées. Par leur diversité même elles concourent de la manière la plus efficace au résultat à obtenir, constituent l'incroyable puissance de l'engrais minéral, et expliquent, avec une clarté qui ne laisse rien à désirer, et la série des phénomènes multiples qui dérivent des modifications et changements apportés dans la composition de ces substances, et leurs effets surprenants sur l'action de la vie végétale.

D'un coup d'œil rapide, nous verrons comment, sous l'empire de ces lois, viennent se ranger, comme par enchantement, cette multitude de faits qui longtemps nous avaient semblé si contradictoires, et quels magnifiques résultats naîtront de ces découvertes dont nous n'avions jusqu'ici aucune idée.

Comment s'est opérée la désoxydation des substances de l'engrais minéral?

A l'égard du charbon, nous avons vu plus haut que lorsque les végétaux se trouvent en grandes masses soustraits aux influences atmosphériques, sous l'eau, et à plus forte raison, comme lors de la formation de l'engrais minéral, sous une couche boueuse chargée de détritus de toute nature, le carbone laissé par leur transformation lente et insensible augmente avec le temps, comme avec la chaleur dans la calcination en vase clos, au détriment de leur oxygène, qui s'échappe sous forme d'acide carbonique.

Si la composition moyenne des racines, tiges, pailles, graines et bois, s'élève à 49 centièmes de carbone pour 43 centièmes d'oxygène, elle sera de 57 de carbone pour 33 d'oxygène dans la tourbe ; de 60 de carbone pour 28 d'oxygène dans le lignite ordinaire ; de 75 de carbone pour 15 d'oxygène dans le lignite bitumineux ; de 85 de carbone pour 7 d'oxygène dans la houille ; de 90 de carbone pour 4 d'oxygène dans l'anthracite ; et enfin du carbone pur pour le diamant. D'où la conséquence que la proportion d'oxygène suit la marche inverse de celle du carbone, et décroît dans la mesure de l'augmentation de ce dernier.

Nous expliquerons, lors de l'examen de la loi qui préside au ralentissement et à la régularisation de la fermentation, pourquoi le carbone se trouve à l'état de lignite bitumineux plutôt qu'à celui de tourbe, de houille ou d'anthracite.

Des sources ferrugineuses versaient leurs torrents aux eaux de la mer liassienne saturées de l'acide sulfureux (soufre, 50.10 ; oxygène, 49.90) émané des fentes de la couche solidifiée, pour former du sulfate de fer. Si le lecteur veut bien se reporter à l'expérience plus haut citée de M. Pepys, que j'ai tirée de l'ouvrage classique du célèbre géologue anglais Lyell, résultant des souris tombées dans une cruche de sulfate de fer, il comprendra comment, par l'action réciproque de la matière animale, si abondante dans les eaux de cette mer épaisse et boueuse, la dissolution de fer et l'acide sulfureux dépouillés de leur oxygène ont donné lieu à une précipitation de soufre et de fer purs et, par voie de conséquence, à la cristallisation de la pyrite de fer. La constante évacuation de l'acide carbonique aidait singulièrement à ce phénomène.

Je ne crois pas qu'il existe dans la nature un seul corps qui donne une fermentation et un dégagement de chaleur plus considérable que le sulfure de fer en poudre mis en contact avec l'eau. Nous nous rappelons tous cette vieille explication plus ingénieuse que solide des causes du volcan proposée par Lémery, et de l'expérience forcée dont l'accompagnaient tous les professeurs de l'école. Un mélange de soufre et de limaille de fer, arrosé d'eau et recouvert de terre, ne tardait pas à donner lieu à une véritable explosion. La présence du chlore, qui s'empare de l'hydrogène de l'eau, en laissant son oxygène à l'état naissant, ajoute à la rapidité et à l'intensité du phénomène.

Ici je dois révéler une loi nouvelle qui, malgré son extrême importance, n'a pas même encore été soupçonnée : c'est que l'énergie de toute fermentation s'accroît par la création des sels ammoniacaux provenant de l'union de l'azote de l'air et de l'hydrogène de l'eau ou de toute autre substance mis en liberté à l'état naissant, absolument comme la combustion ignée se trouve activée par la formation des gaz inflammables qui s'en dégagent. La quotité des sels ammoniacaux ainsi créés est proportionnelle à la durée et à l'activité de cette fermentation.

Le charbon ligniteux azoté, qui arrête au passage et emmagasine avec une si remarquable efficacité tous les gaz multiples qui se dégagent en quantité si considérable dans la fermentation des éléments de l'engrais minéral, la chaux, l'azotate de potasse et l'azote, ne pouvaient que contribuer encore à dépasser le but à atteindre et donner lieu à une véritable combustion avec feu et flammes dont les effets eussent été désastreux, au lieu de la fermentation bienfaisante et réglée qui convenait à la plante.

Souvent nos industriels de la Haute-Saône ont vu les houilles pyriteuses des couches supérieures s'enflammer dans leurs magasins au seul contact de l'humidité de l'air atmosphérique.

C'est que, réduits en poudre impalpable, le fer et le soufre désoxydés se précipitent, comme de véritables prisonniers affamés, avec une telle avidité sur l'oxygène, leur nourriture naturelle, que les plus graves accidents en dériveraient si, avec une sagesse et une prévoyance qui dépassent les limites de notre intelligence, des éléments et des combinaisons contraires ne venaient enchaîner, arrêter, régulariser, une fermentation désordonnée, l'empêcher de devenir une véritable combustion, et opposer une digue dont la résistance s'accroît par la violence même des efforts à vaincre.

Cette seconde loi, reposant sur des bases entièrement nouvelles et inconnues jusqu'ici, devra attirer plus que la première l'attention de l'agriculteur et du savant et plonger son esprit dans un étonnement inattendu.

Plus le carbone de la plante ou de l'engrais se trouve dilué, et plus facilement il se brûle, c'est-à-dire se décompose en s'unissant à l'oxygène pour former de l'acide carbonique. L'air, l'humidité, la chaleur, activent cette fermentation ; la feuille et l'herbe fraîche se consumeront plus promptement que la paille et celle-ci que le bois. Les tourbes, lignites, houilles et anthracites opposeront une résistance d'autant plus énergique que plus forte sera la proportion de leur carbone comparée à celle de leur oxygène. De là l'explication de l'inutilité, dans notre agriculture actuelle, des lignites, houilles, anthracites, que ne peut attaquer l'action trop modérée de nos engrais, alors même que ces substances se trouvent réduites en poussière. La présence de l'azote, du chlore, de l'acide sulfurique, de la chaux et de la potasse, sont de puissants auxiliaires de toute fermentation.

Sous la trop énergique action du sulfure de fer désoxydé et réduit en poudre, le carbone des plantes et fumiers de ferme se fût trop promptement réduit, celui des houilles et anthracites eût été trop rebelle ; il fallait un carbone intermédiaire. De là le choix du lignite azoté, qui offre sur le carbone du fumier le double avantage d'opposer une résistance proportionnelle à l'énergie des substances actives de l'engrais minéral et de renfermer, sous un même volume, une proportion beaucoup plus forte de carbone.

Le charbon ligniteux azoté, dont le rôle principal est d'aider à l'absorption et à la combinaison des gaz, et d'opposer une résistance passive à une trop rapide combustion, ne pouvait à lui seul suffire à la tâche de modération et de ralentissement d'une fermentation dont l'excès semblait défier toutes les forces contraires.

Voici que de cette violence même sortent les chaînes qui vont la contenir dans les plus justes limites.

Par une double action, le sulfure de carbone décompose les huiles et bitumes de l'engrais minéral et met en liberté ces substances essentiellement antiseptiques et antiputrides, dont les qualités commencent à peine à nous être révélées, et qui se nomment créosote, parafine, naphtaline, paranaphtaline, acide phénique, et se convertit lui-même en acide sulfureux, cette première étape de l'oxygénation du soufre.

Comme la digue indestructible qui contient la fureur du torrent dévastateur, cette réunion de substances, dont chacune jouit au plus haut degré du don spécial de suspendre toute fermentation, dépasserait bientôt le but proposé, si d'autres combinaisons ne venaient atténuer leur trop puissante résistance.

Peu à peu l'acide sulfureux, s'oxygénant davantage, se convertit, aidé par la présence de l'acide chlorhydrique, en acide sulfurique, et vient, avec l'acide carbonique échappé de la décomposition des huiles et bitumes, rendre à la fermentation de l'engrais minéral le surcroît d'activité dont elle a besoin.

Je n'ai pas la prétention d'indiquer au lecteur la multiplicité des actions et réactions de toute nature qui naissent de l'union d'un si grand nombre de substances énergiques, dans les conditions spéciales d'humidité, de porosité et de chaleur si favorables aux modifications, associations, dissociations continuelles de ces substances ; ce sera la tâche de plusieurs générations successives. Mon unique but est de laisser entrevoir à l'intelligence humaine les causes des incroyables résultats que donnera l'emploi de l'engrais minéral.

Après avoir examiné séparément les éléments de cet engrais et l'action réciproque qu'ils exercent les uns sur les autres, jetons un regard d'ensemble sur sa composition et ses effets.

L'engrais minéral devait nécessairement contenir toutes les substances que renferme le végétal et se trouver approprié à tous les sols, de quelque nature qu'ils fussent.

Sans la chaux, qui manque à presque tous les terrains anciens, et la magnésie, dont sont généralement privés les terrains modernes, la plupart des récoltes, notamment la plus importante, celle du blé, ce pain de l'homme, ne sont pas possibles. De là la forte proportion de carbonate de chaux et de magnésie qu'il renferme.

D'autre part, sans la silice soluble, qui fait parfois défaut aux sols les plus fertiles, les pailles des céréales, surtout lorsque la végétation est surexcitée par des engrais trop énergiques, ne peuvent supporter le poids d'un fardeau qui ne se trouve plus proportionné à leur force, et convertissent par une verse prématurée les plus belles espérances en une amère déception.

Les 80 centièmes d'eau que contient le fumier de ferme sont indispensables pour fournir l'humidité réclamée par une bonne et lente fermentation. En les supprimant dans l'engrais minéral, afin de le rendre plus facilement transportable à de longues distances, il fallait les remplacer par une substance douée au plus haut degré de la faculté d'absorber et de retenir l'eau, l'air et les gaz, telle que le charbon ligniteux azoté.

Au lieu d'un azote de peu de durée, dont la majeure partie s'échappe sans profit dans l'atmosphère ou se trouve entraînée, soit par les eaux extérieures dans la mer, pour former de nouvelles réserves aux générations futures, soit par les eaux intérieures dans un sous-sol dont il ne sortira plus, l'engrais minéral en possède un qui reste fidèlement uni au charbon ligniteux azoté et s'accroît sans cesse, au fur et à mesure des besoins de la plante, pendant des séries d'années, aux dépens de l'atmosphère.

La proportion d'azotate de potasse, de chlore, de carbonates de chaux et de magnésie, d'oxyde de fer, de charbon, était évidemment trop forte. Si ces corps s'étaient trouvés seuls, ils auraient occasionné une fermentation trop active, dont la conséquence eût été la déperdition inutile d'une partie des forces qui pouvaient être utilisées, et un excès de chaleur qui, en absorbant trop rapidement l'humidité retenue dans le charbon, aurait exposé la plante à une suspension de végétation toujours nuisible, souvent mortelle. Aussi l'énergie excessive de ces substances a-t-elle été suffisamment tempérée et ralentie par la présence, en quantité remarquable, du sulfure de fer et du soufre, qui se convertissent peu à peu en acide sulfurique, en passant par l'état intermédiaire d'acide sulfureux, c'est-à-dire de gaz qui possède au plus haut degré la propriété de suspendre l'oxydation ou la fer-

mentation. Les huiles minérales et bitumes, qui résistent à l'action des acides les plus violents, ont
puissamment aidé à ce ralentissement. Ce soufre et
ces hydrocarbures sont devenus, en outre, la source
féconde d'un dégagement de sulfures de toutes sortes
et d'une grande abondance d'acide carbonique.

Plus nous ameublissons, nourrissons et échauffons
la terre, et plus nous favorisons la multiplication
d'insectes déprédateurs. Il était donc nécessaire de
combattre ce fléau toujours grossissant en joignant
à l'engrais nouveau des poisons violents dont l'odeur
infecte, déterminée par la fermentation, éloignât et
détruisît, sans nuire au développement de la plante,
ces ennemis la plupart du temps invisibles, dont le
nombre semble s'accroître avec la diminution bien
constatée des oiseaux.

Tous les éléments de cet engrais y sont pondérés
de telle sorte que chacun d'eux produit le maximum
de son effet utile, et que l'augmentation, la diminution et à plus forte raison la suppression d'un seul
aurait pour conséquence infaillible d'en détruire la
complète efficacité.

Il existe un grand nombre de substances chimiques qui, à peine mises en contact, réagissent immédiatement les unes sur les autres, se combinent
ensemble pour former mille composés divers et
donner naissance à des gaz de toute nature. La présence d'une humidité suffisante, jointe à celle de
l'air, active en général l'intensité de ce phénomène,
toujours accompagné d'un dégagement de chaleur souvent considérable. Qui n'a été frappé de l'élévation de

la température, du changement de couleur et du frissonnement que produit l'eau sur la chaux vive, et qui n'a assisté aux phases si curieuses des fermentations, et surtout de la fermentation alcoolique ?

Sous la double influence de l'humidité et de la porosité qui permet à l'air de circuler dans le sol, la réaction entre les différents éléments actifs de l'engrais s'effectue avec une énergie proportionnelle à leur nombre et à leur quotité. Il est bien évident que plus cette action est puissante, plus promptement elle désorganise et brûle les matières organiques accumulées dans la terre, plus il se dégage d'acide carbonique et plus forte se trouve la proportion des principes insolubles et inassimilables du sol rendus solubles et assimilables. De là l'explication de la couche où le jardinier intelligent sait soustraire ses primeurs et ses replants aux rigueurs d'un froid qu'ils ne sauraient supporter, et, par d'indispensables arrosages, les préserver de la sécheresse qu'engendre une chaleur artificielle.

La plante, dont les racines plongent au milieu des gaz de toutes sortes qu'enfantent ces réactions, est admirablement organisée pour choisir ceux qui conviennent à son alimentation et repousser ceux qui lui seraient nuisibles. C'est, en effet, une véritable pompe aspirante dont les mille bras inférieurs, garnis d'une multitude de suçoirs, se répandent, comme une armée de fourrageurs, dans tout le rayon qui leur est assigné, pour y puiser leur nourriture. Tous viennent apporter leur contingent au tissu cellulaire, composé de tubes microscopiques où, en vertu de la capillarité, monte et se distribue la séve, ce sang des végétaux, qui vient s'épanouir dans la feuille et subir une continuelle épuration au contact de l'air atmosphérique, sous la remarquable influence du rayon lumineux et de la chaleur.

Grâce à la présence de la chlorophylle ou chromule, l'acide carbonique aspiré par la racine exhale par la feuille son oxygène inutile, pour former le carbone de la plante, en même temps que cette feuille absorbe à son tour l'acide carbonique de l'air. Comme la lumière est l'agent indispensable de ce double phénomène, la feuille ne peut, dans l'obscurité, que laisser échapper l'acide carbonique inhalé par la racine.

On comprend que, plus la surface de la feuille sera étendue et multipliée, comparée au nombre et à la ténuité des vaisseaux capillaires, et plus énergique sera l'aspiration de l'eau et des gaz par les suçoirs. Le phénomène atteindra le maximum de son effet utile sous l'active évaporation effectuée sur la feuille par les chauds rayons du soleil, et la végétation sera d'autant plus activée que la plante aura, suivant la mâle expression de l'Arabe, les pieds dans l'eau et la tête dans le feu.

Nous savons qu'en augmentant dans le fumier de ferme, comme dans tous les engrais aujourd'hui connus, les proportions de potasse, de chaux, d'azote, d'acide sulfurique, de phosphate et surtout d'oxyde de fer, nous stimulons la fermentation en lui donnant une énergie nouvelle, et, comme conséquence forcée, arrivons à la volatilisation et à la déperdition d'une partie plus considérable des éléments utiles.

Des expériences nombreuses et variées de Gazzeri, de Florence, de Kœrte, professeur à l'académie d'agriculture de Moëglin (Prusse), de Vœlker, de Gasparin et de Payen, sur le fumier de ferme, dont la fermentation lente et peu active occasionne une perte plus faible que dans les engrais plus énergiques, il résulte que si l'azote et le phosphate de chaux se trouvent, dans le fumier frais principalement, à l'état de combinaison insoluble, la fermentation a pour effet de les rendre solubles et de volatiser rapidement près des deux tiers de l'azote et moitié environ des éléments solubles qu'ils renfermaient.

D'autre part, l'ensemble des observations recueillies sur l'emploi du guano prouve surabondamment qu'en conformité des principes, la déperdition en azote occasionnée par la fermentation dépasse encore la proportion signalée dans le fumier.

Enfin, M. G. Ville, dans un de ses derniers *Comptes rendus des résultats obtenus pendant les années qui viennent de s'écouler, à l'aide des engrais chimiques,* qu'il a eu la gracieuseté de m'adresser, ce dont je le prie d'agréer tous mes remerciements, recommande d'employer l'azote en doses d'autant plus modérées que la saison est plus avancée. « A partir du 20 avril, il ne faut pas, dit-il (page 22), dépasser 100 kilog. de sulfate d'ammoniaque, ou 120 kilog. de nitrate de soude par hectare ; la moitié de cette quantité est même le plus souvent suffisante. » Dans un autre passage, il conseille, afin d'éviter une trop forte déperdition de l'azote, d'administrer les sels ammoniacaux destinés aux récoltes d'automne, non plus en une seule fois, comme il l'avait toujours enseigné, mais bien par moitié, à la semaille et au printemps.

L'abondance et la vertu du charbon ligniteux azoté renfermé dans l'engrais minéral nous donne la certitude que son mélange avec le fumier de ferme, le guano et, à plus forte raison, les engrais chimiques, est le seul remède qui puisse arrêter les effets désastreux de cette déperdition et permettre de doubler l'efficacité de ces engrais.

J'ai déjà expliqué pourquoi les $79/100^{es}$ contenus dans le fumier de ferme étaient indispensables à une fermentation lente et continue. Par leur suppression, les récoltes seraient on ne peut plus gravement compromises à la moindre sécheresse, surtout dans les terres calcaires. A cette occasion, je citerai, parmi les nombreuses expériences faites par M. Maiche, une de celles qui m'ont le plus frappé.

Bien tardivement, à la fin de mai 1869, il fit, d'après mes indications, une plantation de pommes de terre dans des sables siliceux et granitiques riches en potasse et en humus. Le champ d'expérience, d'une égale fertilité, fut divisé en trois portions. La première ne reçut point d'engrais; on répandit sur la seconde l'engrais minéral, réduit en poudre impalpable, à raison de 7,000 kilog. par hectare, et dans la troisième le dernier engrais chimique conseillé par M. G. Ville pour la pomme de terre. La végétation des n°s 2 et 3 se montra remarquablement vigoureuse et bien supérieure à celle du n° 1, avec une légère prédominance du n° 3 sur le n° 2. La sécheresse exceptionnelle de 1869 ne tardant pas à survenir, nous vîmes successivement se flétrir d'abord les tiges du n° 3, puis, quelque temps après, celles du n° 2 ; celles du n° 1 résistèrent beaucoup mieux et plus longtemps. Au moment de l'arrachage, les tubercules du n° 1 se trouvèrent entièrement sains et d'une qualité supérieure ; une partie de ceux du n° 2 étaient altérés, et la presque totalité de ceux du n° 3 étaient complétement gâtés.

L'explication de ces différences est bien simple et bien rationnelle ; elle démontre que plus la fermentation est énergique, plus elle dégage de chaleur, absorbe d'eau et expose la plante à souffrir de la sécheresse. Si certaines racines, dont le pivot va puiser l'humidité à une grande profondeur dans le sol, comme la betterave, peuvent impunément voir leur végétation suspendue lors des chaleurs prolongées de l'été, il n'en est pas de même de la pomme de terre, qui *mûrit alors de misère*, et se gâte promptement lorsqu'au retour de la pluie la végétation reprend sa vie interrompue.

Je ne saurais trop le répéter, l'emploi trop exclusif des engrais énergiques et concentrés, qui, malgré leurs prix excessifs, sont si fort à la mode aujourd'hui, a pour infaillible résultat d'épuiser rapidement toute la matière organique sagement accumulée dans le sol, de dissiper follement les principes de fertilité que la prévoyance divine avait jusqu'ici soustraits au pouvoir de l'homme, en ne lui permettant, à l'aide des labours qui donnent au sol la porosité nécessaire pour que l'air y circule facilement, et des fumiers de ferme relativement peu actifs, que d'en rendre assimilable une bien faible partie à la fois.

Depuis la récente découverte de M. G. Ville, on obtient avec les engrais chimiques, immédiatement assimilables, une fermentation excessive, désordonnée, une réaction que, hier encore, nous ne soupçonnions pas, dont l'effet subit, presque spontané, est de convertir en sels ammoniacaux solubles, en silice soluble, en carbonate, en sulfate, en phosphate de chaux solubles, en silicate de potasse soluble, une importante portion de ces substances qui se trouvaient dans le sol à l'état de capital et de réserve insolubles. On gaspille, comme à plaisir, les trésors des générations futures. Or, une partie des principes solubles ainsi ajoutés au sol, et, ce qui est bien autrement grave, une importante proportion des substances insolubles de la couche arable, rendue soluble par cette débauche hors nature, sont dissoutes par les eaux et entraînées soit dans le sous-sol, soit à l'Océan, où elles se trouvent perdues à tout jamais.

Espérons que l'emploi abusif des engrais chimiques n'est qu'un luxe passager que se donnent momentanément quelques riches amateurs, parce que, contrairement à tout autre luxe, il aurait pour effet aussi certain que regrettable d'atteindre la production nationale dans son germe et d'amoindrir, dans un avenir bien rapproché, la fertilité de la terre ainsi soumise à une surexcitation factice.

S'il a fallu des siècles pour stériliser les plaines les plus productives de l'antiquité ; si en 50 ans la plus grande partie des terres des Etats-Unis et des colonies ont vu leurs récoltes diminuer de moitié, quelquefois des deux tiers, sous le régime des cultures ordinaires, je réponds que le sol le plus richement doué ne résisterait pas plus de dix ans à l'entraînement forcé de l'engrais chimique intensif.

Le système de M. G. Ville pèche par la base, en ne restituant à la terre que quatre substances, l'azote, la chaux, l'acide phosphorique et la potasse, sur les quatorze qui lui sont enlevées par la plante. Plus tard, ce système a été quelque peu modifié et agrandi, sous l'impérieuse logique des faits, d'abord par l'adjonction de l'acide sulfurique, du sulfate de chaux, puis dernièrement par celle du chlore. Je crois, comme M. Ville, que le fer, le carbone, la magnésie, la soude, le manganèse, la silice et l'alumine se trouvent généralement dans tous les sols, mais au même titre que les six substances dont il considère la restitution comme indispensable; mais j'ai la plus intime conviction que ce ne serait pas impunément qu'on épuiserait, sans la reconstituer, cette réserve accumulée par la sagesse du Créateur. Ce n'est pas en vain que le fumier de ferme et l'engrais minéral, nés tous deux de la décomposition de la plante, renferment tous les éléments qu'elle a enlevés à la terre.

Ce système que, dans la sincérité de mon âme, je considère comme déplorable, repose tout entier sur des faits mal étudiés et dont les conséquences réelles vont à l'encontre de ses conclusions, ainsi que je vais essayer de l'établir.

L'étude attentive des résultats de l'écobuage m'a démontré l'inanité des essais pratiqués dans le tuileau

pilé et le sable lavé ou calciné. Est-ce que le feu ne
rend pas, dans l'un comme dans l'autre, les phosphates, les sulfates de chaux, les silicates de potasse
et les oxydes de fer plus solubles? Est-ce qu'il ne vient
pas permettre à la fermentation produite par les riches
substances qu'on y ajoute d'attaquer plus vivement
et de rendre par cela même plus facilement assimilables des éléments qui, sans lui, ne le seraient pas
devenus à un aussi haut degré? Si vous brûlez un sol
argileux, il deviendra pour un temps plus fertile,
parce que cette opération, dont il faut redouter l'abus,
rendra plus efficace l'action de l'air, des gaz et des
engrais, et lui permettra de rendre solubles et assimilables des principes qui, sans elle, seraient restés
insolubles et inassimilables.

Arrière donc, une fois pour toutes, ces essais com-
paratifs dans des petits pots plus ou moins vernissés,
qui, chaque matin, exigent impérieusement l'exacte
ration d'eau nécessaire pour que la fermentation reçoive son maximum d'effet utile ! Sérieusement, quelle
valeur peuvent-ils avoir pour le véritable agriculteur?

Quant aux expériences faites en pleine terre par tous
ces esprits d'élite qui comprennent qu'on ne peut mieux
servir son pays qu'en se plaçant à la tête du progrès agricole, quoi de plus conforme aux données de la science
que de voir la végétation se développer avec une exubérance et une rapidité d'autant plus féeriques que plus
énergiques et plus fortes seront la nature et la quotité
des excitants, en tant toutefois qu'ils se trouvent en
présence d'une humidité suffisante? Mais, hélas ! ils
sont entrés dans une fausse voie, que, grâce à Dieu, la

rareté et le prix exagéré des engrais chimiques ne peu
vent rendre bien dangereuse pour le pays; car l'excè
de fermentation, *rabâcherai-je encore,* a pour effet né
cessaire et fatal de désorganiser rapidement tout
matière organique et d'entamer, avec une prodigalit
jusqu'ici inconnue, toutes les réserves de l'avenir.

L'engrais chimique, c'est le dissipateur prodigu
qui, pour se donner plus de jouissances, dépense fo
lement une partie de son capital avec son revenu.

J'entends encore résonner à mon oreille les cri
d'admiration et d'enthousiasme qui, il y a peu d'an
nées, accueillirent les premiers résultats obtenus ave
le guano. Employé à la dose de 3 à 400 kilog. pa
hectare, il fit d'abord merveille. Les récoltes étaien
prodigieuses et bien supérieures à tout ce qui avai
été rêvé jusque-là ; l'agriculture était sauvée, ell
allait entrer dans une phase nouvelle. Ce débiteu
misérable, de qui on pouvait à si grand'peine retire
4 à 5 0/0 de l'argent prêté, allait subitement, par un
admirable révolution, enrichir tous ses créanciers, e
doublant en quelques mois le capital qui lui serait do
rénavant confié. On allait enfin inaugurer cette vi
à bon marché qui, comme le mirage du désert, fuyai
toujours au moment où on croyait l'atteindre. Plu
le rêve fut séduisant, plus malheureusement il fu
de courte durée ; on avait tué la poule aux œufs d'or
Interrogez aujourd'hui le cultivateur des plaine
crayeuses de la Champagne, ou le défricheur de
landes et bruyères de l'Ouest, il vous dira les ruine
laissées par ce court, mais fatal engouement de l'em
ploi abusif du guano.

Ces quelques réflexions n'offrent d'intérêt qu'au point de vue théorique et des principes, car les gîtes de guano s'épuisent rapidement et n'existeront bientôt plus qu'à l'état de souvenir historique, malgré le monopole et les impôts qui, en doublant la valeur réelle de cet engrais, en ralentissent la consommation. D'autre part, les prix sans cesse croissants des engrais chimiques en rendent chaque jour l'emploi plus désavantageux. Du reste, guano et engrais chimiques vont disparaître à tout jamais, écrasés par la supériorité de l'engrais minéral.

Quoi que l'on dise, quoi que l'on fasse, le fumier de ferme est et restera la véritable base de toute culture rationnelle, parce que seul il peut donner satisfaction aux intérêts présents, en sauvegardant ceux de l'avenir, procurer une rémunération immédiate, tout en améliorant la terre, permettre d'administrer la fortune agricole en bon père de famille, augmenter le capital plutôt que de l'amoindrir en cherchant à en retirer de plus forts intérêts.

Mais il ne faut pas se dissimuler que l'emploi du fumier seul ne suffit plus aux besoins actuels. Si, hier encore, ses qualités et son énergie devaient être augmentées par l'addition, dans de sages et modestes proportions, du guano et des engrais chimiques, aujourd'hui l'engrais minéral peut seul, en vertu de son bas prix, de sa richesse et de sa composition spéciale, lui être associé.

Au point de vue de la réparation du sol, le fumier de ferme représente l'eau et le pain; l'engrais minéral, le vin et la viande; le guano, et à plus forte raison les engrais chimiques, l'alcool et les épices. Or, la terre, pas plus que l'homme, ne peut se soustraire impunément aux lois qui régissent leur alimentation respective. De même que l'eau, le vin, le pain et la viande constituent notre véritable nourriture, ainsi le fumier et l'engrais minéral associés seront celle du sol.

L'alcool et le piment, pris en dose relativement très faibles, donnent bien à l'estomac une surexcitation factice, une facilité exceptionnelle de digestion. Grâce à eux, le pouls bat plus rapide, un sang plus brûlant circule dans nos veines, les phénomènes de la vie redoublent d'activité. Ils peuvent constituer, comme bien des poisons, un remède momentané ; mais leur régime abusif, à plus forte raison exclusif, amènerait bien vite une réaction, une prostration de toutes les forces, suivie d'une inflammation générale qui aboutirait promptement à la mort. Les symptômes que nous constatons dans un sol soumis au régime exclusif et même abusif des engrais chimiques purs, pour être différents, viennent aboutir au même résultat : la stérilité.

Comme conséquence de ces principes, je crois pouvoir affirmer, sous la réserve des modifications inévitables qu'une pratique intelligente viendra apporter dans nos données scientifiques actuelles, qu'il conviendra d'ajouter au fumier de ferme un tiers en poids de l'engrais minéral réduit en poudre impalpable, pour les cultures d'automne, et un quart seulement pour celles de printemps. Si donc on peut disposer pour les semailles du blé, du colza, du seigle, etc., de 24,000 kilog. de fumier par hectare, on peut sans in-

convénient le fortifier de 8,000 kilog. d'engrais minéral ; on n'en emploierait que 6,000 kilog. pour la
même quotité de fumier, lors des semailles du chanvre,
du lin, de la betterave, de l'avoine, du blé de mars,
etc. Cette proportion de l'engrais minéral pourrait
être augmentée dans les terres tourbeuses, humides,
argileuses, ou même d'une fertilité exceptionnelle.

J'entrerai plus loin dans les détails explicatifs sur l'emploi le mieux approprié de l'engrais minéral à la nature
des plantes les plus importantes de notre agriculture.

Que M. G. Ville veuille bien me pardonner mes
critiques respectueuses, qui ne portent que sur le système et non sur l'homme et le savant, car je dois à
l'étude approfondie de ses travaux consciencieux les
plus pures joies de l'intelligence. Je n'oublierai jamais avec quelle insatiable avidité j'ai lu et relu, lors
de leur apparition, ses entretiens agricoles sur les engrais chimiques. Que de nuits j'ai passées à réfléchir
et à méditer sur les conséquences immédiates de sa
découverte !

Salut donc au maître qui, le premier, a abordé
un monde nouveau, dont l'auteur de l'*Economie rurale*
n'avait fait qu'indiquer les horizons lointains. A la
lueur du flambeau que vous et Boussingault avez
allumé, il m'a été donné de déchiffrer une des plus
belles pages du livre de la création. Mais je dois l'a-
vouer en toute franchise, l'œuvre humaine m'a paru
bien défectueuse en présence de la sublimité de l'œuvre
divine. Cependant vous avez préparé le terrain où le
semeur n'a plus qu'à passer, et grande sera votre gloire
au jour prochain de la récolte.

CHAPITRE V.

VOIES ET MOYENS.

Les schistes bitumineux du lias, engrais minéral, apparaissent à l'extrémité sud d'une grande faille (rupture), à deux kilomètres nord-ouest de Belfort (Haut-Rhin). Après un parcours de quelques lieues, ils se séparent en deux bandes bien distinctes. L'une, la principale, après avoir traversé presque sans interruption, de l'est à l'ouest, le département de la Haute-Saône dans toute sa largeur, s'infléchit brusquement dans la Haute-Marne, non loin de Langres, en un angle aigu, pour courir au nord, presque en ligne droite, sur Luxembourg, en passant par Mirecourt, Nancy, Metz et Thionville. De Luxembourg, elle reprend la direction de l'ouest pour gagner Mézières, de manière à former un Z remarquablement tracé, d'un développement total d'environ six cents kilomètres. La seconde bande, après avoir longé la limite est du département du Doubs, vient expirer par lambeaux détachés aux environs de Salins, de Poligny et de Lons-le-Saunier.

Les schistes bitumineux, fâcheusement indiqués (contrairement aux données les plus progressives de la science), par les illustres auteurs de la grande carte géologique de France, comme formant la base de l'étage inférieur du système oolithique, entourent également le vaste plateau central d'une ceinture presque continue.

Mâcon, Cluny, Charolles, Saint-Gengoux, Vitteaux, Semur, Avallon, Saint-Sauge, Saint-Amand, la Châtre, Montmorillon, Nontron, Excideuil, Gramat, Decazeville, Villefranche, Saint-Rome, Milliaud, Séverac, Marvejols, Mende, Largentière, Privas, sont les perles de ce riche collier qui relie à l'Océan la ligne de Saint-Maixent aux Sables-d'Olonne, par Fontenoy-le-Comte.

La bande des schistes bitumineux du lias réapparaît dans la partie sud-ouest de l'Alsace, ainsi que nous l'avons déjà indiqué, près de Notre-Dame de Lorette, à deux lieues de Belfort. Elle coupe l'extrémité sud-est du département de la Haute-Saône sur une longueur de vingt-cinq kilomètres, du nord-est au sud-est, et traverse le territoire des communes d'Echenans, Luze, Saint-Valbert-lez-Héricourt, Byans, Trémoins, Chavanne, Villers-sous-Saulnot, Courchaton, Grammont et Fallon, pour entrer dans le département du Doubs par Bournois. Elle continue par Abbenans, Fontenelle, Rougemont, Gouhelans, Romain, Morchamps, Huanne, Puessans, pour ensuite disparaître près d'Avilley, dans une de ces grandes failles si communes dans nos contrées. Nous la voyons enfin partager le département de la Haute-Saône dans toute sa largeur, de l'est à l'ouest, en deux parties égales, sur une longueur d'environ soixante-quinze kilomètres. Sortie de la faille d'Aillevans à l'est, elle entre dans le département de la Haute-Marne par le territoire de Savigny.

L'engrais minéral peut donc être utilement exploité, dans le seul département de la Haute-Saône, sur une longueur de cent kilomètres environ et une largeur moyenne de six kilomètres.

Toute la bande des schistes bitumineux a été, postérieurement à leur formation, bouleversée d'une manière remarquable. Tantôt ils se montrent, principalement dans les anciennes baies et sur les bords limitrophes du lias à gryphites émergé, presque à nu, à peine recouverts d'une argile jaune, riche en nodules siliceux calcaires très ferrugineux. Dans ces cas exceptionnels quoique fréquents, ses feuillets supérieurs sont beaucoup plus épais, plus riches en huile, en bitume et en principes utiles à la végétation; sa couleur est plus noire et ses couches offrent souvent alors une multitude de moules plus ou moins pyriteux de petites ammonites extrêmement rapprochées les unes des autres, d'un diamètre de un à quatre centimètres, comme on peut le remarquer au gîte de Gouhenans, ou d'empreintes parfaitement nettes de fucoïdes, comme à celui d'Arpenans. Des bélemnites et des pyrites s'y rencontrent alors en grand nombre.

D'ordinaire, surtout lorsque les schistes bitumineux ont été formés dans la pleine mer, ils sont recouverts de deux ou trois rangs de légères plaquettes, de deux à quatre centimètres d'épaisseur, d'un calcaire bitumineux grisâtre, exhalant, lorsqu'on le frappe, une odeur fétide, et qui renferme beaucoup d'écailles et de menus débris de poissons. Au-dessus, se trouve immédiatement une épaisse couche de marnes brunes, quelquefois noires comme du charbon pilé, désignées en géologie sous le nom de marnes à trochus, à raison de la multitude de petits escargots fossiles à forme oblongue qu'elles renferment. La couche d'argile ferrugineuse, désignée par le géologue Marcou sous le nom de marnes vésuliennes, parce qu'elles recouvrent dans son entier le territoire de la ville de Vesoul, que j'habite, couronne le tout. Dans ce cas, la partie supérieure des schistes bitumineux n'offre aucune consistance; elle se compose de feuillets extrêmement minces, se réduisant en poussière au moindre contact du doigt ou de l'air. Elle doit être rejetée, car elle n'offre que peu ou point de vertu fertilisante; et il faut creuser jusqu'à ce que les feuillets s'épaississant progressivement, on arrive à la couche où ils ne se désagrégent plus et résistent indéfiniment aux influences atmosphériques.

Le savant, qui veut tout expliquer, attribue, en se basant sur des expériences exécutées sur une faible échelle, le feuilletage qui existe dans toute l'épaisseur de la puissante couche des schistes, à la double pression de bas en haut et de haut en bas que leur auraient fait subir le poids des eaux de la mer et le soulèvement intérieur qui les a relevés. Indépendamment de ce feuilletage, qui les fait ressembler aux schistes ardoisiers, on y remarque un double clivage fort extraordinaire, qui a jusqu'ici complétement échappé aux observations des géologues et qui semble être le résultat d'une cristallisation spéciale, analogue à celle que subit le pain d'empois au riz, lors de son séchage. Des fentes, parfois remplies de spath calcaire, divisent cette couche dans toute sa profondeur et courent en lignes droites dans le sens de sa direction, formant, avec des fissures obliques plus légères, des séries de parallélogrammes irréguliers. Ceux-ci se trouvent à leur tour coupés par des lignes parallèles rapprochées, qui divisent les schistes en plaquettes régulières.

Cette disposition, que l'on voit très nettement dessinée sur la ligne du chemin de fer de Paris à Mulhouse, dans la tranchée de Creveney, l'est plus complétement encore à Gouhenans, dans le lit du Rahin, dont les eaux limpides et peu profondes coulent sur ce singulier carrelage, aussi uni que s'il eût été taillé à la main.

Le schiste bitumineux est feuilleté comme l'ardoise, à cassure grenue et mate, d'un gris tirant plus ou moins sur le noir, selon les gîtes. Sa poussière est grise. Souvent deux nuances bien distinctes, l'une noire, l'autre d'un jaune bistre, partagent en tranches inégales, renfermant, celle-ci plus de carbonate de chaux, celle-là plus de charbon, les feuillets supérieurs, de deux à cinq centimètres d'épaisseur, des gîtes les plus riches.

Facile à se diviser lorsqu'il est humide et sort de terre, il durcit promptement en se desséchant. Il répand une vive odeur bitumineuse sous le coup de l'instrument qui le frappe ou le tranche. Sa pâte, d'une finesse incomparable, est grasse, onctueuse et micacée; elle se polit facilement sous la lame du couteau et prend sous sa pression une teinte plus ou moins brillante, selon sa richesse en huile minérale ou en bitume, ce qui permet, à l'aide de cette facile expérience, de juger à la première vue de sa valeur approximative.

Exposé à l'air, il se revêt d'une nuance grise d'autant plus claire, se couvre de bandes et de taches d'oxyde de fer d'autant plus étendues, et devient d'une friabilité d'autant plus rapide et complète, que moins considérable se trouve la proportion d'huile et de bitume qu'il renferme.

Les eaux qui traversent les couches où il a le plus d'efficacité sont d'une couleur légèrement bistrée, recouvertes à la surface d'une mince pellicule irisée et à reflets métalliques éclatants. La saveur caractéristique que leur donnent l'acide sulfhydrique et le bitume les fait repousser par l'homme. Les animaux qui n'y sont point habitués les refusent, tant que l'aiguillon d'une soif impérieuse ne vient pas triompher de leur obstination; ceux qui, au contraire, les boivent d'ordinaire dépérissent pendant le temps qui leur est nécessaire pour s'accoutumer au régime des eaux pures. Elles sont excellentes pour les arrosages et permettent, grâce aux substances nutritives qu'elles contiennent, de diminuer sans inconvénient la ration journalière du bétail. Je ne doute pas qu'elles ne deviennent, lorsque la science médicale les aura sagement expérimentées, un remède efficace pour la régénération et l'épuration du sang, et n'aident ainsi à supprimer, dans leur germe et leur cause première, la plupart des maladies si diverses qui désolent l'humanité.

Le schiste bitumineux renferme, surtout dans les anses et baies où l'eau était peu profonde, une si grande quantité de posidonies Bronnii., que des géologues distingués l'ont désigné sous le nom de schiste à posidonies. On y trouve beaucoup de bélemnites riches en soufre et en phosphate de chaux, d'empreintes plus ou moins pyriteuses d'ammonites, du fer sulfuré et du fer carbonaté.

On voit fréquemment entre les feuillets de l'engrais minéral des portions de bois bitumineux ou lignite, qui se présentent en plaquettes très circonscrites. Ce lignite donne en brûlant une fumée noire et épaisse et ne laisse pas de résidu sensible. On pourrait en tirer un excellent parti comme combustible, ainsi qu'on le fait dans les départements de la Lozère et du Tarn, s'il existait dans notre région en assez grande quantité pour être exploité avec avantage. Mais les recherches faites au pied de la Motte de Vesoul en 1804, sur le territoire d'Arpenans en 1826, à Gouhenans à la même époque, à Chalonvillars en 1830, n'ont donné aucun indice de gîte utilement exploitable.

L'étude approfondie de la formation des schistes bitumineux, jointe à l'examen attentif des fouilles nombreuses que j'ai visitées, m'a révélé des lois importantes et remarquables, que devront connaître ceux qui se mettront à la recherche et voudront entreprendre l'exploitation des bancs les plus riches de l'engrais minéral.

Comme, dans la mer, une partie des huiles et bitumes surnageaient jusqu'à ce que leur combinaison avec les sels de fer les forçât à se précipiter, je devais naturellement penser qu'ils devaient être chassés par les vents les plus violents et les plus ordinaires qui régnaient à cette époque, sur les côtes et, à plus forte raison, dans les baies opposées à ces vents. Par analogie de ce qui se passe aujourd'hui dans nos contrées, je devais *à priori* supposer que les vents de l'ouest étaient déjà alors dominants, et qu'en conséquence l'engrais minéral formé sur les côtes et les baies regardant l'ouest devait être plus riche qu'en tout autre lieu. Si ma supposition était exacte, les détritus des végétaux et des animaux, entraînés par les eaux descendant des terres émergées, devaient s'accumuler sur ces côtes, arrêtés qu'ils étaient par ces vents, et contribuer à augmenter encore la valeur de l'engrais minéral.

Le fait est venu donner complétement raison à la théorie, et j'ai pu constater par moi-même que, dans le département de la Haute-Saône comme dans celui du Doubs, les côtes et baies de la mer où s'est formé l'engrais minéral qui regardaient l'ouest sont remarquablement plus riches que toutes les autres. Les nombreux documents géologiques que j'ai consultés démontrent de la manière la plus indiscutable que cette loi régit la France tout entière.

Je devais me poser et chercher à résoudre une loi non moins importante.

Pendant cette longue série de siècles nécessaire à la formation de l'engrais minéral, n'y avait-il pas eu des époques de défaillance ou de fécondité exceptionnelles ; en un mot, ces puissantes couches étaient-elles d'une composition homogène dans toutes leurs parties, et, dans le cas de la négative, où devaient se trouver dans la masse les bancs les plus riches ?

Dans l'impossibilité où je suis de faire moi-même mes analyses, faute de connaissances chimiques suffisantes et d'un laboratoire spécial, j'ai dû être nécessairement très limité dans mes moyens d'investigation. Aussi, n'est-ce qu'en hésitant que j'ose articuler une opinion qui s'appuie plutôt sur une série d'expériences pratiques et de remarques empiriques que sur des preuves scientifiques certaines. Cependant, je crois que, comme donnée générale, on peut annoncer, sans trop craindre de se tromper, que l'engrais minéral a une tendance à s'enrichir, depuis les bancs de calcaire marneux, fétides, schistoïdes, gris-bleuâtre ou gris-jaunâtre, alternant entre eux et donnant à la masse un aspect rubané, sur lesquels il repose, jusqu'aux trois quarts ou quatre cinquièmes environ de sa hauteur ; qu'ayant, à cette partie, atteint son maximum de richesse, il ne tarde pas à décroître de valeur jusqu'à sa partie supérieure ; qu'il n'y a d'exception à cette loi générale que dans les baies et bords extrêmes de la dernière mer liassienne, là surtout où ils regardaient l'ouest, parce qu'alors sa richesse se maintient souvent jusqu'à la surface du sol où il vient apparaître.

Vers le haut se trouvent plusieurs lits, séparés les uns des autres par trois ou quatre pieds d'engrais minéral, de géodes à formes lenticulaires très par faites, d'un calcaire marno-ferrugineux très dur, à odeur bitumineuse lorsqu'on le frappe ou qu'on le chauffe, à couches concentriques noirâtres, à cassures esquilleuses, avec des bélemnites, des ammonites ou d'autres fossiles au centre, qui semblent avoir formé les noyaux attractifs autour desquels le suc calcaire s'est déposé. Ces géodes, appelés septarias, forment des lignes ou rangs d'une régularité remarquable, parallèles à la stratification des schistes qui se sont soulevés et abaissés au-dessus et au-dessous de ce que j'appellerai des végétations minérales, et sont souvent traversés par des filons de spath calcaire de deux à huit centimètres de puissance. Ces septarias donnent le ciment si remarquable de Vassy, découvert en 1831 par M. Gariel, et se composent de :

> 63,8 parties de carbonate de chaux ;
> 1,5 partie de carbonate de magnésie ;
> 11,6 parties de carbonate de fer ;
> 14,0 parties de silice ;
> 5,7 parties d'alumine ;
> 3,4 parties d'eau et de matières organiques.

Total, 100

Réduits par la calcination, leur couleur passe au jaune terne. Quand ce ciment est fabriqué, on l'enferme dans des barriques goudronnées et garnies à l'intérieur, pour en faciliter le transport et en assurer la conservation. A la suite de la cuisson, l'analyse donne pour la composition de ce ciment :

56,6 parties de chaux ;
13,7 parties de protoxyde de fer ;
1,1 partie de magnésie ;
21,2 parties de silice ;
6,9 parties d'alumine ;
0,5 perte.

Total, 100

J'ai trouvé au centre d'une septaria, à Gouhenans, une petite coquille fossile assez semblable à celle du moule actuel, recouverte de grains de pyrites scintillant à la lumière et formant le plus ravissant bijou que l'on puisse rêver. Une autre septaria, recueillie il y a quelques mois seulement sur le territoire de Noroy-le-Bourg, renfermait une graine admirablement conservée, à peu près analogue à celle du chènevis, quoique un peu plus allongée.

Si on place un fragment d'engrais minéral au milieu de charbons ardents, il se délite, pétille et éclate avec bruit, en lançant ses débris au loin, comme si on l'avait pétri avec de la poudre. Il brûle ensuite avec une flamme rougeâtre accompagnée d'une épaisse fumée, en dégageant une forte odeur bitumineuse. Si, une fois la flamme disparue, on active la chaleur du foyer par un courant un peu énergique, on voit apparaître, pendant quelques minutes, entre les charbons qui le recouvrent, une éclatante flamme d'un vert jaune intense, à reflets violacés, due à la combustion du soufre et des sels ammoniacaux.

La surface du schiste retiré du brasier est d'un gris

plus ou moins blanchâtre, selon le temps de son contact avec le feu, tandis que l'intérieur se trouve d'un noir foncé.

Si, dans un verre où l'on a jeté quelques menus fragments de ce schiste à demi calciné, on verse un peu d'acide ou même simplement du vinaigre, il se dégage instantanément une odeur infecte d'acide sulfhydrique, qui persiste même après une forte addition d'eau. Une pièce d'argent plongée dans le liquide y noircit rapidement.

Ce procédé si facile et si simple de préparer chez soi à vil prix des eaux sulfureuses excellentes, que l'on se trouve dans l'impérieuse nécessité d'aller, à grands frais, chercher au loin, permettra au médecin de vulgariser des traitements efficaces qui ne peuvent être aujourd'hui prescrits qu'à un nombre bien restreint de malades opulents.

Exploitation. — Je ne crois pas qu'il existe sur le globe de paysages plus sauvages et plus effrayants que ceux qui se déroulent sur une partie du parcours de la bande de l'engrais minéral émergé. A la vue de ces vallées étroites, de ces montagnes à pic, d'ordinaire couronnées du stérile calcaire à entroques, de ces terres noires affreusement ravinées par les eaux, de ce bouleversement général, de cet aspect si désolé et si lugubre, l'esprit est envahi par un profond sentiment de tristesse. Il semble que là, comme en général dans tous les pays de mine, la terre ait en quelque sorte entr'ouvert elle-même ses flancs à l'homme pour lui faire comprendre que, par exception, ce n'est point à sa surface, mais bien dans ses entrailles, qu'il doit aller chercher la richesse. Jamais sol n'a, en effet, présenté de telles facilités pour l'exploitation de ses couches inférieures, à découvert ou par galeries souterraines.

Nous avons vu que, dans le seul département de la Haute-Saône, on peut facilement extraire l'engrais minéral sur une bande de cent kilomètres de longueur sur six kilomètres de largeur, ce qui donne une superficie de six cents kilomètres carrés. Le kilomètre carré contenant à son tour un million de mètres carrés, les six cents kilomètres carrés représenteront six cents millions de mètres carrés. Comme la puissance moyenne de la couche utilement exploitable est d'environ cinquante mètres, nous devons, pour connaître le nombre de mètres cubes qu'elle renfermera, multiplier les six cents millions de mètres carrés superficiels par les cinquante mètres de puissance. Nous obtiendrons pour résultat le chiffre prodigieux de trente milliards, c'est-à-dire plus de soixante milliards de tonnes, puisque le mètre cube pèse un peu plus de deux mille kilogrammes.

En évaluant à dix francs seulement le prix des mille kilogrammes de l'engrais minéral pris sur le carreau de la mine ou le sol de la carrière, on obtient, pour le département de la Haute-Saône seul, une richesse nouvelle de six cents milliards. L'esprit reste confondu en présence de l'énormité des chiffres, qui peuvent être plus que doublés si on veut, dans l'exploitation de ces schistes, descendre aux profondeurs atteintes aujourd'hui dans l'extraction des houilles.

A ce compte, le seul département de la Haute-Saône pourrait fournir à chacun de nos quarante millions d'hectares en culture du territoire français le poids de quinze cent mille kilogrammes d'engrais minéral, c'est-à-dire cent cinquante kilogrammes par mètre superficiel, ou une tranche qui les couvrirait tous de près de huit centimètres de hauteur.

Préparation de l'engrais minéral. — L'engrais minéral ne se présente dans le sol que sous la forme solide. Comme, pour produire son maximum d'effet utile, il doit être employé en poudre impalpable, il y a nécessité de lui faire subir un traitement préalable.

Nous le livrerons à l'agriculture, en poudre, sous trois états distincts : 1° naturel ; 2° calciné en vase clos ; 3° calciné à l'air libre.

Il offrira dans chacune de ces catégories une composition différente et sera, en conséquence, doué de vertus spéciales qui permettront de mieux l'approprier à la nature et aux besoins de la plante à laquelle il sera destiné.

Jetons un regard rapide sur les procédés à suivre et les résultats à obtenir dans cette triple préparation.

1° *Engrais minéral à l'état naturel.* — Le premier soin de celui qui désirera exploiter avec succès l'engrais minéral sera d'étudier avec la plus intelligente attention toute la bande des schistes bitumineux dans la contrée où il voudra se fixer, et de chercher à concilier, dans la limite du possible, la richesse du gîte avec la proximité d'une gare de chemin de fer, d'une chute d'eau ou d'un moulin sans grande valeur, comme nous en avons un si grand nombre dans la Haute-Saône.

Un seul arbre de couche permettra de mettre en mouvement, d'un côté, les meules verticales qui broieront l'engrais minéral, et de l'autre les grands cylindres à taquets garnis de toiles ou les tarares destinés à séparer la poudre impalpable de celle trop grossière qui devra être repassée sous la meule.

Comme, dans la pratique, le schiste humide peut s'empâter sous la pression qui l'écrase, ou refuser de s'échapper par la maille étroite du tissu qui l'obstrue, on pourra, après un premier broyage, le dessécher rapidement dans une touraille spéciale, ou mieux encore par un mélange peu prolongé avec de l'engrais minéral calciné à l'air libre. Soumis à un second broyage, il sera ensuite jeté dans un ventilateur organisé à l'instar du tarare employé à nettoyer les céréales, qui chassera dans une pièce séparée l'engrais réduit en poudre fine, prêt à être mis en sacs et expédié soit au dépôt soit au destinataire.

Le problème à résoudre est d'arriver le plus économiquement possible à la bonne confection du produit jointe à la rapidité de sa préparation.

Je pense qu'à l'aide d'un moulin à eau ou à vent, sans grande force motrice, on pourra facilement préparer chaque jour vingt tonnes d'engrais naturel et quinze tonnes d'engrais calciné à l'air libre, c'est-à-dire environ dix mille tonnes par an, qui, sur place, ne reviendront pas à plus de huit francs la tonne.

Il nous sera facile de satisfaire en outre à toutes les

demandes d'engrais minéral non pulvérisé qui nous seront adressées, quelle que soit leur importance. Nous pourrons l'expédier en sacs ou en caisses, ou mieux sans enveloppes, par wagons complets, à cinq francs au plus la tonne, prise sur place, au cultivateur, qui pourra, dans la morte saison d'hiver, le réduire en poudre presque sans frais, à l'aide de petits moulins spéciaux qui sont notre propriété et que nous livrerons au public avec un bien faible bénéfice.

2° *Engrais minéral calciné en vase clos.* — La composition de l'engrais minéral m'avait fait présumer que son addition à la houille constituerait un progrès considérable dans l'industrie de la fabrication du gaz d'éclairage, et permettrait d'arriver facilement à abaisser le prix du gaz et à augmenter dans une forte proportion son pouvoir éclairant. La pratique répondrait-elle à la théorie ? Il y avait là une expérience des plus curieuses à tenter.

Je m'adressai donc de nouveau au directeur de l'usine à gaz de Lure, M. Dauxon, qui, cette fois comme toujours, répondit à mon appel avec ce désintéressement et ce dévouement de l'homme d'intelligence et de cœur, fier et heureux de participer à la grande œuvre qui va lancer l'humanité tout entière dans une voie jusqu'ici inconnue de progrès matériel et moral.

Le 21 août 1869, M. Dauxon fit jeter, à dix heures du matin, dans une de ses cornues vides, quatre-vingt-douze kilogrammes de schiste bitumineux en morceaux, je crois, trop volumineux et trop desséchés.

Une heure après, on vint me prévenir que le bouil-lonnement dans le barillet était beaucoup plus consi-dérable que celui produit avec l'emploi de la houille, et que le gaz obtenu était, à sa sortie de l'épurateur, d'une blancheur, d'un éclat et d'une pureté sans égale. Je me rendis à l'usine sur les deux heures de l'après-midi ; l'aiguille du compteur indiquait une production de six mètres cubes.

Deux becs de même force, alimentés l'un par du gaz ordinaire, l'autre par le gaz provenant de la dis-tillation du schiste, furent ouverts, et il nous fut facile de constater, soit à l'odorat, soit à l'aide de papier spécial, que le second était beaucoup plus pur que le premier. Allumés au grand jour, la flamme de celui du gaz à la houille était rougeâtre et sans éclat, tandis que celle du gaz de schiste brillait d'une re-marquable blancheur. En l'absence de tout instru-ment spécial, il ne nous a pas été possible de déter-miner exactement l'énorme supériorité de l'un sur l'autre ; cependant il nous a paru que la lumière du bec de gaz au schiste équivalait à celle de 2,5 ou 3 becs au gaz de houille, ou, pour nous servir des expressions techniques, que le pouvoir éclairant du gaz de schiste était de 2,5 à 3 fois supérieur à celui du gaz de houille. Nous avons omis de nous assurer si une différence de temps devait être signalée dans la combustion opérée dans les mêmes condi-tions d'une quantité égale de ces deux gaz.

A six heures du soir, la production du gaz était de sept mètres cubes, lorsque je fis enlever l'obtu-rateur.

Une magnifique flamme bleue, due sans doute à la combustion de l'oxyde de carbone, s'échappa de la cornue, et nous pûmes voir le schiste rayonner d'une blancheur si vive que l'œil pouvait à grand'peine en supporter momentanément l'éclat, bien supérieur à celui que présentait la houille placée à la même heure dans la cornue voisine.

Retiré du vase qui le contenait, le schiste conserva sa couleur rouge cerise et par conséquent son extrême chaleur plus longtemps que nous ne devions le supposer. Une flamme bleue, que venait sur certains points percer momentanément une flamme rouge accompagnée d'une fumée épaisse, le recouvrit pendant deux ou trois minutes. Une fois refroidi, il présenta une surface d'un noir grisâtre, tandis que l'intérieur était d'un noir intense. Se taillant facilement sous le canif, il devint un crayon très noir, un peu gras, qui conservait, même sous le frottement, très bien sa couleur.

On sait que la plupart des crayons dits mine de plomb se fabriquent aujourd'hui avec de la poussière de graphite qu'on prive entièrement d'air, et qu'on place ensuite sous un coin d'acier pour lui faire subir des coups de presse de la puissance de un million de kilog. Je ne doute pas que la poussière d'engrais minéral, intelligemment calcinée en vase clos, à l'abri de l'air, ne permette de donner par le même procédé d'excellents résultats.

Un morceau de ce résidu réduit en poudre grossière, sur lequel j'ai versé quelques gouttes de vinaigre, a donné une odeur d'œufs pourris extrêmement forte, qui s'est conservée même après l'addition d'une assez forte proportion d'eau. Une légère couche d'huile est venue recouvrir la surface du liquide qui, décanté, a conservé une teinte bistrée.

Sa poudre, tamisée, ressemble à celle du charbon. Pétrie en pâte dure et pilonnée dans un petit pot, la prise était, deux heures après, assez complète pour que l'ongle ne pût que difficilement y pénétrer ; après quelques jours, elle offrait la résistance d'une pierre tendre.

Mais ce produit nouveau est surtout destiné à rendre à l'agriculture d'incalculables services, en permettant de désinfecter commodément et à vil prix les matières fécales, et d'utiliser ces riches engrais aujourd'hui dédaignés et perdus. La calcination en vase clos des argiles et des calcaires que renferme l'engrais minéral, la présence en forte proportion du charbon ligniteux et des sels de fer, donnent à ces résidus une action antiseptique et absorbante remarquable. Ces sels, lors de leur mélange avec les matières à désinfecter, transforment en composts inodores, par voie de double décomposition, les produits volatils, cause ou véhicule de l'odeur infecte, le carbonate ou le sulfhydrate d'ammoniaque, et donnent lieu à la formation des sulfures métalliques et des sels ammoniacaux fixes.

Les explications complètes que nous avons données dans le chapitre précédent, sur le pouvoir que possède à un aussi haut degré le charbon ligniteux, surtout après sa carbonisation, d'attirer l'azote, de le retenir et de faciliter sa combinaison avec tant d'autres corps, nous permettent de comprendre combien les matières désinfectées s'enrichiront par leur union avec lui.

C'est surtout dans cet état que l'engrais minéral devra être ajouté au fumier de ferme et au guano, pour en doubler la valeur, en évitant la déperdition si regrettable des sels ammoniacaux que cause la fermentation.

En résumé, de cette expérience précieuse à tant de titres faite par M. Dauxon, il résulte :

Que les 100 kilog. d'engrais minéral pris aux environs de Lure ont rendu, après huit heures de feu, plus de 7 mètres cubes de gaz, lorsque le même poids d'excellente houille en produit à l'usine de Lure, comme à celles de Paris, une moyenne comprise entre 22 et 23 mètres cubes ;

Que les gîtes de l'arrondissement de Lure se trouvant, par suite de leur position topographique, moins riches que ceux des départements voisins, on peut, sans crainte d'erreurs, élever à 8 mètres cubes la quantité de gaz à obtenir de 100 kilog. de schiste ;

Que le pouvoir éclairant de ce gaz se trouvant de près de trois fois supérieur à celui du gaz ordinaire, la distillation de 100 kilog. d'engrais minéral produit une lumière à peu près égale à celle de la même quantité de houille de qualité supérieure ;

Que cette distillation sera plus économique que celle de la houille, puisque la durée sera moindre et exigera un feu moins intense ;

Que le prix du schiste bitumineux ne se compose pour ainsi dire que des frais de transport ;

Que les résidus de cette distillation auront une va-

leur au moins égale à celle du coke produit dans la
fabrication du gaz ordinaire, et seront d'une vente plus
facile ;

Que dorénavant les communes comme les simples
particuliers seront dotés d'un éclairage plus parfait,
par la raison bien simple que l'on obtiendra à un prix
moins élevé un gaz doué d'un pouvoir éclairant supérieur.

J'expliquerai pourquoi, dans l'unique intérêt de
mon œuvre, je prendrai, contrairement à mon intention première, un brevet d'invention pour l'emploi
des schistes bitumineux houillers ou du lias dans la
fabrication du gaz d'éclairage. Mon but sera d'obtenir
à un prix déterminé par nos traités la totalité des résidus des usines à gaz, afin de mettre obstacle à ce
qu'ils soient livrés à l'agriculture à un taux trop élevé.

3° *Engrais minéral calciné à l'air libre.* — Dans
cette contrée étendue de la France qui comprend la
Bretagne tout entière et une importante partie de la
Normandie, du Maine, de l'Anjou et du Poitou, on
ne trouve que des terrains primitifs, où manque complétement le calcaire. L'industrie de l'homme a plus
que doublé sa production agricole dans ces vingt-cinq
dernières années, en y répandant à larges doses cet
élément essentiel de fertilité.

Ce pays, favorisé par la découverte relativement
récente de nombreuses couches d'anthracite, s'est
couvert de fours à chaux gigantesques, d'une contenance de cent à cent vingt mètres cubes, où la chaleur se trouve si bien utilisée qu'un hectolitre de
combustible suffit à la calcination de sept à huit hec-

tolitres de chaux. C'est là que nous irons choisir notre modèle, en lui donnant encore de plus larges proportions.

Comme l'engrais minéral renferme au moins 3 0/0 d'une huile qui, d'après les expériences de ces dernières années, donne près de deux fois autant de chaleur que la houille d'excellente qualité (exactement 11,760 calories contre 7,000), et d'assez fortes quantités de goudron, de soufre, de charbon ligniteux et de matières organiques, il suffira d'ajouter un hectolitre de houille (menu) par quinze hectolitres de schiste bitumineux pour arriver à une calcination complète [1].

La partie supérieure de ce four colossal vomira les substances et vapeurs ammoniacales, rejetées de l'intérieur à la suite de la combustion, dans des chambres spéciales, où elles seront fixées à l'aide du sulfate de chaux ou de tout autre procédé.

On comprend que, dans ces conditions, la calcination à air libre de l'engrais minéral, opérée sur une grande échelle, s'effectuera à vil prix, et qu'il sera facile à un seul établissement de satisfaire à toutes les demandes qui lui seront faites.

Ce produit constitue un ciment de première qualité, qui permettra, par son union avec du sable, des

---

[1] Lors de l'établissement de la voie ferrée de Paris à Bâle, une profonde tranchée fut creusée dans les schistes bitumineux du lias supérieur, à Creveney, canton de Saulx (Haute-Saôn'). Quelques ouvriers ayant allumé un peu de feu pour cuire leurs aliments, sur les déblais de ces schistes desséchés par la chaleur de l'été, l'incendie ne tarda pas à s'y propager, et il fallut recourir à d'énergiques moyens pour s'en rendre maître.

cailloux et des pierres cassées, de réformer complétement le mode vicieux de nos éphémères constructions. Aux matériaux actuellement employés ne tardera pas à se substituer un béton plus économique, d'une seule pièce, dont la durée et la solidité, contrairement à ce qui se passe aujourd'hui, ne feront que s'accroître avec le temps. Les tuiles, laves et ardoises, qui constituent nos couvertures actuelles, si coûteuses quoique si imparfaites, vont disparaître, chassées par l'emploi du ciment imperméable, qui bravera à tout jamais les intempéries des saisons.

Le reflux de population rejeté violemment et subitement sur la ville de Vesoul par la brutalité de l'annexion prussienne de nos plus riches et plus patriotiques provinces de la Lorraine et de l'Alsace, et l'ouverture de la voie ferrée de Vesoul à Besançon, qui doit à la perte de l'extrémité de notre grande ligne de Paris à Bâle et au projet prêt à être mis à exécution de la voie ferrée directe de Besançon en Suisse une importance que l'on ne devait pas soupçonner, ont eu pour effet d'agglomérer tout à coup dans ce chef-lieu une population de beaucoup supérieure à celle qu'elle était en mesure de recevoir, et, comme conséquence, d'élever les loyers à un taux désastreux. Plus de quatre cents familles d'employés de chemin de fer se sont trouvées, au grand mécontentement de la compagnie et au préjudice du service, dans la nécessité absolue de se rejeter dans les villages voisins, malgré la perte de temps et le surcroît de fatigue qui résulte de cet éloignement du centre de leurs travaux. La translation forcée qui, dans un bref

délai, va s'opérer à Vesoul des immenses ateliers que
la compagnie avait à Mulhouse, ne fera qu'aggraver
encore une situation si difficile.

J'ai eu la satisfaction, grâce à l'intelligence et au
dévouement de M. Burguy, notre maire (l'un de ces
hommes qui ne doivent qu'à leur labeur, leur esprit
d'ordre et leur grande honnêteté, la fortune dont Dieu
a récompensé leurs efforts), de proposer et faire ac-
cepter un vaste plan d'ensemble de rues nouvelles de
dix mètres de largeur, que la pioche va immédiatement tracer, et dont la prompte exécution mettra un
terme aux souffrances de toute une classe si digne
d'intérêt.

Propriétaire aujourd'hui de 400 mètres et demain
de 500 mètres de développement sur les parties les
plus avantageuses et les mieux situées de ces rues
qui enserrent la gare, au sud-ouest, comme d'une vé-
table ceinture, je pourrai, dès que nous aurons élevé
nos fours et organisé notre exploitation d'engrais minéral dans un gîte puissant, placé à un kilomètre de
ce magnifique emplacement, sur un bon chemin,
couler et mouler avec ce béton de nouvelle espèce,
ainsi qu'on le fait pour le pisé, de vastes constructions
d'un seul jet, d'une seule pièce, dans des conditions
d'économie et de solidité dont nous n'avons pas
d'exemple.

Nos logements, vastes, aérés, d'une élégante simplicité, seront, contrairement à ceux d'aujourd'hui,
chauds en hiver et frais en été. Des voûtes indestructibles remplaceront notre antique et barbare toiture,
si coûteuse, si incommode, de si courte durée, et su-

jette à d'incessantes réparations. Je donnerai à ces constructions économiques, d'où le fer et le bois se trouveront à peu près complétement supprimés, un cachet de grandeur spéciale, au moyen de belles lignes en pierres factices, richement moulées et fabriquées à vil prix avec un mélange de sable fin, d'engrais minéral calciné à l'air libre et du ciment de nos septaria ferrugineuses.

Le ciment remplacera le bois dans les planchers et les boiseries, le plâtre dans les plafonds, et le papier dans les tentures et décorations. Les indispensables portes et fenêtres, mécaniquement découpées et incrustées sur un seul modèle, trouveront seules grâce.

Désormais, plus de main-d'œuvre coûteuse, plus de saison spéciale pour l'industrie du bâtiment. A la terre régénérée par l'engrais minéral et qui donnera à tous ses enfants un travail continu et richement payé, seront, au grand profit de tous, renvoyés un grand nombre de ceux qui l'ont désertée dans sa misère et sa pauvreté.

Vie à bon marché, loyers spacieux à vil prix, salaires doublés, tel sera, au point de vue matériel, le fruit nécessaire de la découverte et de l'emploi de l'engrais minéral.

Le schiste bitumineux perd un quart environ de son poids dans la carbonisation en vase clos et un tiers dans la calcination en plein air. Comme cette perte ne porte que sur les éléments organiques, les éléments minéraux des résidus se trouveront, selon le procédé employé, enrichis d'un quart ou d'un tiers. Si, par exemple, 100 kilog. d'engrais minéral renferment 3 kilog. de potasse chimiquement pure et 2 kilog. de phosphate de chaux, le résidu contiendra, à sa sortie de la cornue de l'usine à gaz, 4 kilog. de potasse et 2 kilog. 66 gr. de phosphate de chaux, et, à sa sortie du four à chaux, 4 kilog. 55 gr. de potasse et 3 kilog. 033 de phosphate de chaux.

Les différences remarquables que présentent ces trois produits dans leur richesse en éléments organiques et minéraux nous indiquent que chacun d'eux devra avoir un emploi spécial. L'engrais minéral naturel sera plus particulièrement destiné aux céréales, betteraves, colzas et prairies naturelles, tandis que le résidu calciné sera réservé pour les plantes à potasse, telles que la vigne, les pommes de terre, le lin et les trèfles, sainfoins, luzernes, vesces, etc. Le résidu carbonisé pourra être employé au mélange des fumiers, tourteaux, guanos, matières fécales, engrais chimiques ou azotés; en vertu de sa composition mixte, il pourra être utilisé pour toutes les plantes.

Aujourd'hui que l'agriculture, à la suite des travaux et des expériences de M. G. Ville, vient disputer à la savonnerie et à la cristallerie les potasses qui manquent sur un marché trop étroit, les prix déjà énormes ne font que s'accroître chaque jour. Or, puisque le schiste calciné renferme, ainsi que nous venons de le constater, 4 kilog. 55 gr. pour 100 de potasse pure et ne nous reviendra pas, grâce à l'emploi de notre colossal four à chaux, à plus de 7 francs la tonne, on comprendra quelle mine inépuisable va s'ouvrir à l'industrie de la fabrication des potasses. L'incroyable

abaissement de leur prix aura pour effet inévitable
de donner un essor jusqu'alors inconnu à la production de la savonnerie et de la cristallerie, qui, déjà
dans l'état actuel, fournissent un si large contingent
à notre richesse générale et à notre commerce d'exportation.

Quelque magnifiques que puissent être les conséquences de la découverte que je viens signaler. au
monde, je n'ai rempli qu'une partie de la mission qui
m'est imposée ; il me reste à la compléter en passant
de la théorie à la pratique, de' la parole à l'action.

Je veux prouver à ceux au patriotisme, au dévouement et à l'honneur desquels je fais appel, et qui
bientôt, je l'espère, se grouperont nombreux et pleins
de confiance autour de moi, que je ne suis pas un
illuminé ne vivant que dans les hautes régions éthérées, ou un rêveur perdu dans les nuages d'une imagination désordonnée, mais bien un homme rompu
aux affaires et essentiellement pratique. Je dois donc
leur exposer mes plans et mes vues, et leur indiquer
la voie que je me suis tracée pour arriver à la plus
prompte et à la plus entière réalisation de mon
œuvre.

Habitué, plus qu'on ne l'est en France, à m'incliner
devant le grand principe d'autorité et à le respecter
profondément, tout en appelant de mes vœux les plus
ardents le jour où le jeu d'institutions locales plus
fortes permettra de corriger ce que le pouvoir personnel avait de blessant et de vexatoire pour l'habitant des communes rurales, en se traduisant par le
zèle trop souvent brutal et stupide de l'agent subal-

terne, qui se sent systématiquement soutenu, ma première et constante pensée a été de faire hommage pur et simple de ma découverte au roi de France (le représentant de ce principe d'autorité dont la violation a été la seule cause des malheurs de notre pays), en mettant à sa pleine et entière disposition mon temps et ma personne.

« Arrive à lui, quels que soient les obstacles qui puissent se dresser devant toi, » ne cesse de me crier la voix intérieure qui me pousse en avant. « Rappelle-lui comment le premier empereur sut procéder, dans une question d'une bien moindre importance, pour suppléer à la disparition sur notre marché du sucre de canne, résultat du blocus continental. »

Ayant de son coup d'œil d'aigle perçant les obscurités de l'avenir entrevu la prospérité possible de la fabrication du sucre indigène, il comprit qu'il y allait de sa gloire de la faire surgir tout à coup dans la plénitude de sa force, comme la Minerve antique sortant armée de toutes pièces du cerveau de Jupiter.

Concentrant sur cette œuvre toutes les forces et la puissance de son génie, il créa d'un jet quatre fabriques impériales, cinq écoles de chimie, destinées à vulgariser les principes et les procédés de cette industrie nouvelle, institua des prix de toutes sortes pour stimuler le zèle des inventeurs, et fit ensemencer trente-deux mille hectares de betteraves.

A l'appel énergique de cette pensée et de cette volonté, comprise et exécutée comme elle devait l'être par l'homme de génie qu'il avait su choisir entre tous, le comte Chaptal, digne successeur de Sully,

les Mathieu de Dombasle, les Crespel de Lille, les
Benjamin Delessert et tant d'autres, sortirent de leur
obscurité et se mirent aussitôt à l'œuvre avec cette
foi robuste et persévérante qui ne connaît aucun
obstacle.

Nul doute que le but proposé n'eût été rapidement
atteint et dépassé, sans les commotions profondes qui
devaient bientôt bouleverser encore notre belle
France. Avec quelques années de paix, l'industrie
sucrière eût doté le pays, sous une pareille impulsion,
comme elle l'a fait depuis, de deux cent cinquante
millions de kilog. de sucre et d'une armée productive
de cent mille travailleurs. Elle eût subitement réor-
ganisé l'agriculture de contrées entières, en doublant
la fertilité du sol, la taille et le nombre des animaux
de rente, le rendement des céréales et la richesse
générale.

Dieu, dans sa bonté, Sire, daigne vous récompenser de l'aveugle fidélité avec laquelle, mûri dans
l'exil, vous avez su conserver intactes et préserver
de tout mélange les nobles traditions qui ont fait
l'honneur de vos illustres ancêtres, et de l'énergique
ténacité avec laquelle vous avez constamment dé-
fendu, même contre vos amis les plus dévoués, ce
beau drapeau blanc, à l'ombre duquel votre peuple
a grandi pendant des siècles, en y trouvant à la fois
repos, bonheur, gloire et prospérité. Il vous accorde
la grâce de jeter les fondements d'une œuvre ayant
une bien autre importance, et qui marquera une de
ces dates capitales qui ne s'échelonnent qu'en bien
petit nombre dans l'histoire de l'homme sur la terre.

Trois causes principales ont surtout mis obstacle à un développement plus rapide de l'agriculture en France :

Le manque d'engrais ; la répugnance du grand et du moyen propriétaire à se placer à la tête de l'exploitation de la terre ; enfin le défaut d'instruction agricole.

Le manque d'engrais. — L'abondante production d'engrais est le premier but que doit se proposer le véritable agriculteur, parce que l'engrais seul permet de retirer des bénéfices, tout en améliorant le sol. Mais, hélas ! nous devons le reconnaître en toute humilité, l'engrais manque en France plus qu'en tout autre pays. La trop grande extension donnée à la culture des céréales, de la vigne, des récoltes industrielles, c'est-à-dire des plantes qui absorbent d'énormes quantités d'engrais sans en rendre, ou n'en restituent qu'une quotité bien inférieure à celle qu'elles ont reçue, est une cause permanente d'un affaiblissement plus ou moins lent, il est vrai, mais incontestable.

L'importance des éléments de fertilité exportés du sol sous forme de foin, de paille, de céréales, de graines oléagineuses, de vin, de tabac, etc., et dont une bien faible partie lui est rendue ; la proportion des sels solubles, notamment des potasses et des phosphates, qui sont précipités dans le sous-sol, entraînés par les eaux pluviales, ou qui s'évaporent dans l'air, est incalculable. Les terres s'épuisent fatalement, et nous marchons à grands pas à la stérilité du sol.

Deux remèdes sont aujourd'hui employés pour faire reculer ou au moins arrêter les progrès du mal.

L'un, qui n'est qu'un vain palliatif déjà usé, consiste dans la culture des légumineuses à racines profondes, comme le sainfoin, le trèfle et la luzerne, qui vont puiser dans le sous-sol les richesses qui s'y trouvent enfouies pour les ramener à la surface. Qui ne connaît les désillusions qu'amène chaque jour l'extension de la culture de ces plantes ! Si le sainfoin et la luzerne, dans les sols qui ne les ont jamais portés, donnent fréquemment pendant sept à huit ans de magnifiques récoltes, on ne peut plus les y replacer, de vie d'homme, sous peine de voir leur durée se réduire, même avec d'abondantes fumures, à trois ou quatre années. J'entends dans nos villages agricoles les vieillards se plaindre amèrement de ce que le trèfle, autrefois si rustique, se trouve aujourd'hui si fréquemment exposé à des non-réussites et à des diminutions de produits qu'ils ne soupçonnaient même pas dans leur jeunesse.

Il est plus que temps de recourir à l'autre remède, le seul efficace, celui de l'apport des engrais du dehors.

Si la terre s'appauvrit par une exportation continuelle d'une partie de ses éléments de fertilité, il faut, de toute nécessité, rétablir l'équilibre rompu, par l'addition d'une proportion au moins égale d'éléments nouveaux.

C'est en suivant cette nouvelle loi, basée sur le plus simple bon sens, que l'Angleterre a pu, à l'abri de ses révolutions, organiser la première agriculture du monde.

Non contente d'élever un bétail relativement deux fois plus nombreux que le nôtre, d'utiliser les résidus énormes laissés par une fabrication gigantesque, dont les cinq parties du monde fournissent la matière première, de recueillir avec un soin dont nous n'avons pas même l'idée tout ce qui, sur son territoire, peut servir d'engrais, nous la voyons, après avoir dépouillé les grands champs de bataille de l'Europe des ossements qu'elle eût dû respecter, transporter sur son sol les riches montagnes de phosphate de chaux du duché de Nassau, accaparer les guanos du Pérou, et enlever, même sur notre marché, les tourteaux dont nous avons la sottise de ne pas savoir apprécier la valeur.

Aussi l'Angleterre proprement dite, en y comprenant l'infertile pays de Galles, peut-elle aisément porter quatre têtes humaines, plus riches et mieux nourries qu'en France, sur trois hectares, tandis que nous avons à peine une tête sur un hectare et demi. Chez elle, la valeur de l'hectare s'élève à 2,500 francs, tandis qu'elle n'est chez nous que de 1,000 francs, même en y comprenant nos 2,500,000 hectares de vignes. Enfin, l'accroissement de fertilité qui résulte de la bonne culture, évalué chez nos voisins à 1 pour 100 par an de la valeur de la terre, c'est-à-dire à 25 francs par hectare, n'est en moyenne, en France, que de 1/2 pour 100, soit de 5 francs par hectare.

Grâce à l'inépuisable abondance et au vil prix de l'engrais minéral, nous n'aurons dorénavant plus rien à envier à notre heureuse rivale agricole ; la culture intensive à récoltes *maxima*, qui sait si largement récompenser tous ceux qu'elle emploie, chassera et fera bientôt disparaître la culture arriérée, misérable et ingrate, comme le soleil, en s'élevant sur l'horizon, dissipe de ses chauds rayons les brouillards malsains du matin.

Abandon par le propriétaire de la grande et moyenne culture. — Dans la brochure qui suivra ce travail, et que j'intitulerai : *Visite faite, en 1900, à la ferme de Saint-Berthaire, exploitée par* Berthaire de Belenet, *mon fils aîné, ou l'agriculture française dans vingt-cinq ans,* j'expliquerai par quelles séries de sages mesures, par quelles profondes réformes sociales, le gouvernement aura pu parvenir à battre en brèche et à renverser à tout jamais cet antique et si funeste préjugé qui a jusqu'ici éloigné le grand et moyen propriétaire de l'exploitation directe de sa terre.

. Je montrerai comment, sans affaiblir le pouvoir central, il aura, par l'émancipation et la réorganisation du pouvoir local, développé et fortifié l'initiative et la liberté individuelles, réglé le suffrage universel, trop livré aujourd'hui à la merci des passions, saturé en quelque sorte la population tout entière d'une saine instruction professionnelle et religieuse, et éloigné toute cause possible de désordre, en accordant une juste et légitime satisfaction à tous les intérêts, dans la limite de leur importance sociale.

Je peindrai à larges traits cette société nouvelle, où la moralité égalera l'activité ; où l'équilibre entre l'agriculture et l'industrie sera, dans leur intérêt commun, heureusement rétabli ; où la nation ne se verra plus, comme par le passé, exposée à un coup de main révolutionnaire, où tout le monde travaillera, le riche comme le pauvre ; où on comprendra que, pour se préserver de la corruption et de la décadence qu'engendre la création des richesses, il est nécessaire de resserrer les liens moraux et religieux, et où celui qui plus que les autres saura et possédera, conquerra une influence méritée, en sachant remplir autrement qu'on ne le fait aujourd'hui ses devoirs envers les populations.

Que dirait-on de celui qui, se pavanant du faux titre d'avocat ou de médecin, aurait l'audace de donner des consultations sans avoir lu le code ou étudié les rouages si compliqués de l'organisation humaine? La vindicte publique, d'accord avec la loi pénale, foudroierait à juste titre ce charlatan éhonté qui se jouerait ainsi de la fortune et de la santé des populations. Est-ce que celui qui veut exercer une profession manuelle ou libérale ne débute point par un apprentissage plus ou moins long, par des études plus ou moins complètes, sous la direction d'un maître expérimenté? Il semble que, par un mépris exceptionnel, la terre seule puisse impunément, au point de vue social, être cultivée par le premier venu, ne soupçonnant même pas les plus simples notions des lois qui régissent la végétation. Comment en serait-il autrement, lorsqu'une partie des habitants des campagnes ne savent pas même lire, ou que le savant du village n'a pour toute bibliothèque que l'almanach ou les élucubrations malsaines sorties de la balle du colporteur?

Nous ne saurions écrire en trop grosses lettres que nous, qui nous pavanons de l'orgueilleuse prétention d'être le grand peuple initiateur du monde, le cerveau de la civilisation, nous nous trouvons, au point de vue de l'instruction primaire, dans un état d'infériorité humiliant, puisque nous n'occupons parmi les nations continentales que le sixième rang. Quel peuple de barbares sommes-nous donc pour que, après une si longue période de paix et de prospérité, 10 pour 100 des enfants des deux sexes, 20 pour 100 de nos conscrits, 33 pour 100 de nos époux, dont 25 pour 100 pour les hommes et 41 pour 100 pour les femmes, ne sachent pas même signer leurs noms?

Nous perdons notre temps depuis quatre-vingts ans à discuter brillamment sur d'interminables questions de principes, à expérimenter des chartes et constitutions de toute nature, à légiférer sur tout sujet, sans nous douter que la meilleure constitution et les meilleures lois sont celles qui résultent des bonnes mœurs et des exigences de l'opinion publique d'un peuple qui jouit des garanties qu'offrent les libertés locales et municipales les plus étendues.

Eh! qu'importent aux populations rurales le texte plus ou moins emphatique d'une constitution éphémère, l'illusoire responsabilité du ministre ou l'enseigne plus brillamment redorée du libéralisme d'en haut, si elles se trouvent toujours sous le régime personnel et dictatorial d'un fonctionnaire irresponsable, et étouffées dans l'étau d'une centralisation dont l'excès ne semble que s'accroître chaque jour?

Tout gouvernement régulier a la tête bonne et les intentions excellentes; mais plus on descend dans l'ordre de la hiérarchie, et plus la queue a besoin d'être contenue par le contrôle des véritables influences locales, sous peine de devenir le plus inexorable fléau qui puisse s'abattre sur un peuple.

Arrière donc les petits changements de détail, les replâtrages, qui ne peuvent avoir pour résultat que d'augmenter le mal, en le dissimulant! Si on veut enfin sortir le pays des écueils dangereux au milieu desquels il navigue, et échapper à l'ouragan menaçant dont les signes ne s'accumulent que trop visiblement à l'horizon, il est de toute nécessité d'aborder les grandes réformes qui rendront la vie, prête à disparaître, aux plus petites localités. Mais hâtons-nous, car l'heure presse.

La fusion politique et sociale des parties peu homogènes de notre France ancienne s'est violemment, mais complétement opérée dans la fournaise révolutionnaire. Le but rêvé par les hommes d'Etat de la douloureuse convulsion de 93 est dépassé, et il est plus que temps de mettre fin à l'état de transition si tourmenté, qui sera le pont destiné à unir les rives du passé à celles de l'avenir.

Un pouvoir honnête, doué d'une intelligente persévérance, puisant sa force dans la grandeur et la nécessité de l'œuvre à accomplir, peut, grâce aux conséquences de ma découverte, jeter dès aujourd'hui les fondations du nouvel édifice social, dont les principales lignes commencent à se dessiner au milieu des brouillards et de la confusion de nos idées actuelles.

Etudions surtout l'organisation de l'ancien régime, non plus, comme on le fait aujourd'hui, au point de vue étroit et exclusif de ses imperfections, mais bien à celui entièrement nouveau de nos traditions et institutions locales, et nous serons stupéfaits d'y découvrir des matériaux inespérés et un état de liberté

et de puissance municipale et provinciale bien sup
rieur à tout ce que nous avons vainement essayé (
créer depuis 1789, parce qu'il se basait sur une pr
tique sans cesse améliorée d'une longue série (
siècles.

La politique révolutionnaire a tout démoli. Elle
fait table rase de toute institution, de toute traditio
de toute influence sociale, quelque utile, juste et m
ritée qu'elle fût, pour que l'action centrale régn
seule en maîtresse absolue. Tout par elle, rien qt
par elle : telle est sa devise. Son but suprême a é
de créer la machine automatique du fonctionnarisn
dans toute sa perfection. A l'aide de la corruptio
de la violence, et surtout de l'hypocrisie légale, el
a fait le vide autour d'elle, absorbé la vie des car
pagnes et des départements, détruit tout ressort
toute initiative individuelle, et broyé jusqu'à l'omb
d'une résistance.

Toutes les faveurs du pouvoir se sont concentré
sur les villes; les campagnes, et surtout les pa
pauvres, ont été délaissés. On a cru gouverner pl
facilement en flattant les instincts grossiers d'ur
minorité indisciplinée, et en lui sacrifiant toute
partie paisible et éminemment conservatrice des p
pulations rurales. On a grossi comme à plaisir, dai
les villes importantes et les centres industriels, l'a
mée de la rébellion. On a rejeté avec dédain, comm
une défroque inutile et embarrassante, les vieill
idées de haute justice et de morale religieuse, pou
créer une administration nouvelle uniquement basé
sur la *politique* et *l'habileté*. L'empereur, mieux qu

personne, a pu constater quels fruits empoisonnés a produits cet essai contre nature. Que la leçon nous profite !

La France est aujourd'hui démantelée. Faute d'institutions locales qui nous sauvegardent et soient, le cas échéant, les inviolables forteresses où l'ordre, la liberté, la civilisation, puissent venir se réfugier, nous sommes exposés, à la moindre défaillance du pouvoir, au premier coup de main heureux qui introduira l'ennemi dans la place, à tomber sous le joug de niveleurs insensés qui peuvent nous faire reculer jusqu'à la barbarie.

Il faut que le suffrage universel soit éclairé et dirigé. S'il ne peut plus sans danger l'être aujourd'hui par le gouvernement, dont l'excessive et violente pression a vivement froissé la fibre sensible des populations, il est indispensable, sous peine d'une catastrophe imminente, qu'il le soit par la main plus douce d'une administration locale rendue plus forte et plus indépendante, composée d'hommes qui auront à juste titre mérité la confiance des populations, et qui représenteront les seules et véritables traditions sociales.

La réforme la plus urgente et la plus importante que l'homme d'Etat doit se hâter d'entreprendre est sans contredit celle de l'éducation générale des classes laborieuses et, en particulier, des populations agricoles, parce qu'elle seule peut donner à l'homme sa valeur complète, au triple point de vue de l'intérêt social, matériel et moral ; augmenter la force et la stabilité du gouvernement, tout en décuplant la richesse publique ; resserrer les liens qui unissent les membres de la grande famille, en apprenant à chacun ses droits et ses devoirs, et permettre enfin de faire marcher ensemble, dans la plus complète harmonie, l'ordre et la liberté.

Dans la société nouvelle, plus particulièrement basée sur le travail fructueux et honoré, et où les liens moraux et religieux seront d'autant plus fortifiés que plus rapide s'opérera l'accroissement de la richesse, un rôle important est dévolu au grand et moyen propriétaire du sol.

Il devra abandonner le séjour empoisonné de la grande ville, où, au milieu d'une oisiveté funeste à l'intérêt général, il prive la terre des revenus qui lui sont nécessaires et trop souvent engloutit dans de folles spéculations, ou pour la satisfaction de honteuses passions, et son intelligence et sa fortune péniblement amassée par de longues générations, dont il n'est que le dépositaire.

Il faut qu'il revienne se placer à la tête de l'exploitation directe de sa propriété; qu'il soit le principal initiateur du progrès agricole, et rachète, par son savoir, sa fortune, ses bienfaits, son dévouement, la juste et légitime influence qu'il n'eût jamais dû perdre sur les populations qu'il doit éclairer, diriger et protéger.

Plus que tout autre, il doit, par son indépendance, sa haute impartialité et ses idées sagement conservatrices, atténuer, dans l'administration locale, et ce que l'intérêt particulier aurait de trop exclusif et ce que le fonctionnarisme subalterne aurait de trop absolu et de trop abusif.

Une société, pour atteindre son apogée, a besoin du concours actif de tous ses enfants ; et ce n'est pas impunément, ainsi que l'expérience de ces quatre-vingts dernières années ne l'a que trop démontré, qu'une partie essentielle de la nation peut se tenir à l'écart de la vie politique et sociale.

Il me semble essentiel que le gouvernement du roi légitime, pour réagir contre l'absentéisme, crée, en France, dans chacune de nos six grandes divisions régionales, un institut agricole complet, où les fils du grand propriétaire et du riche fermier soient attirés pour compléter leur instruction générale par une éducation spéciale parfaitement appropriée et aux vœux des parents et à la grandeur de la mission sociale que ces élèves auront à remplir.

Il devra, en outre, encourager de tous ses efforts, par des distinctions honorifiques, des indemnités pécuniaires, des faveurs de toute nature, les propriétaires intelligents qui formeraient dans leurs exploitations modèles, ainsi que cela se pratique si utilement en Angleterre et en Allemagne, des élèves (préférés à ceux des écoles) qui, sous leur habile direction, apprendront à pratiquer et à faire fructifier à leur tour les bons exemples donnés.

A côté de la grande armée destructive, dont l'organisation actuelle grève notre pays de charges si considérables et tarit dans sa source la plus féconde une partie de notre production, en enlevant à l'agriculture déjà affaiblie le plus pur de son sang, existe une autre armée créatrice, dont la mission devrait être de récupérer amplement les durs sacrifices qu'impose la sûreté du pays, en accomplissant la plus noble tâche qu'il soit donné à l'homme de remplir : le perfectionnement de son semblable au triple point de vue de la morale, de l'intelligence et du savoir professionnel, perfectionnement bien autrement important, au point de vue social, que celui de l'outillage et de la machine, qui ne peut en être que la conséquence.

Quarante mille instituteurs sont là, trépignant d'impatience, et demandant à grands cris les armes nouvelles qui leur permettront de terrasser l'ennemi commun, l'ignorance, et de planter haut et ferme le drapeau de la véritable civilisation. La direction du monde appartiendra, n'en doutons pas, au peuple dont chaque individualité sera la plus complète, et la France est trop privilégiée et a toujours été trop protégée par le Seigneur pour se laisser plus longtemps distancer par ses rivales. Une fois qu'elle aura retrouvé sa voie, elle s'y précipitera avec fureur, et d'un bond réparera le temps perdu.

Comment se fait-il que tant de forces et de si énormes dépenses soient jusqu'à ce jour restées à peu près stériles, et que le résultat obtenu soit si négatif? C'est à peine si quelques rares élèves savent encore lire et écrire quelques années après avoir quitté les bancs de l'école primaire. Sur ce petit nombre, combien peu se livrent à la lecture ! combien moins encore lisent des livres utiles qui grandissent la valeur de l'homme, et qu'on semble du reste prendre plaisir à écarter de leur portée, pour leur prodiguer une nourriture malsaine et empoisonnée ! En vérité, quand, après avoir scruté avec la plus minutieuse attention les faits, on se laisse aller à sonder ces questions vitales, on en est à se demander, avec une amère tristesse, si la somme du mal produit par l'instruction primaire ne dépasse pas, du moins en France, celle du bien. C'est qu'il y a là un levier dont on a jusqu'ici complétement méconnu la puissance et dont on n'a pas su encore se servir.

Pour que l'enfant grandisse en savoir et en moralité, l'effort du maître isolé, quelque rempli de bonne volonté qu'on le suppose, ne suffit pas ; il faut encore que la première leçon ait été prise sur les genoux de la mère ; que l'apathie de la famille ne vienne pas étouffer dans son germe le développement de la graine déposée ; que l'enfant comprenne la nécessité de l'instruction ; enfin, que la société tout entière s'occupe de faire fructifier cette faculté féconde qu'on lui a donnée de savoir lire, en lui choisissant le livre qui lui convient.

Je revendiquerai près du gouvernement, au nom de l'association dont je vais indiquer les bases, l'insigne faveur d'imprimer à l'instruction primaire un redoublement d'activité, en lui créant le ressort qui lui manque aujourd'hui et paralyse tous ses efforts, celui de la triple impulsion donnée à la fois par l'enfant, la famille et la société. Il est indispensable non-seulement que l'enfant sache lire et écrire, mais le salut social exige à tout prix qu'on s'occupe enfin de la nourriture intellectuelle du peuple avec autant de soin et de prévoyance qu'on le fait, avec juste raison, de sa nourriture matérielle, et qu'on crée la bibliothèque communale.

Les publications antisociales, irréligieuses, ordurières, qui circulent à peu près seules dans la plupart de nos campagnes et y causent d'incalculables ravages, doivent disparaître pour faire place à des lectures qui, en élevant le niveau de l'homme, nous permettent d'entrer dans la véritable voie de la régénération sociale.

Avec l'approbation et sous la surveillance tacite du gouvernement, ma société créera, dans un but d'intérêt général, le *Journal populaire d'agriculture*, hebdomadaire et illustré, au prix extrêmement minime de trois francs par an, et éditera, tous les deux mois, un volume d'agriculture, avec excellentes gravures, à celui de un franc, relié, parmi les six volumes qui seront désignés par une commission spéciale nommée' par le chef de l'Etat, et, pour supplément de garantie, approuvés par les corps constituants; nous ne demanderons ni primes ni subventions, mais seulement l'exemption de tous droits de timbre et de poste, et exigerons que l'obligation de souscrire à deux exemplaires soit imposée à nos trente-six mille communes, conditions sans lesquelles l'œuvre serait impossible et inutile.

Les conseils généraux, les municipalités, les écoles, les sociétés d'agriculture, les propriétaires intelligents, tous les corps ou toutes les individualités qui ont à cœur la prospérité du pays, répandront à profusion ces publications, dont l'effet immédiat sera de rendre nos populations plus polies, plus douces, plus intelligentes, plus riches, d'augmenter l'initiative individuelle qui nous manque, et de protéger la France contre le leurre des idées décevantes, de l'irréligion et du socialisme. Je voudrais que Dieu m'accordât la grâce de ne pas mourir avant de voir sur la table de tous ceux que la terre fait vivre, les œuvres des Mathieu de Dombasle, des Gasparin, des Boussingault, des Isidore Pierre, des Lecouteux, des Léonce de Lavergne, des Georges Ville et de tant d'autres noms chers à l'agriculture, dont le pays a juste sujet de s'enorgueillir. C'est par l'amour des bonnes lectures que l'Angleterre a pris le pas sur toutes les nations du continent et que l'Allemagne a fait, dans le repos et le silence, de si remarquables progrès.

Multiplier le livre, c'est confier la semence au sol que l'instituteur a cultivé, ce n'est qu'accomplir la seconde partie de la tâche ; il faut ensuite que le soleil de l'initiative et de l'activité de ceux qui peuvent, de ceux qui savent, fasse surgir la récolte.

A la sortie des vêpres, des conférences devront s'organiser dans le plus vaste local de toutes les communes de France. A l'envi les uns des autres, il faut que propriétaires, curés, instituteurs, habitants de la localité ou du dehors, rivalisent de zèle pour donner des leçons d'agriculture, échanger des idées et des conseils, discuter le résultat des expériences nouvelles, se rendre compte des méthodes et des instruments employés ailleurs, s'encourager mutuellement à des essais et à des améliorations de toute nature, et lire le dernier numéro du journal agricole ou quelques pages appropriées aux circonstances du moment. Une noble émulation s'emparera de celui qui sait, et qui étudiera encore pour mieux se faire comprendre, et de celui qui ne sait pas, désireux qu'il sera d'apprendre. A la clôture de ces réunions, chacun échangera le livre de la bibliothèque communale précédemment choisi, et l'enfant sera fier d'être le lecteur choyé et le savant de sa famille illettrée.

Au foyer infect du cabaret, où le cultivateur perd, avec son argent, ses bons sentiments naturels, l'esprit d'ordre et de famille, qui forment la base première de toute société inébranlable, succédera un foyer bienfaisant, où l'intelligence viendra se rafraîchir et se développer, où la moralité et le savoir professionnel s'accroîtront en même temps que la bourse se remplira.

Celui qui, par l'emploi désintéressé de sa fortune, par son zèle et son dévouement intelligent, aura conquis la confiance méritée des populations avec lesquelles il se trouvera sans cesse en contact, sera, en toutes circonstances, l'oracle et l'élu du suffrage universel. Il formera la pierre angulaire de l'édifice nouveau, la tête de l'institution locale, dont la sage et prudente réorganisation amènera une ère nouvelle d'une prospérité inconnue jusqu'ici.

Appuyé sur l'ordre et la liberté, le génie du bien, déployant ses ailes moralisatrices, prendra son essor et planera en vainqueur sur notre beau pays, qui, sûr désormais de l'avenir et n'ayant plus à redouter de plaies intestines, reprendra, avec la mission des plus beaux jours, sa première place dans le monde.

La foi qui n'agit pas n'est pas une foi sincère; aussi mon intention bien arrêtée est-elle de me mettre activement à l'œuvre dès que mon travail sera terminé, d'y consacrer, jusqu'au dernier souffle de ma vie, toutes mes pensées, tout mon temps, toutes mes forces. Je suis tellement convaincu que l'emploi du schiste bitumineux comme engrais est le moyen dont la divine Providence va se servir pour régénérer le monde matériel, après avoir commencé, dans sa sagesse et son amour, par régénérer le monde moral à l'aide du christianisme, que, dans mon fol enthousiasme et mon orgueil surhumain, ma première pensée avait été d'organiser immédiatement sur une vaste échelle la grande société nationale d'exploitation de la substance nouvelle, avec son appendice nécessaire, la création et la diffusion du journal et du livre agricole à vil prix. Comme si l'idée, pour se métamorphoser en fait, ne devait pas subir l'épreuve du temps, de l'expérience et d'une discussion d'autant plus ardente et plus irritante peut-être, que plus important était le problème à résoudre et le but à atteindre ; comme si la tâche ne dépassait pas les forces de l'homme isolé !

J'aurais eu beau affirmer, avec toute la véhémence de la plus profonde conviction, que, depuis plus de vingt-cinq ans, j'avais suivi pas à pas le travail si complexe qui s'opérait dans les esprits, et m'étais préparé à la lutte, dans l'ombre et le recueillement, par les études les plus diverses et les plus assidues ; qu'armé de pied en cap, j'étais vigoureusement trempé et prêt à entrer en lice ; que les notes où j'avais condensé la quintessence de milliers de volumes écrasaient les rayons de ma bibliothèque ; qui m'eût cru ? Il a fallu des siècles pour que l'idée divine, fortifiée par le baptême du feu et du sang, s'épanouît sur les ruines du paganisme, et le Christ lui-même dut s'entourer d'une armée d'apôtres et de disciples pour nous prouver une fois de plus que l'association est le seul levier capable d'ébranler le monde nouveau comme le monde ancien.

A notre époque stérile d'indifférence égoïste, de scepticisme, de matérialisme et de raillerie, où les plus grands noms ont à peine prise sur la masse, l'audace de l'aventurier inconnu n'eût été accueillie que par un immense éclat de rire. Mieux vaut peut-être marcher lentement, sans reculer jamais, que de compromettre l'œuvre par trop de précipitation.

Pour plus de prudence, je passerai par la période d'essai. Il faut que, sur tous les points de la France, dans tous les sols, pour toute espèce de culture, l'engrais minéral fasse ses preuves et renouvelle, à la clarté de la plus complète publicité, les prodiges opérés sous mes yeux. Que l'exploitation de l'engrais minéral grandisse donc avec les résultats obtenus !

Je suis resté dès la première heure inébranlablement sourd à tout conseil de parents et d'amis m'engageant à prendre des brevets personnels pour enter ma fortune sur le progrès que j'allais imprimer à la prospérité et à la grandeur de mon pays ; j'ai repoussé tous pourparlers sur les offres qui m'étaient faites, quelque séduisantes qu'elles fussent, avec la ferme volonté de sauver ma découverte d'un monopole qui ne saurait que l'amoindrir. Pouvais-je laisser à mes enfants une meilleure protection que celle de la gratitude d'un peuple régénéré ?

500,000 francs me sont nécessaires pour fonder mon premier établissement d'exploitation d'engrais minéral. Mes ressources limitées, les charges que m'impose ma nombreuse famille, les sacrifices de toute nature que, sans hésiter ni consulter mes forces, j'ai dû, depuis nombre d'années, faire dans l'intérêt de l'œuvre, ne me permettent pas de disposer de cette somme.

Par un sentiment de haute convenance que comprendront ceux qui, comme moi, croient que la monarchie légitime peut seule sauver la France, j'ai dû donner purement et simplement, sans condition ni arrière-pensée, ma découverte à celui qui va rendre à notre pays sa vitalité des plus beaux jours. Comme le bâton entre les mains du voyageur, je serai à sa pleine et entière discrétion pour l'aider, s'il le croit utile, à faire découler sur son peuple, comme une pluie bienfaisante, tous les fruits qu'elle porte dans son sein.

J'irai donc lui faire hommage de mon livre dès qu'il sera imprimé, et le supplierai, au nom du pays qu'il aime tant et à qui, dans l'amertume de l'exil, il a voué tout son temps, toute son intelligence et tout son cœur, de rejeter, pour l'organisation de l'œuvre, toute action administrative, et de se borner à l'appel, auquel il sera répondu de toutes parts, fait à la seule initiative particulière.

Notre société toute meurtrie ne peut être sauvée que par elle-même, en arborant et pratiquant la seule devise digne d'elle : Aide-toi, le Ciel t'aidera.

Je lui demanderai avec instances de ne se placer en

tête de la liste de souscription qu'en son nom privé, pour prouver à tous combien est grand l'intérêt qu'il porte à tout ce qui peut contribuer au bonheur et à l'intérêt de son peuple, et de ne s'engager que pour une bien faible partie du capital. J'apporterai à la société ma découverte, mes brevets d'invention, mon livre, mes études, mes expériences, mes collections, pour la modique somme de 10,000 francs, bien inférieure au chiffre des simples déboursés. Le surplus sera laissé à ceux qui voudront bien s'associer avec nous pour tenter la grande œuvre du développement matériel et moral de la nation.

Comme il est plus important de grouper autour de moi un grand nombre de prosélytes que de chercher de l'argent, qui ne me fera jamais défaut, j'ai dû en augmenter le nombre dans la limite du possible, en n'attribuant à chaque membre de notre association qu'une seule action ou part de 1,000 francs, dont moitié seulement payable comptant, et le surplus au fur et à mesure des besoins, et pour écarter à l'avance toute idée de spéculation, en ne permettant pas que, dans la suite, on pût en réunir plusieurs.

Dès la publication de mon travail, toute personne qui désirera prendre une part active à la création de mon œuvre devra me faire parvenir une demande annonçant sa simple intention de souscrire à ce capital primitif de 500,000 francs, sans versement de fonds, et qui ne liera en rien son auteur.

Dès que je serai à même de procéder à l'organisation de notre société, je m'adresserai dans l'ordre de date de ces demandes, que j'aurai consignées avec la plus minutieuse exactitude sur un registre spécial, à chacun d'eux, afin de le consulter sur le point de savoir s'il veut donner suite à son intention première et la convertir en engagement définitif. Les fonds seraient alors versés au Crédit industriel et commercial de Paris.

Dès que les 500,000 fr. seront ainsi souscrits, il sera dressé acte de société civile entre tous les ayants droit, qui ne pourront, en aucun cas, être tenus au delà de leur mise. Cette petite société ne se trouvera grevée à son berceau d'aucuns frais de publicité, d'affiches ni de réclames. Nous n'aurons nul besoin du concours onéreux et si souvent dangereux du lanceur d'affaires, et n'aurons à payer, pour toute dépense de premier établissement, que le strict coût de l'acte et de son enregistrement.

Je veillerai avec la plus vive sollicitude à ce que les frais d'administration soient aussi réduits que pourra le comporter la nature de l'affaire.

Chaque associé aura en tout temps le droit de prendre communication de toutes les écritures, de quelque nature qu'elles soient, et connaissance de toutes les opérations. La maison sera de verre et tous les rouages fonctionneront à découvert. Tous les six mois, un compte rendu détaillé sera adressé à tous les associés, et une fois par an ils se réuniront en personne ou par fondés de pouvoir associés ou non associés.

Lorsque la période d'essai aura, d'après des résultats certains, été jugée suffisante par l'assemblée générale, nous procéderons à la transformation de notre petite société civile en une grande et puissante société commerciale, au capital de trente millions, dont un tiers devra être émis en actions et les deux tiers en obligations hypothécaires, de telle sorte qu'en aucun cas la somme représentée par les obligations ne puisse dépasser le double de celle du coût primitif des actions.

Agissant toujours avec notre prudence habituelle, nous n'émettrons d'abord sur le capital intégral que un million en actions de 500 francs, puis enfin postérieurement deux millions en obligations, lorsque la prime des actions aura atteint un chiffre permanent assez élevé pour attester leur grande solidité. Les autres émissions d'actions et d'obligations ne pourront être faites que successivement, lorsque la prospérité des affaires sociales, les bénéfices obtenus, la plus-value des actions et l'extension donnée à la création de nouveaux établissements détermineront l'assemblée générale à les autoriser; ces émissions n'auront jamais lieu au-dessous du pair et seront toujours réservées à nos actionnaires au prorata du nombre de leurs actions.

Les actions et obligations qui ne seront point souscrites par les ayants droit seront vendues au profit de la caisse sociale, à un chiffre supérieur à celui de l'émission, et dont le minimum sera déterminé par le conseil d'administration.

Chaque part de 1,000 francs de la société civile primitive permettra donc à celui qui aura eu assez de confiance dans l'œuvre pour la demander à temps et la conserver, d'obtenir, dans les émissions successives qui s'effectueront jusqu'à l'entier appel du capital social, vingt mille francs en actions et quarante mille en obligations. Ces titres rapporteront certainement de gros intérêts et pourront toujours être réalisés à des conditions bien autrement avantageuses que celles de l'émission.

Ce sera pour nous une bien douce consolation de voir, au milieu de l'accroissement de la richesse publique, si justement récompensés ceux qui, dès la première heure, se seront rangés sans hésitation sous notre bannière, pour se dévouer au bonheur et à la grandeur de notre belle France.

Avec leur actif concours, nous parviendrons à créer rapidement nous-mêmes et à faire surgir, sous l'impulsion de nos conseils désintéressés, des milliers de fabriques d'engrais minéral, sources fécondes d'un sang chaud et généreux, qui tirera l'agriculture du sommeil embryonnaire où elle est plongée depuis sa naissance, pour la faire enfin entrer dans la vie nouvelle de la jeunesse et de la force. Grâce à cette nourriture mystérieuse que Dieu avait dérobée jusqu'ici aux investigations de l'homme, le monde et ses habitants, doués d'une force encore inconnue, franchissant les degrés de l'échelle du progrès, vont graviter dans une phase supérieure. La régénération de la terre entraînera nécessairement avec elle la régénération de l'homme. Réalisant la parole du prophète, *Dii estis*, il grandira et se rapprochera sans cesse de Dieu, son créateur et son suprême modèle.

La morte, comme l'appelle dans son énergique langage le paysan de l'Est, va, sous le souffle divin, secouer le linceul où elle dort, depuis des milliers de siècles, d'un sommeil réparateur. Nouvelle force plus puissante qu'aucune de celles qui ont été données jusqu'ici à l'homme, elle va ouvrir à l'humanité défaillante les portes d'un monde nouveau. Puisse la France, à qui la grâce de cette révélation est destinée, s'incliner, dans sa reconnaissance, devant ce miracle éclatant de la sublime bonté d'un Dieu désarmé, et en tirer, au profit de son développement, de sa grandeur et de sa gloire, toutes les merveilles qu'elle renferme dans son sein !

CHAPITRE VI.

CONSÉQUENCES.

L'agriculture ne peut marcher en avant et atteindre son but, qui est de donner, tout en augmentant la fertilité du sol, le maximum de produit brut compatible avec la plus forte rémunération du capital engagé, qu'à la triple condition qu'on lui fournisse de l'engrais, puis de l'engrais et encore de l'engrais.

C'est que l'engrais est son âme, sa vie et son sang. C'est la matière première, qu'à l'aide de la culture et du soleil, Dieu convertit en blé, en vin, en colza, en racines, en fourrages, absolument comme par la main-d'œuvre et la machine, l'homme transforme le coton, le chanvre et le lin en fil ou en tissus.

Sans de fortes doses d'engrais, point de bétail nombreux, point de labours profonds, point d'outillage perfectionné, pas d'assolement rémunérateur. L'homme reste sous la complète dépendance des circonstances atmosphériques, qu'il ne peut maîtriser. Capitaux et intelligences s'enfuiront toujours d'une terre ruinée, qui ne peut pas payer le travail qu'on lui consacre et qui suffit à grand'peine à ne pas laisser mourir de faim des populations misérables et clair-semées. Faute d'engrais supplémentaire, l'agriculture roule dans un cercle vicieux qu'elle ne peut franchir.

Nous pouvons, sans crainte d'erreur, hardiment mesurer la puissance agricole d'un pays à la quantité d'engrais qu'il emploie, et c'est la rougeur au front que nous sommes obligés de constater que notre orgueilleuse nation, à qui Dieu a donné un territoire d'une fertilité et d'une variété sans égales, n'occupe qu'un rang bien inférieur dans l'échelle de l'agriculture européenne, et ne peut même pas donner à sa faible population le pain et la viande qui lui sont nécessaires. C'est que, plus que tous autres, nous consacrons une importante partie du peu d'engrais que nous possédons à des cultures épuisantes qui l'absorbent sans en rendre, comme la vigne, le chanvre, le lin, le tabac, la garance, le houblon et le colza, et cultivons une trop grande étendue de céréales mal fumées, dont la partie essentielle, la graine, est ordinairement perdue pour le sol qui l'a produite. Nous sommes bien ce riche malaisé et vaniteux qui trouve toujours de l'argent pour satisfaire aux folies d'un luxe ruineux et n'en a plus pour les dépenses utiles et nécessaires.

En Angleterre, le petit propriétaire foncier vend sa terre pour devenir fermier, sachant bien que le profit provient moins du sol que des avances qui lui sont faites et du capital qui sert à l'exploiter; aussi s'empresse-t-il, avec une hardiesse qui nous semble bien étrange, de faire, dès son entrée en jouissance, tous les sacrifices possibles pour enrichir le domaine loué. Dans la majeure partie de la France, on ne trouve au contraire pour fermiers que des cultivateurs qui ne possèdent rien et qui semblent n'avoir qu'un but, celui de battre monnaie aux dépens du peu de fertilité que le sol a conservée sous leurs prédécesseurs.

Qui n'a été à même de constater de ses propres yeux, en cent occasions, l'incroyable développement que donne à l'agriculture la simple présence d'un régiment, ou la proximité, soit d'une ville, soit d'un de ces bancs d'engrais naturels que, sous le nom de tangue, de trez et de merl, ont déposés les eaux sur certaines parties favorisées de nos rivages maritimes, en permettant au cultivateur d'adjoindre des engrais supplémentaires à la production de l'engrais naturel? C'est l'oasis du désert, ou le cercle lumineux qui éclaire les ténèbres de la nuit. Intensité du progrès agricole, fertilité des sables arides, éclat de la lumière, si remarquables à la source qui les engendre, vont en s'affaiblissant jusqu'aux limites extrêmes où cessent d'arriver et l'engrais complémentaire, et l'eau, et la clarté du foyer central.

Le but essentiel, je dirai presque unique, de la science agricole actuelle, doit être de se procurer au plus bas prix possible la plus forte quantité d'engrais; mais que d'intelligence, de persévérance, de travail, de temps et surtout d'argent, ne fallait-il pas jusqu'ici pour faire passer une terre épuisée par tous les degrés d'amélioration indispensables pour lui permettre de recevoir avec succès la culture intensive, la seule digne d'un Etat prospère, la seule qui donne la vie à bon marché et grandisse un pays, en enrichissant tous ceux qui s'y livrent? Je ne serai contredit par personne, en affirmant que la presque totalité de ceux qui ont voulu passer trop hardiment de la culture extensive à la culture intensive se sont ruinés dans cette entreprise, où il faut savoir compter avec le temps presque autant qu'avec l'argent.

La révélation qui vient d'être faite à l'homme d'inépuisables gisements d'un engrais minéral bien supérieur au fumier de ferme, et dont, par un admirable effet de la Providence, la valeur respective s'accroît par une sage association, nous permettra de supprimer cette fois hardiment le temps et d'aborder, sans périls et presque sans frais, sur tous les points, les rivages enchantés de la culture la plus intensive.

Si le Christ est venu proclamer, il y a deux mille ans, le dogme divin de l'égalité absolue de l'homme sur la terre, dont la majeure partie des habitants était alors soumise à l'esclavage, aujourd'hui que l'instrument de l'ignominie et du supplice se dresse victorieux dans les contrées les plus reculées du globe, il va compléter son œuvre en révélant au monde régénéré un principe qui lui semblera non moins absurde, celui de l'égalité de la terre.

Avec de faibles avances, remboursées à court délai, la terre la plus stérile qui, sous les noms divers de Landes, de Dombes, de Sologne, de Causses, de Brandes et de pâtis, déshonore notre beau territoire français, dont elle occupe un cinquième du sol imposable, se revêtira tout à coup, comme par enchantement, d'une végétation dont la fécondité égalera, si elle ne vient la surpasser, celle des plaines les plus enviées de notre agriculture actuelle.

Au seul contact de l'engrais minéral, ce sol maudit, dont le prix de l'hectare ne s'élève pas à plus de cent francs, avec un revenu net inférieur à cinq francs, se lèvera tout à coup, à la stupéfaction générale, comme le cadavre qui ressuscite à la parole du Sauveur, pour marcher l'égal de la terre la plus richement dotée.

Avec l'engrais minéral va disparaître à tout jamais la culture extensive et tout son misérable cortége de récoltes chétives, de plantes secondaires, de labours superficiels, de terres incultes et de jachères plus ou moins improductives. A sa place régnera seule la culture la plus intensive, avec ses herbages plantureux, au milieu desquels s'engraisseront de nombreux troupeaux de bœufs, ses luzernes plus luxuriantes encore, ses vignes qui, à l'abri désormais des attaques de tout insecte et de toute maladie, viendront, grâce à une vigueur que nous ne soupçonnons même pas, doubler ses produits améliorés, enfin avec toute sa riche et brillante cour des plantes industrielles les plus productives, les colzas, les betteraves, les lins, les chanvres, les tabacs, les houblons, les garances, etc.

Nos yeux ne seront plus attristés par l'affligeant spectacle de populations clair-semées, misérablement nourries et vêtues, plus mal abritées encore, plongées dans l'ignorance la plus complète, sans intelligence, sans initiative, abruties par la misère, trop souvent décimées par la maladie, dont le labeur incessant suffit à grand'peine à la satisfaction des besoins les plus urgents de la vie animale.

L'engrais minéral peut seul guérir cette lèpre honteuse pour l'humanité, écarter ce danger permanent qui, aujourd'hui que les destinées de la nation dépendent du suffrage universel, mettent en péril la société tout entière; car ces populations ne comprenant pas l'importance d'un droit dont elles ne sont malheureusement point encore dignes, ne relèvent pas d'elles-mêmes, mais appartiennent sans réserve aux deux seules organisations qui les enserrent: celles de l'administration et du socialisme, dont le triomphe amènerait infailliblement à sa suite le despotisme d'en haut, ou celui, plus terrible encore, d'en bas, et ne pourrait que faire reculer le progrès et la civilisation.

Avant de jeter un coup d'œil sur l'ensemble des conséquences heureuses qui découleront pour la France de l'usage de l'engrais minéral, il me semble nécessaire, pour être mieux compris, d'exposer d'abord très succinctement ce que va devenir, grâce à ce nouvel agent de fertilité, l'agriculture dans une simple exploitation particulière.

Sous la révolution et l'empire, la France violemment bouleversée, et par les effroyables commotions qui modifièrent si profondément son état social, et par les guerres de géant qu'elle soutint avec une si admirable audace contre l'Europe coalisée, vit son agriculture rester entièrement livrée aux traditions routinières du passé. Cette pauvre délaissée ne pouvait, dénuée qu'elle était de tout repos, privée des hommes, des intelligences et des capitaux, qui sont indispensables à son développement, que rétrograder au lieu de marcher en avant.

Une partie du sol s'étendant sans cesse, comme la tache d'huile, restait en friche, et la femme, comme aux époques néfastes de la barbarie, était contrainte de reprendre le manche de la charrue des mains de l'homme, appelé en masse pour défendre le pays envahi par les torrents de l'invasion étrangère.

La paix, le calme et l'avénement au pouvoir d'un certain nombre de grands propriétaires lui rendirent, sous la Restauration, une vitalité nouvelle.

On commença à soupçonner que l'ancien assolement triennal, avec la jachère improductive et ses deux céréales se succédant si mal à propos l'une à l'autre, ne suffisait plus à la consommation toujours croissante d'une population plus riche et plus nombreuse.

Quelques rares esprits d'élite abordèrent, bien timidement d'abord, la voie jusque-là inconnue de l'alternat, c'est-à-dire de la succession continue des récoltes de nature différente, de la multiplicité et de l'approfondissement des labours, de l'augmentation des engrais et surtout de l'extension des plantes fourragères, notamment de la betterave, du trèfle et de la luzerne, qui forment la clé de voûte de tout le système nouveau.

Malgré les mécomptes, qui presque toujours provinrent de l'insuffisance du capital de roulement, ce mouvement, favorisé par le repos des esprits, l'accroissement de la population, la vigoureuse reprise de notre commerce international, tout un ensemble de lois douanières, puis plus tard enfin par le développement des industries agricoles, prit un rapide essor.

La propagation du mérinos, la multiplication du bétail, l'adjonction de l'engrais artificiel au fumier de ferme, l'augmentation du rendement des récoltes, en furent les conséquences nécessaires.

La prédominance des classes industrielles sur les classes agricoles ne fit que ralentir, sous le règne de Louis-Philippe, quelque peu ce mouvement progressif, sans l'arrêter, tant l'impulsion donnée avait été vigoureuse.

Lors du second empire, l'aggravation continue des impôts et charges publiques, l'aspiration sans exemple des capitaux, des intelligences et surtout des hommes, opérée sur les campagnes par les travaux fastueux des grands centres, l'absence des libertés locales, et par-dessus tout l'étouffement des intérêts moraux et religieux produit par le culte effréné des intérêts et des jouissances matérielles, arrêtèrent toute initiative et imprimèrent un temps d'arrêt bien marqué dans la marche générale de la production agricole et du développement de la population.

Les derniers événements n'ont que trop montré au monde étonné avec quelle vertigineuse rapidité nous avions glissé sur la pente fatale de la décadence, et combien il importe, si nous voulons retrouver notre prospérité des beaux jours, de remonter avec vigueur le courant, pour retremper à la fois et nos forces morales et nos forces physiques.

La science, de son côté, ne devait pas rester étrangère au progrès qui intéressait au plus haut degré l'humanité tout entière. Ses représentants les plus illustres tinrent à honneur de se jeter tour à tour dans l'arène. Leurs travaux, d'une incontestable utilité, lorsqu'ils se bornèrent à interroger le creuset du laboratoire pour y découvrir la composition de chaque plante, soit dans son intégralité, soit dans ses diverses parties, soit à reconnaître chacun des éléments multiples et complexes qui s'y trouvaient, présentèrent un certain danger lorsqu'ils eurent la prétention d'expliquer les mystères de la formation et de l'alimentation de la plante elle-même.

Jamais spectacle ne démontra mieux la faiblesse de l'homme abandonné aux seules lumières de la raison.

Ce fut une mêlée où le désordre et le chaos atteignirent leur apogée ; une véritable tour de Babel où tout n'était que confusion, où personne ne parlant le même langage, on ne pouvait s'entendre ; un combat où les opinions les plus dissemblables ne cessèrent de se heurter avec la plus grande vivacité.

L'un des savants de la première heure, après une étude magistrale sur la nature et les propriétés de l'humus, où les moindres faits sont mis en relief avec une sagacité proverbiale, le proclame l'élément par excellence, la nourriture essentielle de la vie végétale, et voilà que le dernier arrivé le supprime impitoyablement, d'un trait de plume, comme complètement inutile.

Celui-ci présente l'azote comme la véritable panacée universelle, n'estimant un engrais et ne le classant que d'après sa teneur en cette divine substance. Celui-là, moins exclusif, daigne y ajouter soit la chaux seule, soit encore l'acide phosphorique, soit même ces deux éléments à la fois. D'autres, dans un excès de libéralisme, viennent à leur tour demander grâce pour la soude et la potasse. Chacun s'ingénie à créer son engrais-type, dont la vertu devait éclipser tous les autres. Il n'est sorte de composition à nom plus ou moins redondamment scientifique qui n'ait vogué sous le pavillon de l'un de nos savants. Chaque année en voyait éclore et, hélas! disparaître, comme l'éphémère, une véritable armée.

Bien malheureux se sont trouvés ceux qui ont eu foi en ces multitudes de recettes nouvelles, qui devaient détrôner à tout jamais le fumier de ferme, laisser à la culture une liberté d'action dont on n'avait jusqu'alors pas eu l'idée, et dont l'enquête sur les engrais nous a dévoilé le nombre incroyable, les titres étranges, les prix usuraires, les compositions anodines, les déceptions amères et trop souvent les falsifications les plus éhontées.

A l'heure où j'écris ces lignes, pas le plus petit phénomène, pas la moindre action ou réaction des éléments chimiques servant à la nutrition des végétaux, ne sont expliqués de la même manière. Mon oreille est rebattue des arguments aussi innombrables que contradictoires mis en avant pour ou contre l'emploi du sel comme engrais, sur l'explication de l'action du plâtre jeté en poudre sur les légumineuses, etc., etc.; et cependant, à chacun de nos savants d'entonner, à la façon d'Horace, le grand chant triomphal. Citons textuellement un échantillon sur mille. *Ab uno disce omnes.*

« Je vous le répète, Messieurs; de ces trois condi-
» tions qui règlent l'activité et les produits de la vé-

» gétation, la seconde, qui se fonde sur le choix et la
» dose des engrais, doit seule nous occuper. Je n'ai
» rappelé les deux autres qu'à titre d'indications
» théoriques nécessaires pour définir notre sujet *sous*
» *toutes les faces et ne rien laisser dans l'ombre.*

» *Je vous avais annoncé l'analyse de la végétation*
» *dans ses agents et sa cause; je crois vous l'avoir pré-*
» *sentée complète.*

» Seriez-vous tentés de me reprocher le caractère
» trop scientifique de cette étude? *A la lumière de ces*
» *notions, notre voie se trouve tracée.* Il ne peut
» être question désormais de résultats empiriques.
» D'ailleurs, pénétrons-nous bien de cette pensée, que
» si la pratique est notre but, la science doit rester
» notre guide, ses méthodes nos auxiliaires, et ses
» principes la première assise de nos déductions.

» Jusqu'à ces vingt dernières années, on a prétendu
» que le fumier était l'agent par excellence de la fer-
» tilité; *nous soutenons qu'en cela on a eu tort, et qu'il*
» *est possible de composer artificiellement des engrais*
» *supérieurs au fumier et plus économiques.* »

L'impuissance de la science à déterminer les lois qui
président à la vie végétale et à créer, au point de vue
économique et pratique, l'engrais qui, sur une large
échelle, doit efficacement être ajouté au fumier de
ferme, tient à des causes multiples, dont les principales sont les suivantes :

1º Affaiblissement général de tout ce qui touche à
l'intelligence humaine et à l'initiative individuelle,
dû au système de compression administrative qui,
sous le second empire, a tout réglementé et tout

absorbé. Ce n'est que dans la plénitude de sa liberté qu'il est donné à l'homme de s'envoler dans les régions éthérées du progrès intellectuel, et jamais lorsqu'il se trouve alourdi sous le plomb de la chape officielle. Malheur au paria indépendant qui n'était pas enrégimenté sous la bannière des *dévoués !* Il était pourchassé sans trêve ni merci, comme le plus dangereux et le plus irréconciliable ennemi de la société. L'autorité ne peut toucher de sa main trop vigoureuse et toujours maladroite, sans les briser, aux rouages si délicats, aux fils si ténus, qui permettent à l'esprit humain de sortir des sentiers battus du vulgaire. Aussi, je cherche, sans pouvoir le découvrir, quel chef-d'œuvre de l'intelligence a surgi depuis vingt ans, au milieu de cette surexcitation, sans exemple dans nos annales, de la vie sensuelle, des vices qui en ont découlé, et du développement extraordinaire, quoique un peu factice, de nos richesses matérielles.

2° La science chimique vient de naître. Eclose hier du vaste cerveau de Lavoisier (1), son application aux mystérieux phénomènes de la végétation est plus récente encore. Quelque remarquables que nous apparaissent ses efforts enfantins, ses pas chancelants ne

---

(1) Nous voyons encore dans les papiers de Lavoisier que, s'appuyant, à une époque plus avancée de sa vie, sur ses idées de physique végétale et animale, et confiant dans ses forces, il ne craint pas d'aborder les plus grandes questions agricoles. Une ferme qu'il possédait aux environs de Blois lui sert de laboratoire, et il arrive en peu de temps à tripler les récoltes végétales, à quintupler les récoltes animales, par une étude pratique des rapports à observer entre la terre de labour et la terre de pâturage.

Dans cette ferme, selon sa constante et féconde habitude, Lavoisier

font qu'effleurer à peine le seuil de l'immensité du champ qui s'ouvre devant elle. C'est à grand'peine si sa faiblesse commence à soupçonner et à reconnaître les principaux caractères de quelques corps simples et à déchiffrer quelques-unes des multiples actions et réactions qui s'opèrent entre deux ou trois substances différentes, au fond du creuset de son laboratoire. Elle n'est pas même encore capable de distinguer les substances solubles et assimilables du sol de celles qui sont restées à l'état insoluble et inassimilable. Comment pourrait-elle oser, dans son orgueilleuse présomption, aborder, avec quelque chance de succès, l'étude des combinaisons qui résultent des quatorze éléments si divers qui entrent nécessairement dans la composition de tout végétal, et qui se multiplient à l'infini, selon la nature de la plante et du sol, leur quotité et leur état respectif, sous l'action plus ou moins intense de la porosité, de l'électricité, de l'humidité et de la chaleur?

Ce n'est que par l'étude attentive, prolongée pendant des séries de siècles, des attractions respectives de tous les corps composant un système complet, que l'astronome a pu déterminer ou expliquer les lois qui

---

pesait tout : semences, fumiers, récoltes, tout passait à la balance et venait figurer à l'inventaire annuel.

Or, quand les chimistes de notre époque recommandent tous cette pratique, quand elle a produit entre les mains de notre confrère, M. Boussingault, de si grands résultats, il peut être utile de faire ressortir que, dès la naissance d'une chimie vraiment scientifique, de telles applications en ont été les conséquences directes et nécessaires.

(Rapport de M. Dumas, lu à l'Académie des sciences
le 6 juillet 1846.)

président à la marche et au mouvement de rotation
de chacun des astres pris dans son isolement. Il ne
saurait en être autrement à l'égard des quatorze
substances de l'engrais minéral, dont les molécules
se trouvent mises en présence dans le sol, et il serait
plus facile à l'enfant qui sort du sein de sa mère de
porter le lourd fardeau sous le poids duquel plient les
forces de l'homme ayant atteint la plénitude de sa
vigueur, qu'à la chimie embryonnaire actuelle de se
rendre compte de l'ensemble des phénomènes qui
naissent de la décomposition d'un si grand nombre
d'énergiques substances, dans un milieu où elles se
trouvent soumises à des forces si diverses.

3° Le savant, dans l'enivrement où le plonge la
plus légère constatation du fait le moins important,
vient affirmer, avec l'assurance prétentieuse qui le
caractérise, que les réactions qu'il a entrevues au
fond de son creuset, entre deux substances diverses,
doivent s'effectuer de la même manière dans le sol
et part de cette fausse donnée, comme d'une base
inébranlable, pour étayer tout un système d'explications aussi déraisonnables que contraires à la vérité.
Comme si la présence et l'influence des autres éléments, et surtout les conditions essentiellement
différentes au milieu desquelles s'opèrent les combinaisons dans le sol, ne devaient pas en modifier nécessairement et la nature et les résultats!

M. Boussingault, notre grand maître à tous, qui
seul a mené de front les expériences de laboratoire
et celles de la culture, en les contrôlant les unes par
les autres, nous apprendra, plus complétement que

tout autre, dans quelles profondes erreurs peut faire tomber le chimiste le plus distingué, cette application trop généralisée des mêmes phénomènes s'opérant dans les conditions les plus différentes.

« Le carbonate d'ammoniaque réagit instantané-
» ment sur le chlorhydrate et le sulfate de chaux.
» Les produits de cette réaction sont : d'une part, du
» chlorhydrate et du sulfate d'ammoniaque, et, de
» l'autre, du carbonate calcaire. La théorie du plâ-
» trage, imaginée par M. Liebig, repose même sur le
» fait de cette double décomposition, par laquelle le
» carbonate ammoniacal des eaux de pluie se trouve
» fixé à l'état de sulfate, aux dépens du sulfate de
» chaux qui a été donné au sol comme amende-
» ment.

» Cette réaction du sulfate de chaux sur le carbo-
» nate d'ammoniaque est incontestable; c'est bien là
» ce qui se passe dans nos laboratoires; mais dans les
» champs, quand la terre bien ameublie contient
» juste la dose d'humidité nécessaire à toute bonne cul-
» ture, la réaction entre les deux sels a encore lieu,
» *mais elle a lieu en sens inverse.* Alors, c'est le car-
» bonate de chaux qui réagit sur le sulfate d'ammo-
» niaque, pour former du carbonate d'ammoniaque
» et du sulfate de chaux.....

» Ces réactions entre des sels solubles et un sel inso-
» luble, s'effectuant dans des conditions toutes spé-
» ciales que présente la terre arable, montrent en
» outre qu'il ne faut pas toujours conclure des phé-
» nomènes qui se passent dans les laboratoires aux
» phénomènes qui se réalisent dans la grande cul-

» ture, et il est vraisemblable qu'en étendant aux sels
» alcalins l'étude de ces réactions singulières, on
» comprendrait mieux l'action et le genre d'utilité des
» substances salines en agriculture. »

Quelques signes ont suffi au génie de l'homme pour exprimer, avec la clarté et la précision la plus satisfaisante, toutes les variétés du nombre, quelque multiples qu'elles apparaissent à l'esprit, et sonder jusqu'aux dernières limites du fini, des grandeurs et des petitesses qui confondent son imagination. Par le jeu combiné de quelques lettres, il a pu, dans toutes les langues et dans tous les idiomes, créer tout un monde de mots lui permettant de rendre intelligibles à tous les moindres reflets de sa pensée dans leurs nuances les plus délicates.

Ainsi, les combinaisons qui s'opéreront entre les quatorze éléments simples, organiques et minéraux, sous la multiple action plus ou moins prépondérante de l'air, de l'eau, de la chaleur, de la porosité et de l'électricité, constitueront une science profonde, difficile, compliquée, qui sera sans contredit, après celle du langage, la plus utile, parce qu'elle donnera aux intérêts moraux créés par la première un essor nouveau, par une plus facile et plus ample satisfaction des besoins matériels.

Mais, hélas! la durée de l'enfantement, à ne consulter que les lois humaines, devait être en rapport avec l'importance et la grandeur de l'œuvre à naître. L'impérieuse nécessité de n'expérimenter chacune des substances qu'à la suite des décompositions, modifications et combinaisons successivement subies au sein de la terre, devait ajouter encore aux immenses difficultés de la tâche.

Il fallait des siècles à l'homme, abandonné à ses propres forces, pour que, dans les conditions les plus favorables, il pût arriver à poser les bases de la science nouvelle.

Ce but si lointain une fois atteint, l'œuvre n'était qu'ébauchée. Il fallait la compléter et la faire passer du domaine de la théorie dans celui de la pratique, en créant à vil prix, et en telle quantité qu'on pût le désirer, l'engrais-type, destiné à servir de base à la nourriture complète du végétal. Il était donc nécessaire de découvrir et d'obtenir sans frais, en masses énormes, chacune des substances indiquées, de les réunir et de les combiner d'après les lois nouvelles, de telle sorte que, par leurs réactions réciproques, on pût obtenir le maximum de l'effet désiré.

Si le Seigneur, dans sa juste colère, a dû épouvanter le monde, en déchaînant sur la France égarée les plus terribles fléaux, pour forcer son peuple bien-aimé à rentrer dans les voies de la sagesse, aujourd'hui que le fer et le feu ont opéré l'œuvre de régénération, que les yeux se sont ouverts et que nous nous inclinons enfin, créatures obéissantes, sous la verge vengeresse, son intervention divine va se manifester plus éclatante que jamais, par le miracle le plus admirable de sa miséricordieuse bonté.

Supprimant le temps par un effet de sa toute-puissance, il va, au moment même où tout semble à jamais perdu, combler la France d'une force et d'une prospérité indestructibles, par la révélation de l'engrais

minéral, aussi supérieur, par son efficacité, so
abondance, la vileté de son prix, à tout ce que l
génie de l'homme, aidé des plus brillantes décou
vertes, eût pu rêver de plus parfait dans l'avenir l
plus lointain, que l'infini l'est au fini.

L'étude de l'engrais minéral sera la tradition révé
lée qui guidera l'esprit humain au milieu de la mul
titude des faits les plus contradictoires et des expé
riences les plus dissemblables, et lui permettra d
dessiner quelques-unes des grandes lois générale
sous l'empire desquelles tout viendra se ranger dan
l'ordre le plus parfait. Elle sera le fil qui permettr
de parcourir avec sécurité le labyrinthe obscur dor
on ne saurait aujourd'hui sortir.

Au flambeau de cette étude, la raison humaine, n
se trouvant plus abandonnée aux caprices désordor
nés et aux décevantes illusions d'une imaginatio
sans frein et sans bornes, marchera, sous des auspice
aussi assurés, de découvertes en découvertes. Le
données si peu solides de la science s'affermiront e
se compléteront rapidement. Les grandes lignes d
l'édifice nouveau ne tarderont pas à se dessiner dan
leur magnifique simplicité. Puis bientôt apparaîtror
aux yeux ravis les détails de la plus merveilleuse e
de la plus féconde ornementation.

En quelques années, grâce à cette miraculeuse in
tervention de la Divinité, l'homme aura franchi d'u
bond les immenses horizons, aujourd'hui inconnu
d'un progrès qui semblait ne devoir être, d'après le
lois du passé, que le prix de luttes et d'efforts se pro
longeant pendant des siècles.

La grande et la moyenne propriété occupent en France, dans la répartition générale du sol, une place plus importante qu'on ne le croit communément.

« Quand on décompose aujourd'hui les cotes foncières, nous dit de Lavergne dans son beau livre de l'*Economie rurale de la France,* on trouve qu'un tiers environ de l'impôt total est payé par les cotes supérieures, un tiers par les cotes moyennes, un tiers par les petites cotes, d'où l'on peut induire, à peu près ainsi qu'il suit, l'état actuel de la propriété, déduction faite des terrains non imposables et des propriétés de l'Etat et des communes :

50,000 grands propriétaires possédant en moyenne		300 hectares	= 15,000,000	hectar.
500,000 moyens	—	30 —	= 15,000,000	—
5,000,000 petits	—	3 —	= 15,000,000	—
		Total,	45,000,000	—

Or, c'est avec le grand et le moyen propriétaire foncier, ou autrement dit avec la tête et non avec la queue, que nous devons hardiment marcher à la conquête de la réforme sociale.

Je veux que l'aisance du grand propriétaire foncier se convertisse en une véritable opulence, bien supérieure à ses besoins, qui lui permette de se faire adorer des populations agricoles, dont il s'empressera de sauvegarder énergiquement, en toute occasion, les intérêts.

Je veux qu'en cohortes serrées il marche à la reconstitution, sur de nouvelles bases, de la véritable vie rurale française, telle qu'elle a fonctionné pendant des siècles, et dont la solide et légitime influence formera le piédestal indestructible d'une société que ne viendra plus, à courtes périodes, bouleverser le torrent révolutionnaire.

Plus que personne, je gémis depuis longues années de la vie oisive, énervante, inutile, trop souvent dangereusement immorale, du riche et surtout du grand propriétaire. Son instruction trop souvent négligée et incomplète, son isolement des intérêts généraux du pays, son éducation mal appropriée aux devoirs qui lui incombent, m'ont toujours paru la plaie gangréneuse, la brèche s'élargissant sans cesse, signes infaillibles précurseurs de l'effondrement qui vient d'épouvanter le monde civilisé, et qui ne seraient que le prélude d'un cataclysme plus affreux encore, si on ne se hâtait d'y apporter un remède efficace.

Comme si Dieu n'avait doté tous ses élus des moyens de faire le bien que donnent la richesse, la naissance et l'influence, que pour les voir croupir dans un stérile égoïsme et les voir entraînés dans la voie honteuse et dégradante de la vile satisfaction de leurs penchants matériels !

Si la société humaine, pour ne pas glisser fatalement dans l'abîme de l'injustice et de la décadence, a besoin du concours actif de tous ses enfants, combien cependant ne souffre-t-elle pas davantage de l'abandon de celui qui doit diriger le gouvernail au milieu des récifs mortels de l'époque actuelle ?

L'agriculture régénérée par l'engrais minéral peut seule, à l'heure présente, comme un baume miraculeux, cicatriser nos plaies, quelque profondes

qu'elles soient, avec une rapidité que nous ne soupçonnons pas ; préserver la société de ces théories éga-
litaires qui, si elles ne sont promptement arrêtées
dans leur marche, nous plongeront au premier jour
dans la plus affreuse barbarie, et nous rendre enfin,
si nous savons profiter des leçons qui viennent de
nous être données, la grandeur, la force et la stabilité,
reposant cette fois sur leurs véritables bases.

Au grand et au moyen propriétaire foncier se trouve
aujourd'hui dévolue la magnifique tâche de rénover
notre société, de la fixer sur son piédestal naturel,
l'agriculture, et de lier ensemble toutes les parties du
tout, avec le ciment des éléments religieux et moraux, que chaque jour rend plus efficace.

Reprenons la vie laborieuse de nos pères du XVIe
siècle, cette époque de la plus grande vitalité de notre
pays ; quittons la vie empoisonnée de la grande ville
où le faste de Louis XIV nous a si malheureusement
attirés, rentrons dans l'habitation de nos ancêtres, et
remettons-nous à la tête de nos populations rurales,
aujourd'hui si dédaignées et si abandonnées, et,
semblables à Antée, nous retrouverons notre force
et notre puissance en revenant à la terre, notre
mère.

Arrière donc à tout jamais cette centralisation excessive qui, en compliquant outre mesure les rouages
du système administratif, a rendu tout contrôle impossible, a tué l'initiative individuelle, a détourné de
la voie productive toute une armée inutile de fonctionnaires coûteux, et nous a fait assister au douloureux spectacle d'une hypocrisie légale enchaînant et

démoralisant toute une nation par la corruption, la violence et l'injustice.

Notre France de carton vient de s'écrouler comme un château de cartes, avec ses décors mensongers, ses dilapidations, sa soif effrénée de l'or et des jouissances matérielles, qui, en détruisant jusqu'à son courage et son patriotisme, nous ont livrés sans défense au sabre poméranien.

Edifions à sa place une France comme nous la rêvons, avec les plus solides matériaux que nous fourniront à la fois et nos traditions de stabilité du passé et nos conquêtes de liberté de 1789 ; pétrissons un tout où le pouvoir central, n'ayant à gérer que les intérêts généraux du pays, laisse aux pouvoirs cantonaux et provinciaux la direction des affaires locales. Simplifions le système administratif et financier, et renvoyons impitoyablement aux travaux utiles de l'agriculture et de l'industrie cette nuée formidable de frelons, dont la mission principale était de repousser tout contrôle, en faussant le suffrage universel, et dont le zèle exagéré, mis au profit de l'idée tyrannique émanée d'en haut, était le seul titre à un avancement qui n'était même plus scandaleux, tant il était passé dans nos mœurs dissolues.

« Dans toutes nos grandes crises historiques, le
» paysan français, si bien personnifié par Jacques
» Bonhomme, a toujours fini par nous tirer d'affaire.
» Remontez aux croisades, aux guerres féodales, aux
» guerres contre les Anglais, aux guerres de religion,
» aux guerres d'Italie, aux guerres de Louis XIV,
» aux guerres de la révolution et de l'empire, c'est

» Jacques Bonhomme qui répare sans cesse le mal fait
» par d'autres. C'est encore Jacques Bonhomme qui
» a supporté tout le poids de la dernière révolution
» et de la dernière guerre, c'est lui qui a héroïque-
» ment subi sans se plaindre l'épreuve douloureuse
» de la disette, bien plus meurtrière dans les cam-
» pagnes que dans les villes ; c'est lui qui ne se lasse
» pas de fouiller le sol natal *avec une opiniâtreté in-*
» *vincible,* comme dit la Bruyère, et qui en tirera
» certainement de nouveaux fruits. Ses rangs se sont
» bien éclaircis depuis quelque temps, mais il en reste
» assez, pourvu qu'on ne les disperse pas davantage.
» Il ignore les jouissances du luxe, les gains du jeu,
» les ambitions fiévreuses, et possède encore les mâles
» vertus et les instincts producteurs de ses pères.
» Laissez-le faire ; il vous rendra bien vite, sans faste
» et sans bruit, sinon ce que vous avez perdu, du
» moins ce que peuvent créer de richesses nouvelles
» le travail et l'économie. Si les autres classes de la
» société française, riches, bourgeois, artisans des
» villes, valaient pour leurs rôles ce que Jacques Bon-
» homme vaut pour le sien, ce n'est pas l'Angleterre,
» c'est la France qui serait depuis longtemps le pre-
» mier peuple de l'univers. » (Léonce de Lavergne,
De l'agriculture et de la population, p. 332.)

Jacques Bonhomme, qui ne s'émeut que lentement,
commence à en avoir assez. Il veut, dans son irritation, secouer le joug accablant que lui impose depuis
trop longtemps une minorité turbulente, et cherche les
chefs autorisés autour desquels il puisse se ranger,
pour écraser dans leur germe des agitations conti-

nuelles qui lui enlèvent, par les impôts, la perte de tout crédit, la perturbation dans les marchés, le juste salaire de son travail.

Le moment est venu de relever la dignité de l'agriculture, de la venger des dédains et du peu de confiance qu'elle inspire, de lui faire connaître sa force et sa valeur, et de l'aider, au grand profit de tous, à peser de tout son poids dans la balance des pouvoirs publics. Richesse, instruction, moralité, influence, honneurs, vont accourir à elle. L'agriculture sera bien alors la science de faire rendre à la terre, tout en l'améliorant, la plus forte proportion de produits utiles, dans les conditions les plus économiques, en un mot de retirer du sol, en le cultivant en bon père de famille, le maximum du revenu net.

Jusqu'ici Dieu n'avait fourni à l'homme que la terre, l'air, l'eau et le soleil, laissant à sa charge exclusive la main-d'œuvre et l'engrais. Mais voilà que subitement, après avoir fait sentir l'aiguillon de sa juste colère à son peuple bien-aimé, pour le forcer à revenir à lui et à reprendre les saines traditions du passé, il daigne jeter un regard favorable. Il va lui donner enfin la seule véritable prospérité, celle qui joindra la réalité à la stabilité, qui manquaient à l'éphémère qui n'en avait que l'éclat trompeur et qu'il vient de renverser d'un souffle.

L'engrais est la matière première de toute récolte, quelle qu'elle soit, et l'engrais seul manquait à l'agriculture, qui, faute d'une nourriture suffisante, languissait chétive et impuissante.

Dieu, aussi juste dans la récompense que dans la

punition, va laisser éclater tout son amour et toute
sa tendresse, après la nécessité du châtiment. Il élèvera tout à coup l'agriculture à son apogée, en s'asso-
ciant encore plus complétement à l'homme et en le
dotant pour la première fois d'un engrais nouveau,
qui, en dehors de ses qualités spéciales, que le génie
de l'homme le plus parfait n'eût pu inventer et combiner, jouit de la vertu de doubler l'efficacité du fumier de ferme, avec lequel il doit être uni pour réaliser toute sa puissance.

La main-d'œuvre décuplée par la machine, l'engrais
livré en quantité illimitée, nous permettront de tripler
nos récoltes et de quintupler les bénéfices, sans plus
de travail.

L'agriculture nouvelle, devenue d'une simplicité
excessive, sera facilement abordable à tous, car elle
ne reposera plus que sur le double examen de la composition de la plante et de l'engrais minéral. Il suffira de restituer au sol une quotité un peu supérieure
à celle contenue dans les récoltes exportées, des substances minérales qui lui auront été enlevées. Les remarquables travaux d'analyse de MM. de Saussure,
Liebig, Dumas, Boussingault, Payen, Isidore Pierre,
G. Ville, etc., nous permettent d'établir la balance de
ce compte avec un suffisant degré d'exactitude.

Rien de plus facile que d'appliquer désormais à l'a-
griculture les éléments d'une comptabilité complète,
qui, jusqu'ici, est restée l'apanage exclusif de l'industrie; d'établir avec la plus entière précision les dépenses et les recettes, non d'un simple compte de récoltes, mais bien le bilan de la terre elle-même; d'être

à même de pouvoir reconnaître à chaque moment la quotité des éléments de fertilité du sol; d'en suivre pas à pas l'exact degré d'augmentation ou de diminution, ainsi qu'à l'aide de la balance nous constatons le plus léger changement que fait subir au poids de notre bétail, pendant une période déterminée, une quantité donnée de fourrage à expérimenter.

Examinons donc tout d'abord la composition élémentaire des plantes desséchées dans le vide à la température de 110°. (*Economie rurale*, Boussingault.)

SUBSTANCES.	CENDRES COMPRISES.					CENDRES DÉDUITES.				AVANT LA DESSICATION.	
	Carbone.	Hydrogène.	Oxygène.	Azote.	Cendres.	Carbone.	Hydrogène	Oxygène.	Azote.	Matières sèches.	Eau.
Froment . . .	46.1	05 8	43.4	02 3	02.4	47.2	06 0	44.4	02.4	0 855	0.145
Seigle	46.2	05.6	44.2	01.7	02.3	47.3	05.7	45.3	01.7	0.834	0.166
Avoine	50.7	06.4	36.7	02.2	04 0	52.9	06.6	38.2	02.3	0 792	0.208
Paille de froment.	48.4	05.3	38.9	00.4	07.0	52.1	05.7	41.8	00.4	0.740	0.260
Paille de seigle. .	49.9	05.6	40.6	00.3	03.6	51.8	05.8	42.1	00.3	0.813	0.187
Paille d'avoine. .	50.1	05.4	39 0	00.4	05.1	52 8	05 7	41.1	00.4	0.713	0.287
Pommes de terre.	44.0	05 8	44.7	01.5	04.0	45.9	06.1	46.4	01.6	0.241	0 759
Betteraves champ.	42.8	05.8	43.4	01 7	06.3	45.7	06.2	46.3	01.8	0.122	0.878
Navets	42.9	05.5	42.3	01.7	07.6	46.3	06.0	45.9	01.8	0.075	0 925
Topinambours. .	43.3	05.8	43.3	01.6	06.0	46.0	06.2	46.1	01.7	0.208	0 792
Pois jaunes. . .	46.5	06.2	40 0	04.2	03.1	48.0	06.4	41.3	04.3	0.914	0.086
Paille de pois . .	45.8	05.0	35.6	02.3	11.3	51.5	05.6	40.3	02 6	0.882	0 118
Trèfle rouge, foin.	47.4	05.0	37.8	02.1	07.7	51.3	05.4	41.1	02 2	0 790	0.210
Tiges de topinamb.	45.7	05.4	45.7	00.4	02.8	47.0	05.6	47.0	00.4	0.871	0.129

COMPOSITION DES CENDRES DES PRINCIPALES PLANTES CULTIVÉES,

Sur 100 parties,

D'APRÈS M. DE GASPARIN.

SUBSTANCES.	Potasse.	Soude.	Chaux.	Magnésie.	Oxyde de fer et alumine.	Acide phospho-rique.	Acide sulfurique.	Chlore.	Silice.	TOTAUX.
Froment. Grain. . .	27.8	6.4	3.9	12.9	0 5	45.6	0.3	traces.	2.6	100
— Paille. . .	12.5	0.3	6.8	0.9	1.5	3.5	2.7	0.8	71.0	100
Seigle . . Grain. . .	25.2	7.5	7.3	12.2	1.3	43 8	0.9	traces.	1.8	100
— Paille. . .	17.5	0.3	9.0	2.4	0.9	2.7	1.8	0.5	64.9	100
Orge. . . Grain. . .	23.6	8.1	4.6	11.2	1.2	44.9	0.2	traces.	6.2	100
— Paille. . .	9 2	0.3	8.3	5.0	1.0	2.1	1.6	0.6	71.9	100
Avoine . Grain. . .	26.2	0.0	7.0	10.7	1.4	43.7	6.0	0.3	4.7	100
— Paille. . .	19 1	9.7	8.1	3.8	1.8	2.6	3.5	1.7	49.7	100
Maïs . . . Grain. . .	31.5	4.2	1.2	10.9	0.7	43.7	3.8	0.6	49.7	100
— Paille. . .	4.7	0.1	16.4	5.9	0.7	1.4	2.3	1.2	3.4	100
Sarrasin	23.7	8.1	6.7	10.4	1.1	43.1	2.2	0.8	66.9	100
Pommes de terre . .	55.7	1.8	2.0	5.2	0.5	12.5	13.6	4.2	4 5	100
Betteraves.	39.0	6.0	7.0	4.4	2.5	6 3	11.6	5.2	8.0	100
Carottes.	41.9	5.1	13.6	5.3	1.4	7.6	13.6	3.6	7.9	100
Navets.	42.7	4.1	16.9	4.3	1.2	6.6	12.9	4 9	6.4	100
Haricots.	23.3	16.6	5.8	8.0	0.6	38.8	1.0	1.7	4.2	100
Fèves	20.8	17.0	7.2	8.8	1.0	37.9	1.3	1.5	4 5	100

Pois.	34.4	12.7	2.5	8.6	1.3	34.5	2.6	0.3	3.1	100
Lentilles.	27.8	10.8	15.1	3.9	1.6	29.1	1.0	3.8	5.9	100
Vesces.	30.6	1.1	14.7	8.5	0.1	38.1	4.1	1 2	1.6	100
Colza . . Grain. . .	13.0	12 2	13.9	11.4	0.6	45.9	0.6	0.1	2.3	100
— Paille. . .	8.1	19.8	20.1	5.2	0.4	4.8	15.9	19.9	5 8	100
Foin.	11.2	5.2	23.0	6.5	0.7	31.0	2.2	7.8	12.4	100
Trèfle rouge	26.8	7.1	37.2	4.0	0.1	8.6	6.0	4 6	5.6	100
Trèfle blanc.	34.2	6.6	26.0	3.5	0.5	5.6	3.9	2.2	16.5	100
Sainfoin.	26.5	5.2	25.2	7.2	0.1	20.5	11.4	1.3	2.6	100
Luzerne.	14.1	6.5	40.1	4.6	0.5	13 6	14.0	3.1	3.5	100
Ray-grass	17.0	7.5	13.2	1.9	0.2	0.5	6.8	0.1	52.8	100

« En examinant avec attention, nous dit le savant praticien , les nombres inscrits dans le premier tableau, on remarque que certaines substances, ayant d'ailleurs des caractères et des propriétés assez différentes, possèdent néanmoins la même composition, résultat singulier que je n'entreprends pas d'expliquer. » (*Economie rurale.*)

Comme si chaque pas fait en avant ne nous apportait pas continuellement la preuve que la plus légère différence dans la composition élémentaire d'un corps entraînait, la plupart du temps, les modifications les plus essentielles dans sa forme et ses propriétés !

La plante, desséchée dans le vide à 110°, ne renferme donc en moyenne que 4 à 5 p. 100 de matières minérales. Le surplus, ou 95 p. 100, se compose de matières organiques, c'est-à-dire de carbone, d'oxygène, d'hydrogène et d'azote. L'élément essentiel et dominant est le carbone, dont la proportion s'élève à environ 46 p. 100 ; puis vient l'oxygène, où elle se trouve de 42 p. 100 ; celle de l'hydrogène et de l'azote réunis ne dépasse pas 7 p. 100.

Si le sol doit nécessairement fournir la presque totalité des substances minérales à l'état soluble et assimilable, on comprend que, par leur disjonction, les éléments de l'air (23,20 oxygène ; 76,80 azote) et de l'eau, (oxygène 88,88 ; hydrogène 11,11) en présence du carbone, de l'air et de l'engrais minéral, fournissent largement à la formation des quatre éléments organiques. L'engrais n'a donc pour mission que de remplacer les 5 p. 100 de substances minérales enlevées au sol par la plante, et de faciliter la décomposition de l'air, de l'eau et du carbone, pour lui permettre de s'approprier leurs éléments séparés.

À un autre point de vue, nous découvrons avec admiration que les plantes les plus productives et les plus rémunératrices de notre agriculture actuelle, celles que l'on ne peut aujourd'hui, sous peine de ruiner sa terre, cultiver que sur une petite échelle, la vigne, la pomme de terre. le tabac, le lin, le chanvre, la garance, le chou, les racines, sont les plus exigeantes en potasse et en acide sulfurique, les céréales et colza en acide phosphorique, les plantes fourragères en chaux, d'où la conséquence nécessaire que l'emploi de l'engrais minéral, si riche en potasse. soude, acide sulfurique, chaux, puis acide phosphorique, va nous permettre d'inaugurer pour la première fois, avec un succès qui dépassera toute espérance, un assolement dont le produit brut, et surtout le produit net, sera bien autrement supérieur à celui que nous donne l'agriculture la plus perfectionnée, ne marchant qu'à l'aide du fumier de ferme.

Chaque espèce de plantes exigeant dans sa composition minérale des éléments distincts, Dieu, dans sa sagesse, a voulu que la terre, abandonnée à elle-même, s'améliorât sans cesse en se couvrant d'un mélange d'arbres et de végétaux de toute nature, puisant, en son ensemble, chacun la nourriture qui lui est spéciale, et l'enrichissant successivement des dépouilles minérales enlevées à l'atmosphère. Cette variété de plantes de toutes sortes, à racines plus ou moins profondes et plus ou moins volumineuses, à besoins différents, était nécessaire pour utiliser la diversité des éléments utiles du sol, et donner aux animaux qui devaient l'animer la plus abondante nourriture.

L'homme, obligé, pour ses besoins, de substituer une plante unique à la multiplicité de celles dont se couvre la terre en liberté, doit changer la loi naturelle, et se trouve dans l'impérieuse nécessité, s'il veut obtenir de son labeur le meilleur résultat possible, de faire succéder les plantes les unes aux autres, dans un ordre raisonné, d'après les données que nous venons d'indiquer ci-dessus de la composition de la plante et de l'engrais minéral.

Il doit faire alterner la plante riche en potasse avec celle où la substance prédominante est, soit l'acide sulfurique, soit l'acide phosphorique, soit la chaux, etc.; la racine dont le pivot va puiser les sucs nourriciers aux plus grandes profondeurs du sol, avec la plante dont le chevelu ne sert qu'à épuiser la couche supérieure; celle qui exige des binages répétés, avec celle plus salissante où se multiplient les mauvaises herbes; en un mot il doit chercher l'assolement qui lui donne le plus fort produit brut, compatible avec le bénéfice le plus élevé, en augmentant toutefois la fertilité native de sa terre.

Appuyé sur ces principes, créons un spécimen de l'agriculture nouvelle, dont l'Europe étonnée suivra, avec une attention qui égalera son admiration, les détails les plus minutieux, que nous nous ferons un devoir de livrer à la publicité, avec la précision et la vérité la plus entière.

Prenons un domaine de cent hectares ayant la fertilité moyenne du sol de l'ensemble du territoire français, c'est-à-dire du prix de 1,000 francs l'hectare, d'un rendement de 14 hectolitres en blé et d'un prix de location de 37 francs, abstraction faite des prés naturels qui peuvent l'accompagner.

Ayant dix hectares en vignes, dix hectares en prairie naturelle, dix hectares en luzerne, et partageant le surplus en sept soles égales de dix hectares chacune, soumises à la rotation suivante : 1° Pommes de terre, betteraves, tabac, chanvre, lin, garance; 2° blé; 3° trèfle; 4° blé; 5° colza avec carottes; 6° seigle vert, suivi de maïs vert; 7° enfin, colza avec carottes.

La pomme de terre doit, d'après la composition de l'engrais minéral, former la base de notre exploitation.

Dans la *Statistique agricole de la France*, page 321, Royer, l'agronome de notre pays qui a le mieux connu la culture de la pomme de terre, parce qu'il l'avait étudiée non-seulement en France, où elle se trouve trop négligée, mais dans les différentes parties de l'Allemagne, où elle est l'objet des soins les mieux entendus, nous donne des conseils qui me semblent trop précieux pour que, malgré leur longueur, j'en prive mes lecteurs :

« Si la divine Providence, mettant à la disposition
» de l'homme le plus habile en économie rurale tous
» les trésors de son inépuisable bonté, lui avait permis
» d'en composer une plante qui réunît à elle seule tous
» les avantages qu'il pourrait imaginer, je suppose

» que le génie de cet homme eût été bien supérieur
» s'il avait su fabriquer une plante égale en mérite à
» la pomme de terre. L'Europe entière devrait élever
» un monument gigantesque à celui qui l'a dotée de
» ce précieux végétal, et il est permis de s'étonner que
» l'Angleterre, sa patrie, dit-on, n'ait pas pris encore
» cette noble initiative. Sir Walter Raleigh rendit
» certainement à son propre pays un service beaucoup
» plus grand que Backwell par ses travaux sur le bé-
» tail, et tout l'ancien monde fut doté, par son discer-
» nement judicieux, de ce qu'il y avait de plus pré-
» cieux dans le nouveau ; conquête bien différente de
» celle des Pizarre et des Cortez, qui préviendra ou
» consolera de nombreuses infortunes, et ne coûta pas
» une goutte de sang.

» La pomme de terre est le type le plus parfait,
» non-seulement des plantes sarclées qui servent à la
» nourriture du bétail, c'est-à-dire des plantes les plus
» précieuses de notre économie rurale, mais encore
» de tous les êtres utiles à l'homme. Son influence sur
» l'économie sociale de la France n'a pas encore été
» suffisamment appréciée ni peut-être comprise, au-
» trement sa culture se serait étendue beaucoup plus
» rapidement qu'elle ne l'a fait, et se serait surtout
» beaucoup perfectionnée. Rien n'est plus digne de
» l'active sollicitude et de tous les encouragements
» imaginables du pouvoir et des amis de leur pays
» que cette espèce de panacée universelle qui, par son
» action indirecte, peut rendre à jamais impossibles
» chez nous la disette et le paupérisme.

» Par son mode de végétation et les soins de sa cul-

» ture, la pomme de terre, avons-nous dit, est le type
» des plantes sarclées, dans l'état d'imperfection ac-
» tuelle, du moins, de notre économie rurale. Ces vi-
» goureux tubercules utilisent parfaitement le défon-
» cement du sol, dont l'ameublissement, après l'arra-
» chage, est souvent trop considérable pour le succès
» immédiat des céréales d'automne. Contrairement
» aux racines qui se sèment de graine et nécessitent,
» pendant leur premier et chétif développement, des
» sarclages et binages à la main, toujours très coû-
» teux et quelquefois impossibles, le premier sarclage
» des tiges vigoureuses de la pomme de terre est
» donné par des chevaux et des herses en fer, en at-
» tendant la houe à cheval et le buttoir ; enfin l'arra-
» chage même peut s'effectuer à la charrue pour cette
» seule racine. Tous les sols, tous les climats lui suf-
» fisent, et c'est peut-être son plus grand défaut, à
» cause de l'abus qu'on en fait, de la détestable cul-
» ture, de l'insuffisante fumure qu'on lui accorde
» trop souvent, à elle, dont le mérite le plus précieux
» peut-être est de s'arranger parfaitement des fumures
» les plus énormes, des façons les plus vigoureuses,
» qu'aucune autre plante ne saurait permettre et payer
» aussi bien. Non-seulement par elle-même la pomme
» de terre est une source abondante d'engrais, mais
» indirectement elle ne l'est pas moins encore, en pré-
» parant admirablement le sol à recevoir, sous une
» céréale de printemps, les fourrages vivaces ou bis-
» annuels qui conviennent le moins à la nature même
» de ce sol dans les circonstances ordinaires de prépa-
» ration ; tel le trèfle sur les sols calcaires, etc., etc.

» *Par la nature et l'abondance presque illimitée de*
» *son produit*, la facilité de sa conservation, l'in-
» croyable diversité de ses usages et de son utilité,
» l'abondance de ses résidus dans diverses fabrica-
» tions, etc., etc., la pomme de terre est vraiment
» digne de notre admiration. Les tiges elles-mêmes,
» accessoire insignifiant du produit, le plus souvent
» abandonné, sont un fourrage médiocre, il est vrai ;
» mais enfin, soit pour cet usage, soit comme litière,
» elles sont une matière à fumier qui n'est point à dé-
» daigner. Quant aux tubercules, leurs diverses va-
» riétés, hâtives, de saison, tardives, abondantes ou
» délicates, sont pour l'homme et pour les animaux
» une ressource de toute l'année, à peu de chose près,
» et des plus précieuses comme des plus économiques,
» qui, *par la consommation directe intégrale*, rend tou-
» jours au sol avec usure, nous l'avons dit déjà, tout
» l'engrais qu'elle lui a enlevé et beaucoup au delà. »

En comblant tour à tour les déficits des céréales et
des plantes fourragères, elle donnera désormais à l'a-
griculture la liberté d'évolution et la régularité dans
la quantité et la valeur de ses produits, qui lui ont,
jusqu'à ce jour, toujours fait défaut.

La sole destinée à la culture de la pomme de terre
sera défoncée en automne par un double labour à la
charrue ordinaire et à la charrue sous-sol, qui ameublira la couche profonde, sans la ramener à la surface.

Au printemps, on donnera une fumure de 42,000
kilogrammes par hectare, composée de 36 tonnes de
fumier de ferme et de 6 tonnes d'engrais minéral

pulvérisé, répandu pendant l'hiver sur le tas de fumier à chaque adjonction d'une couche nouvelle.

On plantera ensuite, selon l'habitude, dans la raie tracée par la charrue et en lignes, 25 hectolitres de tubercules moyens, en ayant soin de recouvrir chacun d'eux d'une forte poignée d'engrais minéral enrichi par un mélange préalable de phosphate de chaux en poudre, dans la proportion de 2,000 kilogr. d'engrais minéral et de 400 kilogr. de phosphate de chaux.

Au moment où les pousses de la pomme de terre seront sur le point de percer la croûte du sol, on la rompra et on l'ameublira encore par un énergique hersage en long et en travers. On maintiendra ensuite la terre dans un parfait état de propreté et d'ameublissement, en donnant successivement, pendant le cours de la végétation, d'abord deux sarclages à l'aide de la houe à cheval, puis ensuite deux buttages, dont le second sera plus énergique que le premier. Lors de la maturité, qui se trouvera hâtée par la présence de l'engrais minéral, on arrachera le produit avec la charrue.

Sans nouveau labour, on sèmera en automne le blé avec 2,000 kilogr. d'engrais minéral, on hersera et on roulera.

Au printemps suivant, on sèmera le trèfle dans le blé, avec 2,000 kilogr. d'engrais minéral. La même quantité sera répandue sur ce trèfle en mars de la troisième année, aussitôt après la cessation des gelées.

Après les récoltes de cette plante fourragère, on sèmera le second blé, avec 2,000 kilogr. d'engrais minéral, sauf à en répandre au printemps sur l'emblavure une pareille quantité.

La quatrième année, aussitôt la récolte du blé enlevée, on déchaussera avec l'extirparteur et on sèmera, sans désemparer, du sarrasin destiné à être fauché en vert et conservé à l'état de dessication, pour faire partie, pendant l'hiver, dans une certaine proportion, de la ration alimentaire du bétail.

En octobre, on donnera une fumure de 30,000 kilog., composée de 26 tonnes de fumier de ferme et de 4 tonnes d'engrais minéral, que l'on enterrera par le labour destiné au repiquage du colza, et l'on ajoutera en outre une forte pincée d'engrais minéral au pied de chaque plant.

Au printemps de la cinquième année, après un premier binage soigné donné au colza, on sèmera en lignes, entre les rangs du colza, la carotte blanche des Vosges, à l'aide du semoir, ou l'on repiquera, à volonté, des betteraves semées sur couches. On donnera sarclage et binage, ou l'un d'eux seulement, selon la nature de la racine, dès que la première récolte sera enlevée. Lors de ce semis ou de ce repiquage, on ajoutera 2,000 kilogr. d'engrais minéral. On obtiendra de la sorte un supplément de 20 à 25,000 kilogr. de racines. On arrachera fin octobre, et grâce à l'activité prodigieuse qui sera donnée à la végétation des plantes par l'engrais minéral, nous pourrons encore faire suivre à la récolte des racines un seigle semé sur simple hersage, avec 2,000 kilogr. d'engrais minéral, qui sera destiné à être coupé en vert dans le courant de mai de l'année suivante. On sèmera immédiatement après, avec 2,000 kilogr. d'engrais minéral et 300 kilogr. de phosphate de chaux, un mélange de maïs, de pois jarrosses, de moha, de sarrasin et d'avoine pour fourrages.

En automne de la sixième année, on repiquera le colza, comme dans la cinquième sole, puis au printemps suivant on sèmera et on replantera carottes ou betteraves, ainsi qu'il a été expliqué, avec même proportion d'engrais minéral.

Les dix hectares consacrés à la luzerne seraient préalablement défoncés en automne par un double labour, exécuté à l'aide de la charrue ordinaire, suivie de la charrue à sous-sol; 5 tonnes d'engrais minéral seraient répandues par hectare sur la surface du sol avant le labour du printemps, et 5 tonnes lors de l'ensemencement, avant le hersage. Tous les ans, après les gelées, on sèmerait à la volée, pendant toute la durée de la plante, 4 tonnes d'engrais minéral par hectare, qu'on incorporerait au sol par un hersage en long et en travers, qui aurait en outre pour résultat de détruire les mauvaises herbes et de donner un surcroît de vigueur au plant profondément enraciné de la luzerne.

Après cet exposé, qui, quelque aride qu'il ait pu paraître, nous a semblé nécessaire, examinons rapidement les résultats de l'agriculture à base de l'engrais minéral, telle que nous venons de l'indiquer. Une seule méthode peut nous permettre d'atteindre sûrement ce but. Dressons un compte aussi exact que possible des frais de toute nature qui, dans notre département, incombent à chacune des plantes de notre assolement. Leur soustraction du chiffre total de la valeur vénale de chaque récolte, augmentée de la plus-value ajoutée chaque année au sol, nous donnera un reliquat qui constituera le bénéfice net.

Nous avons fixé à 37 fr. le prix annuel de la location de notre terre, déduction faite des prés naturels qui peuvent l'accompagner.

Adoptons pour les frais généraux, qui se composent de l'impôt, des frais d'administration, de l'intérêt des avances nécessaires à la culture, et enfin de toutes ces menues dépenses qui échappent aux classifications ordinaires et auxquelles on ne peut se soustraire, telles que l'éclairage, le blanchissage, le chauffage, mais dont une partie assez importante doit être portée au compte du bétail, le chiffre de 52 fr. par hectare, indiqué par le chef vénéré de l'école pratique, M. Mathieu de Dombasle, quoiqu'il soit considéré, avec raison, comme un peu trop élevé. Enfin, d'accord avec les praticiens les plus recommandables, j'estime les 100 kilogr. de phosphate de chaux en poudre à 6 fr., la tonne de fumier de ferme à 10 fr., et celle de l'engrais minéral en poudre à 15 fr., le tout répandu sur le sol.

Notre assolement septennal se divise en deux parties bien distinctes. La première, de quatre ans, se compose de pommes de terre, de blé, de trèfle et de blé, et reçoit 36,000 kilogr. de fumier de ferme, 18,000 kilogrammes d'engrais minéral et 400 kilogr. de phosphate de chaux fossile, d'une valeur totale de 654 fr. La répartition de ces frais d'engrais me semble devoir s'opérer entre chacune des quatre plantes ainsi qu'il suit : 200 fr. pour la pomme de terre, 185 pour chacune des deux récoltes de blé et 84 pour celle du trèfle.

Dans la seconde partie de l'assolement, les deux colzas avec racines, séparés par une double récolte de fourrages verts, recevront 26,000 kilogr. de fumier de ferme, 17 tonnes d'engrais minéral et 300 kilogr. de phosphate de chaux, le tout estimé à 517 fr. Nous pouvons, dans la répartition de cette somme, attribuer 225 fr. à chacun des deux colzas, et 67 fr. pour les deux récoltes intercalaires du seigle vert et du maïs vert.

A l'aide de ces données, il nous sera facile de fixer très approximativement la quote-part des frais incombant à chacune des récoltes de notre assolement, surtout en nous aidant des indications précieuses que nous fournit la grande enquête agricole de 1868 sur les prix de revient de chaque culture dans notre département et les départements voisins.

Frais par hectare de la culture des pommes de terre :

Location du sol	37 fr.
Frais généraux	52
Engrais.	200
Trois labours, à 18 fr. . . .	54
Semence, 20 hectol., à 3 fr. . .	60
Plantation	10
Façons diverses	74
Arrachage, rentrée, etc. . . .	60
Total. .	547 fr.

La récolte dépassera la moyenne de 20,000 kilogr.,

qui, à 4 francs les 100 kilogr., aura une valeur de 800 fr., à laquelle il faut ajouter celle des fanes, que nous fixons à 10 fr., et de l'amélioration du sol, qui sera au moins de 40 fr.; total, 850. Le produit net sera donc de 303 fr. par hectare.

Frais par hectare de la culture du blé :

Location du sol et frais généraux, comme
 ci-dessus . . . . 89 fr.
Engrais 185
Un labour, hersage et ensemencement. . 25
Sarclage 3
Semence, 2 hectol. 40
Récolte, battage. 65
         Total. . 407 fr.

L'ensemencement du premier blé se fera après l'arrachage des pommes de terre, sans labour, sur de simples hersages ; celui du second blé, succédant au trèfle, s'exécutera sur un labour unique.

Le produit brut se composera de 30 hectolitres de grains à 18 fr., de 4,500 kilogr. de paille à 30 fr., et de la plus-value du sol, fixée à 40 fr.; en tout, 715 fr., laissant en conséquence, tous frais déduits, un bénéfice net de 302 fr.

Nous aurons pour frais par hectare de la récolte du trèfle :

Location et frais généraux . . . . . . 89 fr. »
Engrais . . . . 84 »
       A reporter. . 173 »

	Report . . .	173	»
Semence, 18 kilogr. à 1 fr. 20. . . .		21	60
Ensemencement.		3	50
Fauchage (deux coupes), six journées			
d'hommes à 3 fr. 50		21	»
Fanage et transport.		24	»
	Total. .	243 fr.	10

Comme le rendement moyen de cette prairie artificielle sera de 8,000 kilogr., à 50 fr. les 1,000 kilogr., nous obtiendrons 400 fr., auxquels il faut ajouter 40 fr. pour amélioration du sol; en tout, 440 fr. Le bénéfice net sera donc de 197 fr.

Entre la récolte du second blé et le repiquage du colza, nous aurons une récolte dérobée d'un mélange de moitié d'avoine et de moitié de sarrasin, qui n'aura à supporter aucune part des frais d'engrais, de location du sol et des frais généraux, dont le coût s'élèvera à 60 fr. au maximum et nous laissera un bénéfice de 40 fr., en nous procurant de 8 à 10,000 kilogr. de fourrage vert.

Notre terre, après cette période de quatre ans, saturée d'engrais minéral, aura alors acquis un degré de fertilité suffisant pour nous permettre d'aborder, dans la seconde partie de notre assolement, la culture beaucoup plus rémunératrice des plantes industrielles les plus exigeantes, notamment du colza, avec semis au printemps, entre les lignes, de carottes à collet vert ou avec repiquage de betteraves.

Les frais de cette double récolte s'élèveront à :

Location du sol et frais généraux. . . . . 89 fr.

Engrais 225

Labour pour colza. 18

Repiquage de colza en plants. 55

Binage au printemps. 12

Semis de carottes ou repiquage de betteraves
avec plants. 50

Récolte et battage du colza. 45

Sarclage ou binage des carottes ou betteraves. 18

Arrachage et rentrée 50

Total. . 562 fr.

Nous obtiendrons 30 hectolitres, à 25 fr. l'hectol.; 6,000 kilogr. de paille et siliques, à 25 fr. les 1,000 kilogr.; 20,000 kilogr. de racines, à 18 fr. Ajoutant 40 fr. pour la plus-value du sol, le produit brut sera de 1,260 fr., laissant en conséquence un revenu net de 698 fr.

Les deux récoltes successives de seigle vert et de maïs vert pour fourrages nous coûteront : location du sol et frais généraux, 89 fr.; engrais, 67 fr.; ensemencement, hersage, 7 fr.; seigle, 2 hectolitres, 30 fr.; fauchage, 9 fr.; fanage, 12 fr.; transport, 12 fr.; labour, 18 fr.; semence de maïs mélangée, 25 fr.; hersage, 7 fr.; fauchage du maïs, 12 fr.; transport, 14 fr.; en tout, 304 fr.

Le produit brut sera de 4,000 kilogr. de seigle vert desséché, à 48 fr. les 1,000 kilogr.; de 35,000 kilogr. de maïs mélangé, à 10 fr. les 1,000 kilogr., et de la plus-value du sol, portée comme ci-dessus à 40 fr.;

en tout 582 fr., et donnera un produit net de 278 fr.

En dehors de notre assolement, mais devant y rentrer à chaque révolution, nous avons dix hectares de luzerne qui nous coûteront par hectare : 1º Frais de la première année : location du sol, 37 fr. ; frais généraux, 26 fr. ; engrais, 150 fr. ; deux labours, dont un avec la charrue sous-sol, 36 fr. ; un labour de printemps, 18 fr. ; hersage et ensemencement, 6 fr. ; semence, 36 fr. Total, 309 fr. 2º Frais des années suivantes : location du sol, 37 fr. ; frais généraux, 26 fr.; hersage, 6 fr. ; engrais minéral, 4,000 kilog., 60 fr. ; fauchage, 18 fr. ; fanage, 12 fr. ; transport, 14 fr. En tout, 173 fr.

La luzerne, nous coûtant 309 fr. la première année et 173 fr. pour chacune des six autres, nécessitera, pour les sept années de sa durée, une dépense totale de 1,347 fr. par hectare, c'est-à-dire de 192 fr. par an.

Son produit, abstraction faite de celui de la première année, que nous considérons comme à peu près nul, sera, par an et par hectare, de 9,000 kilog., qui, à 48 fr. les 1,000 kilog., vaudront 432 fr., auxquels nous ajouterons 20 fr. pour plus-value du sol, soit en tout 452 fr., qui, multipliés par les six années de production utile, nous donneront un produit brut total de 2,712 fr., laissant par an et par hectare un revenu net de 195 fr.

Je passe sous silence la création de nos dix hectares de vignes que nous effectuerons à frais réduits, en semant en lignes dans une terre de jardin les yeux des rameaux du plant que nous adopterons et que nous transplanterons après la seconde année. Avec **nos**

lignes de fil de fer remplaçant nos échalas, la taill
selon la méthode du docteur Guyot, l'emploi de l'ei
grais minéral si parfaitement approprié aux besoin
de la vigne, nous atteindrons le but, si vainemer
cherché jusqu'ici, d'obtenir la quantité jointe à l
qualité du produit.

Le revenu net de l'hectare sera de 250 fr. enviroi
ainsi que je l'établirai dans une étude spéciale sur l
vigne.

Le bénéfice net ne constitue que l'un des élémen
du résultat final que doit se proposer le véritabl
agriculteur; il en est un plus important encore qi
doit être le but constant de ses efforts, *celui de l'am*
lioration rapide et continue de sa terre. L'engrais form
bien la matière première de toute récolte, mais, pou
qu'il puisse produire le maximum de son effet utile
il est indispensable, ce que l'on ne sait pas assez, qu
le sol ait atteint un certain degré de fertilité.

« L'expérience, nous dit Lecouteux dans son bea
» livre du *Traité des entreprises de culture améliorant*
» n° 175, a démontré que d'une part aucune plant
» n'a le pouvoir d'absorber tout l'engrais conten
» dans le sol, et que, d'une autre part, avant de céde
» son engrais aux plantes, le sol a besoin d'une cei
» taine quantité de matière fertilisante qu'il s'assimil
» en quelque sorte pour ses propres besoins. N
» pourrait-on pas appeler cette portion d'engrais assi
» milée au sol *sa fumure d'entretien,* comme on appell
» *ration d'entretien* la portion d'aliments· que les ani
» maux s'approprient pour renouveler leurs pertes e
» s'entretenir en bonne santé ?

» Poursuivant cette analogie, on nommerait alors
» *fumier de production* la portion d'engrais que les
» terres convertissent intégralement en récoltes, ab-
» solument comme on désigne sous le titre de *ration*
» *de production* la portion alimentaire que les animaux
» transforment en lait, viande, laine, engrais, etc.

» Cette distinction des fumures est, ce nous semble,
» de la plus haute importance, alors surtout qu'opé-
» rant sur des terres pauvres, il s'agit de les amener
» à cet état normal de fumure où l'engrais donne tout
» son effet utile. *On ne sait pas assez ce qu'il en coûte*
» *d'avances pour fertiliser les terres maigres, pour leur*
» *donner cette portion d'engrais en réserve qui agit*
» *lentement, qui améliore les propriétés du sol,* et qui,
» remplacée non moins lentement par d'autres engrais
» importés, finit par devenir soluble, par se transfor-
» mer en récoltes. »

Auguste Bella, le directeur fondateur de Grignon,
à la suite d'une longue et savante pratique agricole,
a essayé de traduire cette loi, autant qu'il était possible de le faire, par les chiffres suivants : un quintal métrique de fumier normal de ferme rend ordinairement 15 kilog. de blé et au-dessus dans une
terre de haute fertilité, 10 kilog. de blé dans une
terre de moyenne fertilité, et 5 kilog. de blé et au-
dessous dans une terre pauvre.

De même que plus une machine est perfectionnée,
et plus avantageusement la matière première se trouve
transformée en produits manufacturés, ainsi plus la
terre sera fertile, et plus d'une quotité d'engrais déterminée on obtiendra une plus abondante récolte.

Pour que notre agriculture soit bien réellement progressive, que l'assolement que nous venons d'examiner puisse être considéré comme bon, il est indispensable que notre terre reste la dernière année plus riche en éléments de fertilité qu'elle ne l'était la première année, en un mot qu'elle reçoive beaucoup plus par les engrais qu'elle ne perd par les récoltes exportées au dehors.

Il me semble inutile d'établir ici le calcul auquel chacun peut si facilement se livrer, à l'aide de l'examen de la composition des plantes et de l'engrais minéral, et qui nous démontrera combien sera énorme, dans notre assolement, la différence qui existera en faveur des quotités de substances utiles données au sol par l'engrais minéral, comparées à celles qui lui seront enlevées par l'exportation des denrées et animaux de la ferme.

Si nous totalisons l'ensemble des substances destinées à l'alimentation du bétail, et préalablement ramenées à l'unité employée, le foin naturel sec, nous trouvons que chaque année de notre assolement nous donnera, pour les 90 hectares de notre exploitation, vignes déduites, l'énorme quantité de 550 tonnes de fourrage sec ou leur équivalent, et de 160,000 kilog. de paille.

Comme nous savons que l'animal, nourri selon sa destination, doit consommer en moyenne 1,100 kilog. de foin, ou son équivalent, pendant l'année, par chaque quintal métrique (100 kilog.) de son poids vivant, il en résultera que nos 550 tonnes de fourrage permettront d'entretenir 50,000 kilog. de viande vi-

vante, ou 125 têtes de gros bétail du poids de 400 kilog., ce qui nous donnera, pour chacun de nos 90 hectares, le chiffre de une tête quarante centièmes. Or,
tout cultivateur sait que l'entretien d'une tête quarante centièmes, c'est-à-dire presque une tête et demie
de gros bétail par hectare, dépasse les rêves les plus
brillants des théoriciens les plus hardis de la culture
intensive par l'élève du bétail. Ce résultat ne peut
être atteint, dans l'état actuel de notre agriculture,
qu'à l'aide de l'engrais minéral.

En élevant rapidement le degré de fertilité du sol,
on augmentera la richesse et l'importance des récoltes, et il sera bientôt possible d'abaisser sans inconvénient, dans une assez notable proportion, l'emploi de l'engrais minéral, ou, ce qui sera plus
avantageux encore, d'augmenter dans l'assolement la
part des plantes industrielles.

Si on opère sur des terres de mauvaise qualité, rien
ne sera plus facile que de décupler en quelques années
leur valeur, car l'engrais minéral, bien supérieur,
sous ce rapport, au fumier de ferme, conserve son
efficacité, ainsi que je l'ai constaté par les expériences
les plus décisives, pendant une longue période. Nous
atteindrons rapidement à ce résultat, presque exclusivement à l'aide des bénéfices que donnera la culture
elle-même, ce qui, dans l'état actuel de l'agriculture,
est tout simplement impossible, ainsi que ne l'attestent
que trop les ruines laissées par tous ces généreux
athlètes qui, comptant trop sur leurs forces et leurs
efforts, sont venus se briser sur cet écueil fatal et ont
vainement tenté de franchir un abîme qui, sans l'aide

de l'engrais minéral, fût resté à tout jamais infranchissable.

Le revenu brut de l'hectare de vigne étant, en moyenne, de 750 fr., laissant un revenu net de 200 fr., nous obtiendrons pour total du revenu brut annuel de nos cent hectares 70,240 fr., et pour total du revenu net 31,630 fr.; en un mot, le revenu brut annuel de chaque hectare s'élèvera à 702 fr., et le revenu net à 316 fr.

Comme les autorités les plus compétentes portent de 120 à 140 fr. par hectare la moyenne annuelle du produit brut des 49 millions d'hectares de notre sol français, déduction faite des trois millions occupés par les chemins, les rivières, les villes, etc., et que toutes les terres, sauf de bien rares exceptions, peuvent être facilement élevées à une production égale à celle du domaine dont nous venons de nous occuper, on comprend qu'il est possible de quintupler le revenu brut agricole de notre pays et de le porter à trente-cinq milliards.

En principe, la rente du propriétaire et le bénéfice du fermier suivent, comme on le sait, une progression d'autant plus rapide que plus considérable se trouve le produit brut de la terre. Ainsi, en France, avec un produit brut de 130 fr. par hectare, la rente du propriétaire est environ de 30 fr., et le bénéfice du fermier de 11 fr.; tandis que l'Angleterre proprement dite, avec son revenu brut de 220 fr., paie une rente et un bénéfice de 60 et de 32 fr., c'est-à-dire une somme deux ou trois fois supérieure.

En France, l'hectare de terrain vaut en moyenne

1,000 fr., et en Angleterre 2,500 fr., et cependant le sol français, tel qu'il est sorti des mains du Créateur, avec le soleil qui le vivifie, était bien supérieur au sol primitif anglais, qui se trouve en outre moins favorisé par le climat. L'activité et l'industrie de l'homme ont seules créé cette incontestable supériorité, qu'à notre tour nous allons, à l'aide de l'engrais minéral, dépasser rapidement. Ce seul progrès augmenterait notre capital agricole de soixante-quinze milliards.

Avec la culture intensive, la terre française pourra porter sans effort, comme la terre anglaise, un impôt cinq fois plus considérable.

Avant les funestes traités des 26 février et 10 mai 1871 et la convention du 12 octobre de la même année, nos 50,700,000 hectares de terres imposables se décomposaient ainsi qu'il suit :

Prairies naturelles. .	5,000,000	hectares.
Vignes	2,700,000	—
Jardins et vergers. .	2,000,000	—
Terres arables . . .	25,000,000	—
Bois	8,000,000	—
Landes et pâtis. . .	8,000,000	—
Total.	50,700,000	hectares.

Si de ce chiffre nous retranchons les 1,447,466 hectares dont nous avons été dépouillés, les bois, les vignes, les jardins et vergers, il nous reste 36 millions et demi d'hectares en prés et champs, qui, cultivés ainsi que nous venons de l'indiquer ci-dessus, nous permettront d'élever, à raison d'une tête quarante centièmes de gros bétail, du poids de 400 kilog., par hectare, 51,100,000 têtes, ou leur équivalent, au lieu de 16,000,000 têtes plus ou moins chétives que nous possédons.

Les 12 millions d'hectares semés en blé nous donneront un total de 360 millions d'hectolitres de blé, c'est-à-dire plus de trois fois ce que nous produisons aujourd'hui.

Enfin , les 7 millions d'hectares de colza nous donneront 210 millions d'hectolitres de cette graine précieuse, dont nous inonderons le monde entier.

La vigne , sous l'action de l'engrais minéral , qui semble plus particulièrement apte à lui donner une activité de végétation toute nouvelle , en même temps qu'il la délivrera à tout jamais de ses milliers d'ennemis, qui ont jusqu'à présent bravé tous les efforts de la science et de l'intelligence humaine , verra sa production s'améliorer en qualité et dépasser le chiffre de cent millions d'hectolitres.

Nous allons enfin jouir de la vie à bon marché, ce mirage décevant qui jusqu'ici , comme celui du désert, semblait s'éloigner d'autant plus que, dans notre souffrance, nous espérions nous en approcher davantage. La vie à bon marché! le plus grand des bienfaits que puisse souhaiter un peuple, ce rêve de tant de bons esprits qui , dans leur imprévoyance , marchent contre le but qu'ils se proposent !

Pain, viande, vin , sucre, alcool, vont, par leur abondance et leur bas prix, être à la portée de tous, en même temps que le salaire s'accroîtra. Désormais va disparaître cette iniquité flagrante, cette violation du repos de notre société, d'un travail industriel plus chèrement rétribué que le travail agricole. L'ouvrier des campagnes, satisfait du bien-être nouveau que va lui donner l'agriculture régénérée, n'abandonnera plus le foyer qui l'a vu naître, la famille qui l'a élevé, pour aller tenter les hasardeuses aventures d'une vie errante et les chances défavorables de l'inconnu.

Le second empire, au mépris des conseils donnés par ses plus sages amis, en attirant à Paris et dans les grands centres industriels, au grand détriment de l'agriculture, toutes les forces vives du pays, toute l'élite des classes ouvrières, a précipité notre société tout entière dans un abîme dont elle ne peut sortir malgré tous ses efforts, et où elle risque à chaque instant de sombrer à tout jamais.

Par cette accumulation inepte et fatale, il a créé une armée permanente du désordre, là même où se trouvait cet état-major tout formé de déclassés haineux, aspirant à conquérir honneurs et fortune autrement que par le travail et la moralité, et qui sont devenus ses chefs naturels. Le droit à la grève, l'organisation des caisses de secours, le suffrage universel absolu, ont fourni la légalité, l'argent et l'influence nécessaires pour doter l'engin de destruction de toute sa perfection et en faire le bélier le plus terrible à l'aide duquel il eût encore été permis de battre en brèche la civilisation, pour la faire écrouler tout entière dans la barbarie.

A cette puissance formidable, que l'on semblait prendre plaisir à fortifier encore en la traitant d'égale à égale, il fallait, comme à la plèbe romaine, prodi-

guer pain et plaisirs à vil prix ; créer toujours, sans
reculer devant les plus énormes sacrifices, ces tra
vaux improductifs permettant de distribuer un salaire
croissant avec la diminution des heures du travail, et
jeter en pâture à ce monstre insatiable l'agriculture
et tous les principes qui font la force et la vitalité
d'une société.

A la race française, si nerveuse, si impressionnable
si portée aux excitations des sens, il faut le grand air
des champs, la vie régulière et frugale de la campagne
les mœurs pures, les enseignements de la religion
L'attraction si puissante qu'exercent sur elle les grandes
agglomérations, la prédominance des grands centres
industriels, affinent trop cette population si intelli
gente, si vive, si sociable, si sympathique, l'énerven
et lui font perdre sa virilité, en la livrant à l'air vicié
à la dépravation, aux aberrations de l'esprit, à l'abus
des plaisirs précoces, à la plus abrutissante et com
plète dégradation.

L'expérience de ces dernières années ne nous a
que trop démontré avec quelle rapidité vertigineuse
cette race, trop concentrée sur elle-même, glisse, sous
l'influence des mauvaises doctrines et des passions
matérielles et sensuelles, dans la voie fatale de l'ivro
gnerie, de la licence, de la débauche, et s'affaiblit au
triple point de vue moral, physique et intellectuel.

Jamais, à aucune époque de notre histoire, le de
voir de retremper aux sources vivifiantes cette race
qui s'étiole et dégénère, ne s'est imposé à l'homme
d'Etat avec une telle nécessité.

C'est une question de vie ou de mort pour notre

pays. Dieu, qui veut sauver son peuple bien-aimé, nous donne le remède au jour même où il est devenu le plus indispensable. Jamais son intervention dans les affaires de ce monde n'aura été plus providentielle et plus visible.

Que l'on s'étonne ensuite de cet autre fléau qui nous ruine et qui n'est que la conséquence du premier, ce temps d'arrêt et de recul dans le progrès de notre population, qui, s'il devait se prolonger encore pendant quelques années, aurait pour résultat inévitable de nous faire disparaître à tout jamais, comme après l'époque gallo-romaine, dans le flot d'une nouvelle invasion des barbares du Nord.

Le culte du veau d'or, le besoin d'un luxe factice, l'amour d'un bien-être exagéré, l'affaiblissement du sens moral et religieux, cette envie haineuse, fille d'une égalité impossible, qui nous ronge et qui fait exécrer à la grenouille de la fable le bœuf qu'elle s'efforce ridiculement d'atteindre, l'abandon des mœurs simples d'autrefois, ont, comme une funeste gangrène, de la grande ville gagné les campagnes les plus reculées.

Si à Paris la cherté des logements et de la vie matérielle, les besoins dépassant les ressources, l'immoralité qui a envahi toutes les classes de la société, l'abandon de la vie de famille, l'égoïsme, ont eu pour effet de restreindre le nombre des mariages, de les rendre plus tardifs et moins féconds, d'abaisser le chiffre des naissances, d'augmenter dans une effrayante proportion celui des enfants naturels, de les livrer en masse, légitimes et naturels, à ces spéculations monstrueuses des faiseuses d'anges qui peuplent chaque année les cimetières des départements qui entourent Paris d'un plus grand nombre de cadavres que n'en laissent sur le champ de bataille les mêlées d'hommes les plus meurtrières ; le mal, pour être moins hideux et moins intense, n'y exerce pas moins des ravages qu'il faut arrêter à tout prix.

La France entière fournit un trop large tribut de la fleur de sa jeunesse à ce minotaure insatiable de chair humaine qui s'appelle Paris.

Si pendant la guerre un des grands éléments de la puissance d'une nation dépend du nombre d'hommes qu'elle peut mettre sous les armes, sa puissance réelle et permanente réside dans le nombre de bras qu'elle emploie au travail. Pour avoir des soldats, il faut d'abord avoir des hommes et les avoir disciplinés et vigoureux ; on a trop longtemps oublié, on oublie surtout trop à cette heure cette vérité naïve, que les douloureux événements qui viennent de nous frapper si cruellement n'ont cependant que trop mise en relief. Un grand fait indéniable, indiscutable, effrayant, domine toute la question. Notre population s'accroît avec une lenteur fatale, tandis que celle des grands Etats voisins augmente avec une rapidité consolante pour l'humanité, *inquiétante* pour l'avenir de notre pays.

Si nous jetons les yeux sur les résultats officiels des derniers recensements, nous constatons avec une poignante amertume, pour ces vingt dernières années, une augmentation insignifiante de 47,178 habitants par an, alors que sous la Restauration elle flottait entre 2 à 300,000, avec une population inférieure d'un sixième. La dernière guerre ne nous a que trop révélé que l'énergie, la discipline, la vigueur, le patriotisme, qui suppléent si souvent au nombre, avaient, hélas ! subi la même défaillance.

A la lueur des lois qui régissent la population de l'Europe, nous voyons chez nous l'enfant, cet avenir de toute société, disparaître, et le vieillard dominer. Avec une population plus faible, l'augmentation annuelle des habitants de l'Angleterre se trouve, malgré les pertes énormes de l'émigration, dépasser encore 400,000 ; en Prusse, cette augmentation, calculée sur un chiffre de population égale à la nôtre, serait de plus de 500,000.

A l'heure où la France, écrasée sous le poids de calamités sans exemple, doit chercher à se relever de ses ruines, sa première et sa plus exclusive pensée doit être de reconstituer, de réorganiser la vie humaine. Il y va, on ne saurait trop le *graver en lettres de feu,* de son indépendance, de son existence dans un avenir prochain et qu'on peut prévoir presque mathématiquement, si on ne se hâte d'apporter un remède aussi énergique que le mal à combattre.

Un département entre tous, celui où je suis né, a été plus spécialement atteint par le fléau que je signale. Le département de la Haute-Saône, qui en 1841 avait plus de 352,000 habitants, a vu depuis sa population décroître avec une rapidité qui dépasse toutes les bornes de l'imagination, puisqu'à cette heure elle n'est plus que de 303,000 habitants. A la vue de nos terres en friche, de nos fermes délaissées, de l'augmentation du prix des denrées et de tous les maux qui résultent du manque de bras, Dieu a eu pitié de nous et va faire jaillir le remède au centre même du mal.

L'engrais minéral, si l'homme ne vient pas entraver ses effets irrésistibles, va donner à l'activité française un courant nouveau et la replacer sur la grande voie de la régénération et de la véritable prospérité, au grand profit de l'accroissement et de la virilité de la race, de la moralité, de la stabilité et du développement de la richesse publique. Par les bienfaits dont il va combler l'agriculture, il modifiera énergiquement et presque subitement, en sens contraire, l'attraction si désastreuse des grands centres sur les populations rurales, et dissipera comme par enchantement les dangers que présente, pour l'ordre social, cette accumulation excessive d'ouvriers qui, dans leur délire insensé, marchent comme un seul homme à la conquête impossible d'une répartition nouvelle de la richesse.

C'est que l'engrais minéral opérera ses prodiges sur tous les sols, de quelque nature qu'ils soient. Il ne renferme point, comme le fumier, cette multitude de semences qui couvrent bientôt la terre d'une couche épaisse de mauvaises herbes, qu'on ne peut détruire qu'à l'aide de cultures répétées. Sa durée et ses effets sont bien supérieurs à ceux de l'engrais habituel ; il fixe l'azote de l'air pour le fournir à la plante, au fur et à mesure de ses besoins, sous la forme et dans l'exacte proportion qu'elle le réclame ; il hâte, par la chaleur qu'il communique au sol, la végétation de la plante, permet son extension hors des zones qu'elle ne peut aujourd'hui franchir, et en la faisant arriver plus promptement au terme de sa maturité, facilite une succession plus rapide et plus lucrative des récoltes de notre agriculture actuelle. Précieux auxiliaire de la plante, il constitue un poison mortel pour tous les ennemis qui la dévastent impunément et se rient des efforts impuissants de l'homme.

L'engrais minéral donne à la racine et au tubercule une fécule et un sucre plus abondants et plus purs ; à la céréale, un grain plus lourd et plus nutritif ; aux plantes oléagineuses, une graine plus riche en huile ; au tabac, plus de potasse et d'arome. Il augmente le pouvoir des plantes tinctoriales et textiles, la vertu du houblon, la qualité du vin, durcit la tête du chou et de la salade, et rend à toutes les plantes, en les améliorant, une rusticité, une santé, une vigueur de développement dont elles sont déshabituées, tout en doublant et triplant leurs produits sans exiger plus de travail.

L'engrais minéral, par la créosote, la paraphine, l'acide phénique, le chlore et les résines aromatiques qu'il renferme et son incroyable puissance d'absorption des miasmes et gaz de toute nature, assainit les terres les plus malsaines et fera disparaître les fièvres et les maladies qui déciment si souvent des contrées entières. (Voir à la suite du volume, note B.)

De même que la neige qui couvre longtemps la terre s'enrichit des gaz et sels ammoniacaux qui s'en échappent continuellement, ainsi, par le réseau intérieur qu'il formera dans le sol, l'engrais minéral arrêtera toutes les émanations plus ou moins dangereuses qui se forment dans son sein, et s'en emparera pour les faire tourner au profit de la plante.

La terre, toujours en culture, appellera l'emploi plus efficace des instruments perfectionnés, qui viendront bientôt décupler les forces de l'homme.

L'engrais minéral, en se combinant avec un grand nombre de matières aujourd'hui perdues, souvent dangereuses pour l'hygiène et la salubrité, permettra de créer toute une source nouvelle de produits fécondants, qui viendront accroître encore la fertilité du sol. (Voir note C de l'appendice.)

Le paysan, au milieu d'une abondance de produits dont nous ne pouvons aujourd'hui avoir aucune idée, délivré de toute morte saison, assuré d'un salaire qui s'élèvera d'autant plus que s'abaissera davantage le prix de la vie matérielle, exempt de toute préoccupation politique et de toute inquiétude sur l'avenir, encouragé, protégé, ne sera plus tenté de quitter un bien-être incomparablement supérieur à celui dont il a pu jouir aux époques les plus favorisées de notre histoire, et d'abandonner sa maison, son enclos, ses champs et sa famille, au milieu desquels il trouve aisance, repos et bonheur.

Notre population rurale, qui diminue depuis quelques années dans une inquiétante proportion, reprendra sa marche ascendante, et exercera sur les destinées du pays son action prépondérante.

L'union entre la grande, la moyenne et la petite propriété se scellera sur les bases inaltérables d'un intérêt commun, et ne permettra plus à la révolution de venir jeter le désordre et la perturbation dans notre société, la discorde entre les classes, le défi aux souverainetés étrangères, et nous précipiter à nouveau dans un abîme où nous risquons chaque jour de sombrer à tout jamais.

La France, reprenant sa voie naturelle, qu'elle n'a quittée que follement séduite par des théories décevantes, dont elle n'a malheureusement que trop éprouvé les mensonges et les dangers, va devenir la nation agricole par excellence, le grenier d'abondance où viendront puiser les peuples qui se groupent autour d'elle. Le déficit énorme et permanent de l'Angleterre, de la Belgique, de la Hollande, des bords du Rhin et de la Suisse, offrira à nos produits agricoles un marché illimité, dont l'importance s'accroîtra chaque jour avec l'intensité de ces populations fécondes.

Désormais, plus de famines, plus de disettes, plus de déficits, plus de ces importations continuelles de blé et de viande qui, depuis trente ans, deviennent chez nous toujours croissantes. Notre pays pourra bientôt, changeant son rôle, livrer chaque année à l'exportation 50 millions d'hectolitres de céréales, au prix de 1 milliard; 3 millions de têtes de gros bétail ou leur équivalent, qui, au poids de 400 kilogr. et à 1 fr. le kilogr., vaudront 1,200 millions; 25 millions d'hectolitres de vin, d'une valeur de 600 millions, et pour plus de 1 milliard en huile, alcool, sucre, soie, chanvre, lin, tabac, garance, fruits frais ou secs, légumes de toute nature, beurre, œufs, volailles et autres produits agricoles.

L'Angleterre, l'Amérique et la Hollande ne nous prouvent que trop que toute nation maritime a une marine marchande dont l'importance grandit en proportion du tonnage brut qu'elle trouve dans ses ports. Aussi, quoi qu'on dise, quoi qu'on fasse, quelles que soient la diversité et la nature des remèdes tentés, notre marine marchande, depuis l'abandon du pacte colonial, se meurt, faute de fret d'embarcation. Grâce au secours inespéré des 10 milliards de tonnes de marchandises pesantes et encombrantes que nous lui donnerons, elle renaîtra tout à coup avec une vitalité sans exemple. Non-seulement elle rivalisera avec ses adversaires aujourd'hui triomphants, mais bientôt elle les dépassera.

Nous reprendrons les traditions trop malheureusement oubliées par nous de la grande colonisation, de celle qui s'étend peu à peu, par le temps, sur de vastes régions et crée des populations riches et puissantes. Aux riches colonies perdues du Canada, de la Louisiane, de Saint-Domingue, de l'Inde, succéderont celles de la Cochinchine, d'une partie de la riche Amérique du Sud et de l'Afrique septentrionale, où s'écouleront les éléments les plus remuants de notre société. Au milieu des peuples issus de notre sein, ayant conservé les goûts et les habitudes de la mère patrie, nous établirons d'importants comptoirs, de vastes et nombreux entrepôts de marchandises ; nous aborderons les affaires de longue haleine, les plus productives de toutes, en même temps qu'elles sont les plus dignes d'une grande nation. Notre pavillon, retrouvant son peuple aux coins les plus reculés du monde, reconquerra son antique influence et toute sa splendeur.

Notre industrie, activée par la richesse nouvelle de

son marché intérieur, qui forme sa base principale, par
la vie à prix réduit de ses ouvriers, par les débouchés
que lui offrira l'extension de notre système colonial,
par le développement de nos relations commerciales
à l'étranger, par l'influence et la puissance sans précédents de la France, prendra un essor inconnu.

Comme en Suisse, en Prusse et en bien des parties
de la France, elle tendra peu à peu à être plus mo-
ralisatrice, du moins pour plusieurs de ses plus importantes productions, en se modifiant et en abandonnant les grands ateliers et les grands centres de
population, pour se disséminer dans les familles et
souvent se répandre dans les classes rurales, où elle
ne fournira qu'un appoint au travail agricole.

Une fois que la France sera redevenue maîtresse
d'elle-même, et qu'instruite par l'expérience de ces
quatre-vingts dernières années elle aura repoussé bien
loin, pour une longue période, le poison révolutionnaire qui la tue, la vie refluera énergique sur les
points les plus déshérités de son territoire.

Cette centralisation excessive qui nous énerve,
nous paralyse, nous étouffe, nous enlève toute initiative pour le bien, nous livre désarmés à tous les excès
du pouvoir, à tous les dangers du socialisme, ne sera
conservée qu'en ce qui sera strictement nécessaire
pour la bonne gestion des intérêts généraux. La
réorganisation de la commune, jointe à la création
de fortes institutions départementales et provinciales,
nous rendra la direction de nos affaires locales.

Le fonctionnarisme, dont la monarchie nouvelle,
fortement assise sur des masses compactes, n'aura

plus à employer le zèle électoral, avec une tâche de travail utile augmentée et un sort amélioré, sera, au grand profit de l'expédition des affaires et de l'allégement du budget, réduit dans une proportion qui nous étonnera.

Nous renverrons de la sorte au grand courant de la production industrielle et agricole, un nombre énorme de sangsues qui l'ont malheureusement déserté. Nous déshabituerons les familles aisées de cet amour effréné des fonctions publiques, que n'a que trop encouragé un pouvoir corrupteur, et dont le résultat le plus certain a été de dépeupler les campagnes des intelligences et des ressources qui lui semblaient assurées, de faire prendre en dédain la vie rurale, de donner à tous une instruction et des habitudes qui ne conviennent qu'à un petit nombre, et de jeter sur le pavé de nos villes toute une foule de fruits secs qui forment la plaie la plus gangréneuse de notre pays. Faute de débouchés coloniaux, qui manquent à leur activité, ils restent les agitateurs et les chefs-nés de cette tourbe révolutionnaire, dont les tourmentes font courir à notre société les plus grands dangers. — A la Banque de France sera, moyennant une prime déterminée, d'autant plus faible que le gouvernement aura moins besoin d'elle, dévolue, comme en Angleterre, la tâche de faire rentrer tous les impôts.

L'abondance et le bas prix de nos produits agricoles feront disparaître ce qu'il y a aujourd'hui d'inique à laisser entrer en franchise les productions analogues de pays dépeuplés, qui viennent faire une concurrence si déloyale et si funeste à notre agriculture, trop surchargée d'impôts. Notre système de douanes, débarrassé de toute idée surannée de protection et de libre échange, ne visera plus qu'au but unique de faire verser au Trésor le maximum de la somme qu'il peut rendre, sans arrêter l'essor de notre production nationale.

Si l'Angleterre tire de ses douanes plus de 500 millions de francs, nous pourrons, sans exagération, obtenir d'une sage application de cette idée 300 millions. L'excédant de cette somme sur le chiffre des recettes actuelles permettra de réduire d'autant les impôts écrasants qui pèsent sur la mutation du sol, l'empêchent d'arriver aux mains de ceux qui peuvent en tirer le meilleur parti, nous semblent la cause la plus active de son morcellement indéfini et de son émiettement, et l'obstacle le plus sérieux de la reconstitution si désirable de la moyenne propriété et de tout progrès agricole.

L'assurance deviendra obligatoire. L'Etat, ainsi que cela se pratique en d'autres pays, en se substituant, en vertu de l'intérêt général et de la libre concurrence, à cette multitude de sociétés d'assurances de toute nature qui pullulent sur notre territoire, nous donnera, sans augmentation de la prime actuelle, avec une grande diminution du nombre des incendies, une sécurité, une facilité dans le règlement des sinistres, que nous n'avons pas, tout en obtenant, à l'aide de son organisation administrative toute formée, des bénéfices dont l'énormité nous permettra d'améliorer encore l'assiette générale de l'impôt.

L'impôt sur le revenu, si juste en son principe, tant que l'application en est sagement ordonnée, mais que nous sommes aujourd'hui obligés de combattre de toutes nos forces, parce que, mis aux mains de l'élément révolutionnaire, il deviendrait, dans son exagération, en même temps que l'impôt le plus lourd et le plus vexatoire, l'entrave la plus énergique du développement de la richesse publique, nous fournira, dans notre société nouvelle, la base la plus assurée de l'amortissement de notre dette.

La France, majestueusement assise sous les vastes plis du drapeau blanc, qu'elle aura déployé dans toute son ampleur primitive, y rassemblera, comme une bonne mère, tous ses enfants, unis dans le même amour. La tête couronnée du diadème de l'ordre et de la justice, une main appuyée sur l'industrie et l'agriculture, elle tendra l'autre aux nations, en leur offrant paix et amitié. N'ayant plus à redouter son influence subversive, les gouvernements, à l'envi, rechercheront son alliance, et cette fois, pas un coup de canon ne se tirera dans le monde sans sa permission. Il sera facile alors de réorganiser toutes les armées de l'Europe unie, en conciliant les intérêts de la défense avec les besoins de l'industrie et de l'agriculture, et d'alléger notre budget d'une importante partie des dépenses improductives que nécessitent aujourd'hui l'armée et la marine.

On procédera à la révision générale du cadastre, avec une perfection qui donnera à tout jamais à la propriété des limites certaines, s'accordant avec les titres et acceptées par tous, qui empêcheront de naître à l'avenir les trois quarts des procès qui alimentent nos tribunaux actuels, et on procédera à la péréquation de l'impôt, qui atténuera le poids des charges qui pèsent sur la propriété, en les répartissant avec une plus juste égalité.

Le crédit agricole manque complétement à l'agriculture et semble, d'après l'opinion des personnes les plus compétentes en cette matière, ne pouvoir être organisé fructueusement dans son état actuel d'appauvrissement et de misère. Comme l'engrais minéral est le cordial et l'élixir dont la vertu doit la faire sortir de son long sommeil, lui donner la vie et les forces qui lui manquent, il faut de toute nécessité la mettre à même de se le procurer en telle quantité qu'elle le désirera. C'est une question de salut public, c'est la vie ou la mort de notre pays.

A tout prix, la découverte de l'engrais minéral doit avoir pour premier résultat de permettre de l'acheter à crédit ; mais, comme notre société ne pourrait supporter seule les risques d'un pareil dévouement, elle sera aidée dans son œuvre par l'institution locale dont nous allons rapidement indiquer l'organisation.

Une caisse ou banque agricole par actions, à capital limité, sera fondée dans chaque arrondissement, sous l'inspiration gouvernementale, par l'initiative des personnes les plus riches, les plus capables et les plus dévouées. Comme ses premiers pas seront chancelants et devront être énergiquement encouragés et soutenus, elle recevra à la fois une triple subvention de l'Etat, du département et des communes. Pendant les dix premières années, la caisse centrale créée pour le développement de l'agriculture lui remettra une somme annuelle de 30,000 fr., ce qui, pour les 362 arrondissements qui nous restent, exigera une dépense de 10,860,000 fr. A l'expiration de cette période, ces banques, devenues viriles, s'appuyant sur une agriculture fortifiée qui, comme l'industrie, pourra payer avec usure les avances qui lui seront faites, parce qu'elles auront été une source d'incalculables bénéfices, sûres de leur clientèle, acclamées par des populations qu'elles auront fait sortir de la misère où elles croupissent aujourd'hui, marcheront hardiment sans secours et sans soutiens, et agrandiront sans cesse le cercle de leur action bienfaisante.

Tout acheteur d'engrais minéral paiera comptant, ou n'obtiendra terme qu'avec la garantie de la banque d'arrondissement. Notre société, débarrassée de tout souci de recouvrement, à l'abri de toutes pertes possibles, donnant ses soins exclusifs à la production, pourra réduire ses prix aux dernières limites du bon marché.

Pour que l'agriculture puisse rapidement arriver au progrès et au développement qu'exigent impérieusement la prospérité et la reconstitution des forces et de l'influence de notre pays, il faut non-seulement la doter du crédit, mais encore de l'instruction et de l'organisation qui lui permettent de tirer le parti le plus utile de l'argent mis à sa disposition.

A la base, l'instruction primaire sera agrandie, et l'enseignement agricole qui sera donné à tous suffira à la petite culture.

Le gouvernement, s'aidant des lumières et du dévouement des conseils d'arrondissement et généraux, devra créer dans chaque arrondissement une ferme école modèle appropriée aux besoins de la moyenne culture, subventionnée par l'Etat, le département et les communes, et à chacune desquelles la caisse du développement de l'agriculture remettra chaque année, pendant les dix premières années de son existence, 25,000 fr., c'est-à-dire, pour nos 362 arrondissements, la somme de 9,050,000 fr.

Au sommet, cinq grandes écoles agricoles régionales, où les fils des plus riches propriétaires et fermiers recevront, en même temps qu'une éducation complète, l'instruction scientifique agricole la plus perfectionnée, nous permettront de constituer en France les exploitations les plus remarquables du monde. Leurs nombreux élèves compléteront de longues et laborieuses études en allant, accompagnés des professeurs les plus distingués, visiter tout ce que la grande agriculture offre de plus remarquable en France, en Angleterre, en Belgique et en Allemagne.

A chacun de ces vastes établissements, organisés sur une grande échelle, la caisse donnera 250,000 fr. par an.

Marcher avec le temps par l'instruction de la jeunesse ne suffit pas aux besoins actuels; il est indispensable d'agir aussi rapidement que possible sur la masse compacte de la population rurale, qui, manquant complétement d'instruction agricole, ne peut aborder des méthodes qu'elle ne connaît pas et montrer une initiative que donne seule la certitude du succès. Nous la ferons marcher en avant par le journal, le livre, les bons exemples et les conférences agricoles.

La caisse donnera 200,000 fr. par an à l'administration du journal agricole; elle se chargera ainsi des frais fixes, c'est-à-dire des frais généraux, de ceux de rédaction, de gravure et d'impression, de telle sorte que l'abonné n'ait à payer que la bande et le coût du papier et du tirage.

Ce journal, exempté de tous frais de timbre et de poste, sera rédigé avec le plus grand soin par les professeurs et les agriculteurs praticiens les plus distingués, et orné de nombreuses et magnifiques gravures qui, tout en offrant une agréable distraction à l'esprit, laisseront une plus profonde impression des principes dont on voudra démontrer l'utilité.

Chacune de nos 35,989 communes sera obligée de s'abonner à deux exemplaires de ce journal, qui formera le premier fond de la bibliothèque communale, auquel ne tardera pas à venir s'ajouter, ainsi que nous allons l'expliquer, toute une série de livres agricoles à vil prix.

Chaque année les chambres, sur l'initiative du gouvernement, arrêteront le choix de six petits volumes d'agriculture de 350 à 400 pages format anglais, qui seront successivement imprimés, ornés de belles et nombreuses gravures et vendus au vil prix de 50 à 60 centimes au plus le volume.

La caisse comblera le déficit en allouant à l'éditeur 50 centimes par volume vendu. Comme pour le journal, chaque commune sera obligée de s'abonner à deux exemplaires de chacun de ces volumes, et l'Etat fera remise de tous droits de poste.

Tout numéro du journal, tout livre vendu, sera comme une semence féconde placée en bonne terre, qui donnera un résultat dix fois, cent fois supérieur à sa valeur. Chacun d'eux sera le missionnaire qui prêchera et répandra partout, pour un long temps, les idées du progrès agricole, et concourra activement au développement de l'aisance, de la richesse et de la véritable prospérité du pays.

Tous ceux qui désirent voir la France recouvrer sa grandeur et sa puissance et voudront contribuer activement à l'amélioration intellectuelle, matérielle et morale des classes laborieuses, nous seconderont dans notre œuvre de propagande et de dévouement en distribuant gratuitement ce cordial généreux qui, plus que tout autre, donnera à l'agriculture une impulsion et des forces nouvelles.

Le problème, si vainement abordé jusqu'ici par des esprits plus généreux que pratiques, de la création de la bibliothèque communale, sera ainsi résolu au profit de tous, avec les garanties dont le gouvernement ne saurait trop entourer ce qui touche à la délicate question de l'instruction publique, et cela sans grever le budget déjà si réduit de la commune.

La caisse aura à débourser pour ce chef de subvention 400,000 fr. par an environ, représentant la vente de 800,000 volumes.

L'école et le livre ne suffisent pas, il faut compléter leur action par la conférence.

Dans toutes les communes de France, chaque di-

manche, après les vêpres ; curés, instituteurs, propriétaires, cultivateurs, liront publiquement les parties les
plus intéressantes du dernier numéro du journal agricole ou de l'un des livres ci-dessus. On discutera sur
les améliorations les plus utiles à entreprendre, sur le
mérite des instruments perfectionnés, sur les résultats
donnés par l'emploi de l'engrais minéral, etc., etc. De
temps à autre, un des professeurs de l'école d'agriculture d'arrondissement viendra, par sa présence, rani-
mer l'émulation, donner des leçons, présider à des
expériences publiques et à des concours et visites
agricoles.

Une fois l'agriculture dotée de l'argent et de l'instruction qui lui manquent, il est indispensable d'y
ajouter l'organisation qui décuplera leur effet utile. Il
faut à tout prix la faire sortir de l'état d'isolement,
d'affaiblissement et d'impuissance où elle gît abandonnée, grouper ses forces, leur donner la cohésion,
l'initiative, la discipline, la confiance, qui seules
assurent la victoire, et lui créer une influence prépondérante qui lui permette de peser de tout son poids
dans les conseils du gouvernement.

Avec l'argent, l'instruction, le nombre, l'organisation, elle verra ses représentants envahir les assemblées électives de tout ordre, conseils municipaux,
d'arrondissement, généraux, Assemblée nationale, et
faire partout prédominer ses intérêts. Maîtresse sou-
veraine du pays, elle écrasera à jamais dans son
germe toute idée révolutionnaire et édifiera enfin
cette société nouvelle que nous appelons de tous nos
vœux, dont on poursuit en vain la réalisation, société

fondée sur les bases indestructibles du concours de toutes les classes, de la glorification du travail, d'une sage décentralisation, du respect de la loi, de l'autorité, de la religion' et de l'amour de la justice, qui nous font si grand défaut.

Chaque année le comice agricole, après avoir dans ses séances successives étudié et discuté les différentes questions mises à l'ordre du jour par son président, ou proposées par le préfet et le ministre, élira au scrutin secret, pour chacun [des cantons de sa circonscription, l'un de ses membres, afin de composer le congrès régional agricole.

Ce congrès régional se réunira chaque année dans la ville choisie par le ministre, dans l'un des départements de la région, autant que faire se pourra, lors du grand concours d'agriculture. La durée de sa session sera d'un mois au moins et de six semaines au plus.

Les trois quarts de ses membres seront élus par les comices. Afin de donner un niveau plus élevé aux discussions de ces nouvelles écoles, où les classes riches viendront compléter leur éducation agricole et sociale, l'autre quart sera nommé directement par le ministre, sur une double liste présentée par les préfets et les conseils généraux et composée, autant que faire se pourra, des personnes les plus instruites et les plus capables du pays.

Là seront traitées avec une certaine ampleur les questions présentées par le ministre et les comices, et on terminera la session par la nomination au scrutin secret d'un de ses membres, par chacun des chiffres de 250,000 habitants compris dans la population totale de la région , ce qui donnerait, pour l'ensemble de la France, de 140 à 150 membres. Le ministre compléterait le nombre de 200 exigé pour le grand congrès, en apportant le soin le plus scrupuleux dans le choix de personnes extrêmement capables.

La session du congrès central s'ouvrirait à Paris ou à Versailles quelque temps après celle des congrès régionaux, et aurait une durée de deux mois au moins et de trois mois au plus. Là encore seraient traitées, avec plus de développement et de science, les grandes questions précédemment étudiées par les comices et les assemblées régionales.

La création de cette triple école, où les intérêts de l'agriculture seraient représentés avec tant d'efficacité et aux débats de laquelle on donnerait la plus grande publicité , permettrait de faire étudier à fond et de vulgariser les questions les plus importantes du progrès agricole et des besoins sociaux. Elle aurait pour conséquence nécessaire d'habituer le pays à s'intéresser aux études des questions qui le touchent de plus près, et de fournir toute une pépinière d'hommes instruits où les populations viendraient choisir la majorité de leurs dignes représentants.

Si notre Assemblée nationale actuelle , si profondément honnête et dévouée aux intérêts du pays, hésite dans tant de questions d'économie politique et semble parfois marcher à tâtons, c'est uniquement parce que, composée presque en son entier de membres restés jusqu'ici étrangers aux études des affaires publiques, elle manque de confiance en elle-même par suite de son défaut d'instruction spéciale et de l'absence de traditions qui la guident.

Avec nos écoles spéciales d'agriculture et les assemblées périodiques nouvelles qui la compléteront au point de vue pratique, ce défaut disparaîtra vite au grand profit de tous.

Il semble que plus notre nation se montre avide d'égalité, plus en même temps toute distinction honorifique, quelque minime qu'elle soit, augmente de prix et se trouve recherchée.

Lorsque nos gouvernants comprendront enfin quel parti ils doivent retirer des idées élevées et des sentiments d'honneur qui caractérisent notre pays entre tous, rien ne sera plus facile que de surexciter le zèle et l'émulation du grand et du moyen propriétaire et de les faire se précipiter à l'envi, avec la furie française, dans la voie si abandonnée du progrès agricole.

Quelques croix par département, distribuées chaque année avec justice et intelligence à ceux qui auront le plus efficacement contribué au développement de l'agriculture, imprimeront à l'impulsion donnée une activité nouvelle.

La caisse interviendra à son tour pour jouer un rôle prépondérant et compléter l'œuvre de régénération, en donnant une force nouvelle au levier de la distinction honorifique, le plus moral en même temps que le plus puissant et le plus énergique, lorsque l'usage et l'emploi en sont bien réglés, qui puisse réagir sur nos classes moyennes et élevées.

Elle délivrera à tout membre du congrès régional et central, au premier la décoration portative de l'épi de blé d'argent avec ruban blanc liséré de jaune, au second celle de l'épi de blé d'or avec ruban jaune liséré de blanc, le tout accompagné d'un diplôme et d'une médaille d'or ou d'argent de grand module, qui ne constitueront pas les portions les moins précieuses de l'héritage d'honneur que le père laissera à ses enfants.

Ces décorations, très soignées dans l'exécution, formeront de véritables bijoux artistiques. Je voudrais reconstituer cette race de fer des propriétaires ruraux du xvie siècle, exploitant partout ses domaines, généralement peu étendus, mêlée aux masses qu'elle dirigeait et protégeait, race éminemment laborieuse et sobre quoique désintéressée, souvent frondeuse, et qui a porté à une hauteur que nous ne soupçonnons plus les idées d'honneur, de loyauté, d'indépendance, de juste orgueil et de religion.

Avec une pareille race, dont Dieu m'a donné le bonheur d'avoir dans mon père vénéré le type le plus pur et le plus élevé, la France était invincible et devait rapidement accroître sa puissance.

Mais, hélas! enseveli dans ce tombeau fastueux qu'on appelle la cour de Louis XIV, elle s'endormit loin de ses foyers, dans les fumées de l'oisiveté, du luxe, de l'immoralité, gaspilla follement sa force, sa richesse, son influence, et livra bientôt la France envahie et démantelée à l'ennemi du dehors, puis ensuite à l'ennemi mille fois plus terrible du dedans, la révolution.

Si l'abstention et l'affaiblissement des chefs de la classe rurale est l'unique cause de tous nos malheurs, le salut n'est et ne peut être que dans leur réorganisation et leur régénération.

Si maintenant nous récapitulons les dépenses annuelles mises, ainsi que nous venons de l'expliquer, à la charge de la caisse du développement agricole, nous trouvons :

1° 10,860,000 fr. pour les banques d'arrondissement destinées à créer le crédit qui, aujourd'hui, manque complétement à l'agriculture ;

2° 9,050,000 fr. donnés en subventions aux écoles agricoles d'arrondissement ;

3° 1,250,000 fr. consacrés aux cinq grandes écoles régionales ;

4° 200,000 fr. pour le journal d'agriculture ;

5° 400,000 fr. pour les livres de la bibliothèque communale, choisis par la Chambre, sur la proposition du ministre ;

6° 2,592,000 fr. pour les 500 fr. et 3,000 fr. d'indemnité accordée aux 3,818 et 200 membres des congrès régionaux et central.

7° 700,000 fr. pour les frais de décoration, de médailles d'or et d'argent et de diplômes des membres des congrès ;

8° Enfin, 1,048,000 fr. pour les frais d'administration. En tout, 26,100,000 fr.

Mais, me dira-t-on, nous sommes arrivés à une situation financière telle qu'il faut nécessairement, si on veut conserver au pays son crédit et son influence, augmenter les recettes et diminuer les dépenses du budget. Les charges qui nous écrasent ne peuvent être aggravées, sous peine d'arrêter la production dans son essor, en atteignant le capital d'où elle dérive, de tuer, en un mot, la poule aux œufs d'or. D'accord. Aussi suis-je obligé de proposer un impôt nouveau, essentiellement volontaire, qui ne coûtera aucun frais de perception et rentrera de suite dans sa plus complète intégralité.

Sur les 300,000 jeunes gens soumis chaque année à la loi du recrutement, on permettra avant tout tirage à 8,000 d'entre eux d'être rachetés du service militaire, moyennant le prix de 3,200 fr., versés à la Banque de France ou dans ses succursales, ce qui procurera 25,600,000 fr. qui, augmentés de 500,000 fr. d'intérêts annuels, donneront à la caisse les 26,100,000 fr. nécessaires à son complet fonctionnement.

En vain objectera-t-on contre la création de ce nouvel impôt que la dernière guerre ne nous a que trop démontré qu'il était indispensable que tous vinssent concourir à l'honneur de défendre le pays menacé ; que si nous avons conquis l'égalité de l'impôt, il faut bien se garder de la violer pour le plus lourd de tous, celui du sang ; que la plus légère exception faite en faveur du riche blesserait profondément et avec juste raison la fibre nationale et découragerait ceux qui ne pourraient s'y soustraire.

A cela je réponds qu'il est impossible que le pays, quelles que soient ses ressources financières, puisse, chaque année, armer et équiper, avec les frais nécessités par le perfectionnement de l'art de la guerre, 300,000 jeunes gens ; que, dût-il résister au poids d'une charge aussi accablante, on ne pourrait impunément lui enlever à la fois la totalité des jeunes gens de chaque classe, sous peine de le condamner à voir son agriculture, son industrie et son commerce s'effondrer subitement. Que dans tous les Etats civilisés du monde, la Prusse exceptée, tous ceux qui veulent se libérer à prix d'argent peuvent le faire, au grand profit de tous. Que le principe du service obligatoire personnel, quelque séduisant qu'il paraisse au point de vue de l'intérêt de la défense du pays, n'a jamais été appliqué en France et ne peut pas l'être. Qu'un grand nombre des jeunes gens qui profiteront de l'exemption si restreinte que je propose seraient incapables (quels que soient d'ailleurs leur courage et leur bonne volonté) de supporter, efféminés qu'ils sont par les habitudes d'un luxe et d'une mollesse excessive, les marches, fatigues et privations de la guerre, et ne feraient, par leur présence sous le drapeau, qu'affaiblir une armée qu'il importe de fortifier à tout prix.

Eh ! qu'importe que 8,000 jeunes gens restent dans leurs familles à la tête de la grande industrie et de la grande propriété, si, à l'aide des 26 millions qu'ils verseront volontairement, nous parvenons à reconstituer la vie rurale dans toute sa force et sa splendeur, à rendre à l'agriculture le crédit, l'instruction, les intelligences, les bras et les capitaux, qui la désertent chaque jour davantage, à augmenter chaque année notre population de 150 à 200,000 naissances nouvelles, à créer la vie à bon marché, à augmenter le taux des salaires, à doubler et tripler la production alimentaire, à nous faire jouir de la richesse, de l'ordre et de la liberté, qui en est la compagne inséparable, à rendre à nos populations l'initiative, la vigueur et la moralité, et à nous replacer, par une bonne politique intérieure et extérieure, à la tête du monde.

L'exemption de 8,000 jeunes gens sur plus de 300,000 appelés formerait à peine un trente-huitième du contingent total.

D'ailleurs, cet impôt serait éminemment temporaire, et bientôt notre régénération et nos alliances nous permettront de faire réduire partout, chez nous comme chez les autres, ces armées formidables qui servent d'épouvantail aux peuples et arrêtent l'essor de toute civilisation, en absorbant en hommes et en argent les ressources les plus efficaces des budgets européens.

Lorsque la population rurale, mieux instruite de ses droits et de ses devoirs, se ralliera tout entière à ses chefs naturels, à ceux qui, ayant les mêmes intérêts, sauront les défendre, tout en lui prêtant aide et protection, alors seulement sa voix sera écoutée comme il convient dans les conseils du gouvernement. Ses représentants, arrivant en majorité à toutes les assemblées électives, se fortifiant dans toutes les positions administratives, aborderont et résoudront les questions agricoles les plus importantes avec la netteté et la sûreté d'appréciation que peut seule donner une étude approfondie, puis les traduiront en pratique avec la bonne volonté qui manque trop souvent au fonctionnaire actuel.

Lorsque la tête qui conçoit et le bras qui exécute appartiendront à la même cause et seront au service de la même idée, on atteindra au but proposé avec une unité et une rapidité qui nous sont inconnues.

Une semblable assemblée, composée des représentants de l'agriculture les plus instruits et les plus honorables, marchera à l'intérieur de conquêtes en conquêtes, qui ne seront plus, comme celles de l'extérieur, trop chèrement achetées au prix d'un sang précieux. Quel vaste champ d'exploitation s'offre au législateur actuel dans l'arène ouverte du progrès agricole ! Partout c'est le cadastre à refondre sur des bases nouvelles, dans le double but d'en faire le seul titre de la propriété et de répartir l'impôt foncier avec la plus juste égalité.

Jusqu'ici nous ne nous sommes pas plus préoccupés de préserver, à l'aide d'un vaste système de travaux publics embrassant l'ensemble de notre territoire, nos plaines des ravages de l'inondation, que d'utiliser les pentes de nos cours d'eau pour féconder nos coteaux par l'irrigation.

Ici ce sont des marais à dessécher, des contrées entières à assainir. Là des terres fertiles sont couvertes de bois qui ne paient pas une rente suffisante, tandis que d'immenses étendues d'un sol aride et dénudé, trop ingrat pour rembourser les frais d'une culture rémunératrice, sont à reboiser.

De toutes parts, de vastes friches communales destinées au pâturage illusoire d'un bétail maigre, chétif et affamé, affligent nos regards de leur stérilité et doivent être, au nom de l'intérêt public, ou plantées en bois, ou vendues ou louées à long terme.

Notre édifice social est vermoulu et s'effondre de

toutes parts. Il importe de le reconstituer au plus vite jusque dans ses fondements sur des bases nouvelles. Là est la magnifique tâche imposée à l'assemblée rurale qui doit régénérer le pays et l'asseoir sur les assises indestructibles de l'ordre et de la liberté, et le doter d'une puissance et d'une grandeur que nous ne soupçonnons pas. Il faut, de toute nécessité, abandonner un système de replâtrage qui ne fait qu'aggraver le mal en le dissimulant aux regards, et se mettre sans retard résolûment à l'œuvre, si nous ne voulons être exposés, au moment où, endormis, nous nous y attendrons le moins, à le voir s'écrouler subitement dans l'abîme, miné par l'esprit révolutionnaire.

L'assemblée, par une sage décentralisation, laissant au pouvoir central l'action la plus énergique pour la direction des intérêts généraux, constituera les pouvoirs locaux qui, en offrant aux affaires de clocher les garanties les plus complètes, les affranchira de la tyrannie des bureaux administratifs et des lenteurs sans fin qu'éprouvent les moindres difficultés au milieu d'un engrenage aujourd'hui trop compliqué. Comme conséquence nécessaire, tous les services seront simplifiés et passés à la filière, de telle sorte qu'il en résulte à la fois d'énormes économies d'hommes et d'impôts, qui permettront de dégréver la propriété trop surchargée et de rendre à l'agriculture les bras et les intelligences qui lui manquent.

Dans une société comme la nôtre, où le sentiment de l'honneur bien dirigé enfante tant de prodiges, appel sera fait aux dévouements individuels qui ne font jamais défaut en France, et l'honorabilité qui récompensera tout service rendu fera échec à la question d'argent, aujourd'hui trop prédominante.

Alors l'honneur, la délicatesse, le dévouement, les services rendus, l'intelligence, l'abnégation, l'amour du pays, reprendront à la tête de la nation, au grand profit de tous, le rang qu'ils n'auraient jamais dû perdre, et refouleront à sa véritable place l'argent, qui occupe aujourd'hui, dans notre société brutalement matérielle, une influence démoralisatrice qui ne lui appartient pas et qui doit lui être enlevée.

Lorsque notre agriculture aura ainsi conquis le crédit, l'instruction, l'organisation, l'influence et la stabilité dont elle a toujours été privée, elle se précipitera à pas de géant dans la voie du progrès.

Nos capitaux, suivant le sillon nouveau qui leur sera tracé, au lieu d'aller disparaître dans le gouffre toujours béant des entreprises étrangères les plus désordonnées, viendront rapidement grossir l'épargne, le capital, la prospérité et la puissance du pays.

L'argent circulera, le salaire doublera, l'aisance se développera et la misère disparaîtra. Notre nation, reprenant une marche ascendante qu'elle ne connaît plus, favorisée par le retour aux travaux ruraux et à la vie de famille, par le bas prix des logements et des substances alimentaires, la diminution de l'armée, le dégrèvement des impôts, la liberté et la stabilité, et surtout par la restauration des sentiments religieux et moraux, s'accroîtra avec une rapidité nécessaire à la grandeur et à la puissance du pays.

Les splendides châteaux et les riches maisons de

campagne s'élèveront comme par enchantement jusque dans les plus humbles bourgades.

La France pourra allègrement supporter un budget trois ou quatre fois plus élevé que celui qui l'écrase aujourd'hui, et nourrir plus de cent millions d'habitants.

Elle sera bien la ruche modèle et féconde où tout le monde travaillera, où tout oisif sera, comme un frelon inutile, mis au ban de l'opinion publique, la patrie par excellence de la richesse mise au service de l'intelligence, de l'agriculture, de l'industrie, des beauxarts, des sciences, de la littérature et des idées généreuses ! Alliée avec les grands peuples, elle sera la sauvegarde et la protectrice-née des petits Etats, qu'elle couvrira de son drapeau immaculé, et représentera sur la terre l'incarnation du droit contre la force brutale et matérielle, qu'elle saura cette fois contenir dans les bornes de la justice.

Deux nations se trouvent actuellement, entre toutes, distinguées par le Seigneur, qui les a spécialement comblées de faveurs : la France et l'Angleterre. A l'une il a donné ces immenses gisements de houille, entremêlés de couches non moins précieuses de fer carbonaté lithoïde, qui ont fourni à son industrie son pain et sa viande, c'est-à-dire la houille et le fer, avec une abondance et un bas prix que nul autre peuple ne saurait rêver d'atteindre (1). Il a fait plus encore en

(1) L'extraction de la houille s'est élevée, en Angleterre, pendant l'année 1868, à 103,000,000 tonnes, provenant de plus de 3,000 houillères, tandis qu'en France elle n'a été, pendant la même année,

dotant la race anglo-saxonne des qualités nécessaires pour en tirer le meilleur parti. Au bon sens pratique, au respect si profond des traditions, à cet amour de la légalité, qui lui font éviter toute révolution politique, l'Anglais joint cette froide honnêteté qui est l'âme du commerce, cette ténacité proverbiale qui vient à bout de tout, et ce légitime orgueil qui fait sien tout pays où il a planté son drapeau. Il sait faire ses affaires lui-même, comprend que tout droit implique des devoirs corrélatifs. L'univers semble son empire, il se trouve partout où il y a de l'argent à gagner, et se considère dans toutes les parties du monde, les plus civilisées et les plus sauvages, absolument comme s'il habitait les bords de la Tamise. A lui le sceptre incontesté et indiscutable de l'industrie, du commerce, de la navigation et du capital qui en est le résultat.

La France, assise entre deux mers, tendant au sud la main aux races latines et au nord aux races germaniques comme pour les relier entre elles, est le cœur d'où jaillissent les idées généreuses qui gouvernent et vivifient le monde. Appuyée sur la garde de son épée, elle semble avoir reçu la divine mission de protéger le faible contre les ardentes et brutales convoitises du fort. Elle est le génie du bien, du vrai et du beau, luttant sans cesse contre les menées ténébreuses ou déclarées de l'esprit du mal. Trop artistement indus-

---

que de 11,240,000 tonnes, produites par 327 concessions exploitées.

Celle des minerais de fer a été de 9,000,000,000 kilogr. rendant 4,000,500,000 kilogr. de fonte, d'une valeur de 350 millions de francs. En France, cette production n'a pas atteint le tiers de celle de l'Angleterre.

trielle pour qu'il lui soit possible de lutter à armes inégales contre les produits inférieurs de sa rivale, elle va reprendre à tout jamais le premier rang, en devenant, grâce à l'engrais minéral, la puissance agricole par excellence, la grande réserve alimentaire du monde.

Si la houille et le fer ont donné à l'Angleterre la prédominance industrielle, avec les crises, les souffrances et les misères qui en forment le cortége inévitable, l'engrais minéral donnera à la France le trône du monde et dotera sa population de l'énergie politique, de la moralité, de la prévoyance, de l'amour de l'ordre, de la saine instruction et de la stabilité des idées qui lui font défaut.

Si l'industrie enrichit le petit nombre, souvent au détriment de la masse, l'agriculture régénérée saura, en bonne mère, distribuer avec impartialité à tous ses enfants la santé, le bonheur et l'aisance. Le prolétariat, cette plaie adoucie de l'esclavage des temps anciens, disparaîtra bientôt, et la France deviendra en tous points la nation modèle, c'est-à-dire la plus forte, la plus généreuse, la plus riche, la plus unie et la plus instruite, parce que tous ses enfants seront propriétaires et qu'il n'existera plus d'intérêts opposés entre le capital et le travail.

A vous, Monseigneur, Dieu réserve, en récompense de la constante fermeté avec laquelle vous avez su conserver intact, dans toute sa pureté, le principe de l'autorité héréditaire dont vous êtes le dépositaire, la gloire de planter le drapeau blanc de nos pères sur la terre nouvelle, et de régénérer le sol comme la société, à l'aide de ce miracle éclatant de sa divine bonté , qui s'appelle l'engrais minéral.

Seigneur, Seigneur, prêtez une oreille favorable à nos supplications ! Que nos lamentations et nos cris de détresse fléchissent votre juste colère ! Que le sacré Cœur de votre Fils et l'amour de votre Mère immaculée obtiennent pour nous grâce et miséricorde ! Hâtez l'heure de la délivrance, et qu'elle ne soit pas le prix de prochaines et épouvantables catastrophes !

Vesoul, 17 juillet 1873.

APPENDICE.

NOTE A, *page* 209.

A la séance de l'Assemblée nationale du lundi 22 juillet 1873, M. le comte de Douhet s'exprimait ainsi :

« J'ai l'honneur de déposer sur le bureau de l'Assemblée
» une proposition de loi ayant pour objet la création d'un
» grand prix à décerner aux inventeurs de la solution de
» deux problèmes essentiellement importants pour l'agricul-
» ture et l'industrie.

» Je demande l'urgence pour qu'elle soit renvoyée à une
» commission spéciale ou aux ministres compétents, et, si
» vous voulez bien, je vais vous en donner lecture; c'est très
» court :

» Article 1er. Il est fondé deux prix d'encouragement na-
» tional :

» L'un de 1 million de francs ; l'autre de 1,500,000 fr.

» Celui de 1 million à l'inventeur ou aux inventeurs d'un
» ou de plusieurs produits chimiques fabriqués directement
» et économiquement à toutes pièces avec l'azote de l'atmos-
» phère, cyanoferrures, prussiates, nitrates alcalins ou sels
» ammoniacaux, à l'effet de servir de base inépuisable à des
» engrais puissants en dehors des matières animalisées, mais
» ne pouvant être admis au concours que s'ils réalisent pour

» l'agriculture une bonification de 10 0/0 au moins sur les
» engrais analogues du commerce.

» Il pourra être distrait de ce prix de 1 million des sommes
» jusqu'à concurrence de 200,000 fr., pour récompenser les
» auteurs ou inventeurs de procédés de fumure qui, au
» moyen des phosphates naturels, dits apatites, constituant
» de nombreux gisements géologiques, seront parvenus, en
» les mélangeant, d'après des formules définies, avec les pro-
» duits azotés du commerce, à réaliser des engrais égaux en
» puissance au guano d'outre-mer et inférieurs au prix com-
» mercial de ce dernier engrais de 10 0/0 au moins. »

L'article 2 concerne le prix à décerner à l'industrie.

« Article 3. La durée du concours ouvert pour ces deux
» prix est fixée à deux années, à partir de la promulgation
» de la présente loi, mais avec faculté de prorogation, au
» besoin, partielle ou totale, selon l'importance ou l'insuffi-
» sance des résultats obtenus.

» Article 4. Un règlement d'administration publique déter-
» minera ultérieurement les conditions et les détails de l'ad-
» mission au concours et de la distribution en bloc ou par
» fractions des deux prix susénoncés, soit à un seul, soit à
» plusieurs concurrents, selon leurs mérites et d'après l'exa-
» men et l'avis d'une commission compétente nommée à cet
» effet par le gouvernement, et spécialement chargée de tout
» ce qui concernera ces deux grands prix nationaux.

» Messieurs, ajoute le comte de Douhet, à raison de l'époque
» avancée de notre session, je retire ma demande d'urgence
» et demande que ma proposition, très sérieuse et très impor-
» tante, soit simplement renvoyée à la commission d'initiative.
» (Très bien ! très bien !)

» *M. le président.* M. de Douhet n'insistant pas sur l'ur-
» gence, la proposition de loi est renvoyée à la commission
» d'initiative parlementaire. »

Supposons un instant que Dieu exauce ces vœux; que, par des procédés dont l'étude, quelque incomplète qu'elle soit, de l'engrais minéral vient, pour la première fois, nous démontrer la possibilité, il soit donné à l'homme de dissocier économiquement, sur une vaste échelle, sous l'action de courants électriques puissants, les trois éléments de l'air et de l'eau, pour qu'en supprimant l'hydrogène par le chlore, ou l'oxygène par la présence de substances qui en sont avides, l'azote et l'oxygène ou l'azote et l'hydrogène, laissés seuls à l'état naissant, se combinent en nitrates ou en sels ammoniacaux. Admettons que la création économique de ces nitrates ou sels ammoniacaux, qui s'effectue avec une si complète perfection dans le sol enrichi par l'engrais minéral, soit demain, comme cela semble certain, en la puissance absolue de l'homme, qu'arrivera-t-il? Quelles seraient pour l'agriculture les conséquences fatales d'une aussi importante découverte?

Je ne crains pas de le déclarer hautement, au risque de heurter les opinions les plus respectables, elle serait pour l'agriculture ce que la fable nous représente avoir été pour l'humanité l'ouverture de la boîte de Pandore, le déchaînement de tous les maux, le signal de la ruine et de la décadence. Les abus qu'entraînerait une pareille invention seraient tels, après quelques années d'un fol engouement, que l'on ne pourrait alors trop se hâter d'édicter les lois répressives les plus sévères, afin d'en limiter les effets désastreux.

L'azote, ajouté seul au sol, à l'état de nitrate ou de sels ammoniacaux, a pour effet indiscutable de surexciter la fermentation et la chaleur qui en dérive, d'aider puissamment à la décomposition rapide des matières organiques, et, par voie de conséquence, de rendre solubles et assimilables les éléments utiles à la végétation qu'il renferme à l'état de réserve insoluble et inassimilable. Il donne bien à la plante une croissance inaccoutumée, mais celle-ci l'acquiert aux dépens de la richesse native du sol.

Je sais que son emploi, dans une sage mesure, pourrait devenir un utile levier pour faire marcher l'agriculture en avant par une production plus rémunératrice, mais à la condition nécessaire, indispensable, d'y ajouter une quotité au moins égale des autres éléments enlevés au sol par la végétation, la vaporisation et les eaux.

Est-ce que les masses imprévoyantes iront acheter à grands frais des substances qui se trouvent dans le sol en puissantes réserves, lorsqu'elles n'auront qu'à y puiser à pleines mains? Il leur suffira, pour doubler les récoltes des premières années, d'ajouter, à la trop faible proportion du fumier de ferme dont elles disposent, de cet azote, aujourd'hui si rare et si cher, demain à vil prix, et rien que de l'azote, mais avec l'implacable nécessité d'en augmenter toujours la dose en raison même de l'appauvrissement du sol, jusqu'au jour, plus prochain qu'on ne le suppose, où l'on arrivera fatalement à la stérilité.

Quand je me laisse aller à comparer la simple et pauvre agriculture actuelle, livrée au seul fumier de ferme, toujours si insuffisant, à la fastueuse agriculture d'apparat, ne recevant que des engrais chimiques et à plus forte raison de l'azote seul, il me semble, d'un côté, voir le propriétaire qui a tout son avoir, souvent important, immobilisé dans la terre, végéter dans la gêne et quelquefois dans la pénurie, malgré son travail, son esprit d'ordre et d'économie, tandis que celui qui a le même capital en valeurs mobilières à gros revenus se permet une abondance, un confort, une prodigalité, que le premier ne peut soupçonner.

Mais aussi combien différents apparaissent bientôt les résultats !

La famille dont les racines, comme celles du chêne, sont

ancrées au sol, brave impunément le temps et les tempêtes ;
combien, au contraire, sont éphémères et disparaissent vite
et à tout jamais ces météores dont la faible durée n'est que
trop proportionnelle au vain éclat !

C'est qu'agriculture aux engrais trop concentrés, comme
fortune aux valeurs trop productives, aboutissent rapidement à
la ruine et à la stérilité.

La sagesse naît d'un juste tempérament en toutes choses.

Il ne faut pas plus, en agriculture, se contenter du fumier
de ferme, qui ne répond plus aujourd'hui complétement à
nos besoins, que se jeter dans l'excès et l'abus des engrais chimiques, qui joignent aux revenus une part de la valeur du sol.

Un abîme incommensurable sépare la perfection réelle du
procédé divin, dont le fruit est la fécondité continue du produit et du sol, et le procédé humain, dont la perfection idéale
aboutit fatalement, dans une courte période, à l'abaissement
progressif de la récolte et à la stérilité absolue de la terre.

En des matières jusqu'ici dérobées à nos regards, l'esprit
humain a, pour la première fois, franchi des limites inconnues et, guidé par les impénétrables desseins de son Dieu, a
de son flambeau vacillant jeté les premières lueurs qui nous
font entrevoir les mystères des multiples et admirables combinaisons à l'aide desquelles l'engrais minéral a conquis sa
sublime efficacité.

J'ai cherché, dans la limite de mon impuissance, à faire
comprendre comment, sous l'influence des substances avides
d'oxygène, l'azote de l'air et l'hydrogène de l'eau, qui ont
tant d'affinité l'un pour l'autre, lorsque l'on parvient à
éliminer l'oxygène, qui en a une plus forte encore, s'étaient
combinés ensemble à l'état naissant pour former des sels ammoniacaux ; comment, d'autre part, dans un sol poreux, humide et calcaire, l'azote de l'air se suroxyde pour se con-

vertir en nitrates, sous l'influence de l'azote des matières organiques, du chlore et de la potasse.

L'azote dans l'engrais minéral est la fille qui naît des réactions des éléments qui le composent, au lieu d'être la mère qui les enfante.

Son action n'est point prédominante et s'exerce amplement sur les substances qui l'accompagnent, sans diminuer, que dis-je, en augmentant la réserve des éléments utiles à la végétation que renferme le sol. En un mot, l'engrais minéral, trouvant dans son sein et dans l'inépuisable réservoir de l'atmosphère, qu'il assainit et purifie, tous les principes qu'il fournit à la plante, améliore le sol, en augmentant et la richesse immédiate et celle de l'avenir.

Si l'azote, fruit des découvertes de l'homme, conduit à la mort, l'engrais minéral, œuvre de Dieu, ramène à la vie.

NOTE B, *page* 351.

Si le gouvernement de notre pays, trop absorbé par d'interminables discussions politiques sans but, sans intérêt réel et sans issue, ne trouve pas le temps de disputer à la mort cette armée nombreuse de nouveau-nés placés en nourrice, et dont nous perdons, dans certains départements, jusqu'à 90 0/0 par an, comme aux temps néfastes illuminés par l'ardente charité de saint Vincent de Paul, sauvons au moins les êtres humains dont l'âge a daigné mériter la pitié du législateur.

La mortalité considérable constatée dans les hôpitaux, l'impossibilité d'y faire réussir des opérations chirurgicales qui manquent rarement au sein de la famille, l'influence fatale de ces établissements sur les quartiers voisins, sont des vérités qui ne se discutent pas. Le mal prend sa cause dans ces miasmes délétères et contagieux qu'il faut à tout prix détruire, surtout dans les temps d'épidémie, où leurs ravages sont souvent effrayants.

MM. Pasteur et John Tyndall, dans leurs expériences sur la matière organique de la poussière atmosphérique, ont prouvé que l'air des grandes villes en était chargé et que celui de la campagne n'en était pas exempt. Ces particules flottantes sont extrêmement ténues et ne peuvent être rendues visibles que sous l'influence d'un intense faisceau lumineux.

La découverte de l'engrais minéral, en purifiant le sol et l'air et en neutralisant, par les gaz qui s'échapperont de sa combustion, tous ces germes infectieux, va faire reculer les limites de la vie.

Pour bien comprendre toute la portée du bienfait nouveau dont l'engrais minéral va doter l'humanité et le progrès que sa découverte va imprimer à l'art de guérir et surtout à la science de l'hygiène publique, qu'elle va tirer des langes du berceau, exposons rapidement l'état actuel où se trouve cette dernière.

Une simple conversation à la séance de l'académie des sciences du 12 septembre 1870 a, pour la première fois, mis en évidence le véritable rôle des deux principaux agents chimiques que l'on peut aujourd'hui opposer à l'infection miasmatique.

Nous transcrivons en son entier cette conversation, dont l'importance a mérité une publicité universelle, parce qu'elle nous servira de base pour faire ressortir l'incontestable supériorité du nouveau remède, dont l'apparition ne sera signalée que par des vertus et des services rendus de premier ordre.

« Je n'ai pas la prétention, dit M. Faye, de rien apprendre de nouveau sur ce point à l'Académie ; il s'agit simplement d'un préjugé longtemps répandu sous l'autorité de la science elle-même ; j'ai cru qu'il pourrait être utile d'avertir une bonne fois le public, que la science a totalement changé à cet égard.

» Depuis la découverte de l'acide muriatique oxygéné, vers la fin du dernier siècle, les moyens préconisés jadis par la vieille médecine pour désinfecter l'air ont été abandonnés pour faire place au chlore, aux chlorures de chaux et aux vapeurs nitreuses. On ne manquait pas de faire remarquer à tout propos que les anciennes fumigations se bornaient simplement à masquer la mauvaise odeur des émanations méphitiques, tandis que le chlore décompose ou détruit tous les gaz odorants, tels que les hydrogènes sulfuré, phosphoré, carboné, l'ammoniaque, etc., auxquels on attribuait alors l'infection miasmatique.

» Mais on sait aujourd'hui, par les travaux mêmes de notre Académie, que l'infection miasmatique est due à une tout autre cause. La décomposition naturelle des matières organiques donne lieu, en effet, à l'émission de deux genres de matières qu'il importe de ne pas confondre : l'un sensible à l'odorat et parfaitement innocent à petites doses, à savoir les gaz puants ou méphitiques ; l'autre inodore, impalpable et invisible, mais doué d'une sorte de vie et d'une incroyable facilité de dissémination : celui-là seul est dangereux. Ce sont ces germes invisibles, et non les gaz odorants, qui développent dans les corps de nature organique sur lesquels ils se déposent les phénomènes de la fermentation ou ceux des affections morbides les plus redoutables. Il n'y a donc pas lieu de s'étonner que le chlore en quantité respirable soit sans action sur ces ferments impalpables, mais vivants, tandis qu'il détruit chimiquement les gaz méphitiques. Heureusement la chimie nouvelle nous fournit aujourd'hui toute une série d'agents nouveaux doués d'une action spéciale, agents qui ne décomposent pas les émanations méphitiques comme le chlore, mais qui agissent directement sur les germes suspendus dans l'air. Ce sont des substances du genre de l'acide phénique, du phénol, de la créosote, etc., et il est intéressant de voir que des traces de ces agents véritablement désinfectants se retrouvent dans les substances que la vieille médecine préconisait autrefois, c'est-à-dire la suie, la fumée et le goudron

» Concluons de là que si, dans une salle de malades, on entretenait un dégagement de chlore en vue d'assainir l'air ambiant, ou si l'on s'efforçait d'en renouveler continuellement l'atmosphère, cela ne dispenserait nullement le médecin de se préoccuper de l'infection miasmatique. De là le mode remarquable de pansement qui a pris tant d'importance dans ces derniers temps, et qui consiste dans l'emploi de bandages ou d'appareils combinés de manière à exclure rigoureusement le contact de l'air, et par suite les germes qu'il tient toujours en suspension.

» Mais si, au lieu d'employer le chlore, on avait constamment recours aux désinfectants véritables d'origine phénique, appliqués au malade lui-même ou plutôt aux objets de pansement, on supprimerait directement l'infection, tout en laissant au médecin une latitude beaucoup plus grande dans sa manière d'opérer, c'est-à-dire en le délivrant de l'obligation de recourir aux pansements hermétiques.

» Je voudrais donc, et c'est uniquement pour cela que j'ai cru devoir prendre la parole sur un sujet si éloigné de mes travaux ordinaires, que l'opinion publique cessât de confondre, sous le nom général de désinfectants, les agents chimiques qui se bornent à détruire les mauvaises odeurs, et ceux qui attaquent directement ou neutralisent les germes des plus terribles affections morbides. Quant à moi, si j'ose ici citer ma bien faible expérience personnelle, je n'ai jamais vu de plaie, grande ou petite, prendre un mauvais caractère quand elle était pansée tout d'abord avec des linges imbibés d'eau phénolée.

» Ce n'est pas à dire que l'on doive renoncer à l'emploi des agents chimiques qui détruisent, comme le chlore, les matières animales, en leur faisant franchir du premier coup toute cette série de fermentations putrides d'où paraissent se dégager les inombrables germes contenus dans l'atmosphère ; ces agents rendront plus efficaces les soins généraux de salubrité, mais, je le répète, l'air ambiant, même l'air sans cesse renouvelé, n'en contiendra pas moins des germes préexistants, venus souvent de fort loin ; pour les combattre, il faut recourir à d'autres agents bien connus aujourd'hui des médecins, agents dont l'emploi est heureusement à la portée de tout le monde, et dont je viens de rappeler la nature. »

M. Dumas présente à ce sujet les observations suivantes :

« Notre confrère paraît ignorer qu'on se sert depuis plusieurs années, à Paris, de l'acide phénique comme préservatif contre la contagion, dans un grand nombre de cas. L'administration des pompes funèbres, en particulier, a reçu l'ordre, depuis cinq ou six ans, de faire usage, dans tous les cas de maladies épidémiques, choléra, variole, etc., d'un mélange d'acide phénique et de sciure de bois ; l'assistance publique en a fait autant pour les hôpitaux ; le ministère de l'intérieur en a recommandé l'application générale dans tous les cas de maladies présumées contagieuses.

» On réserve le chlorure de chaux à la désinfection du sol ou de l'air empuantés par les liquides, les gaz ou les vapeurs ; mais concurremment et pour combattre les miasmes, on fait usage de l'acide phénique. Du reste, la question des procédés de désinfection et d'assainissement fait le sujet, en ce moment, d'études très attentives, et le comité d'hygiène examine les procédés anciens ou nouveaux qui lui ont été soumis ; il ne m'appartient pas de dire quelles mesures il arrêtera. Ceux de nos confrères qui en font partie y feront prévaloir certainement les moyens les plus dignes de confiance. »

M. Chevreul s'énonce dans les termes suivants :

« Il y a une distinction à faire entre les désinfectants comme le chlore et les corps qui agissent commè l'acide phénique.

» Ces désinfectants sont loin d'agir d'une manière unique :

» 1° L'acide sulfureux et l'acide sulfhydrique humides, tous les deux odorants, se décomposent réciproquement en deux corps inodores, l'eau et le soufre ; ils sont donc mutuellement désinfectants.

» 2° L'acide chlorhydrique, corrosif, irritant, et l'ammoniaque odorante se neutralisent en s'unissant de manière à former un composé inodore, le chlorhydrate d'ammoniaque.

» 3° Le chlore et l'ammoniaque présentent à la fois une décomposition et une combinaison neutre. Une portion d'ammoniaque est réduite en azote inodore et en acide chlorhydrique qui neutralise la portion d'ammoniaque non décomposée.

» Il existe des désinfectants qui, comme le charbon, agissent non plus en formant, comme les précédents, des composés définis, ou en remettant en liberté un des éléments des corps réagissants, mais en s'unissant par une affinité qui fut qualifiée de capillaire dès 1821.

» Ce genre d'union est très fréquent ; exemples, le charbon qui absorbe les gaz odorants et les principes colorants d'origine organique ; les étoffes qui se teignent en conservant leur forme ; les matières terreuses qui agissent sur l'eau, l'ammoniaque et les parties tant gazeuses que liquides des engrais.

» Ce sont les corps de ce genre que je préconise, lorsqu'il s'agit de la désinfection de l'engrais humain, et non des corps qui le désinfectent en l'altérant plus ou moins profondément ou en formant des composés plus ou moins stables, incapables de rien donner à la végétation des plantes ou de céder en temps utile ce que l'engrais non désinfecté lui eût cédé.

» Je ne reconnais l'utilité de la désinfection de l'engrais

humain par des corps qui l'altèrent profondément en formant des composés plus ou moins stables, que comme pratique transitoire pour arriver, sinon à l'emploi de l'engrais en nature, du moins à la désinfection opérée avec des corps qui n'agissent que par une faible affinité capillaire.

» Cette distinction faite, il ne faut pas croire que si l'on a exagéré l'efficacité du chlore et des hypochlorites, cette exagération est un motif pour en rejeter l'emploi dans des cas autres que ceux où leur bon usage est incontestable; car le chlore en présence de l'eau et les hypochlorites agissant à la manière de l'eau oxygénée, c'est-à-dire comme dénaturants, altèrent profondément une foule de matières organiques parmi lesquelles il peut y avoir des venins, des virus, des miasmes, etc., etc.; on aurait donc tort, dans des cas où son défaut d'action n'est pas démontré, d'en proscrire l'usage en principe. Ici je rapproche l'action du chlore et des hypochlorites de celle qu'ils exercent dans le blanchiment des étoffes.

» *Que sait-on bien* aujourd'hui de l'action de l'acide phénique sur les composés organiques dont la décomposition spontanée, exhalant une mauvaise odeur, justifie l'expression de *foyer d'infection*?

» C'est qu'il agit principalement sur la *source de la mauvaise odeur* et en arrête le cours. Mais, comme je l'ai constaté sur plusieurs matières organiques, il n'agit pas sur la mauvaise odeur comme le chlore agit par exemple sur l'acide sulfhydrique, l'ammoniaque, etc.

» Je ne parle pas de l'action qu'il peut exercer sur des composés organisés, appelés *spores*, *ferments*, etc. Telle est, si je ne me trompe pas, l'opinion de M. Calvert, mon élève, qui prépare aujourd'hui l'acide phénique pour le monde entier.

» En résumé, dans ce que j'ai étudié, l'acide phénique agit sur la *source matérielle* de la mauvaise odeur et non sur cette *mauvaise odeur*. »

M. Dumas demande à ajouter quelques mots.

« Tous les chimistes sont d'accord pour admettre que le chlorure de chaux décompose les gaz hydrogénés répandus dans l'air.

» Quant à l'acide phénique, son action est double.

» L'acide phénique détermine certainement un temps d'arrêt dans la décomposition des matières organiques albuminoïdes. Il agit à la façon du tannin. C'est opérer une sorte de tannage que d'employer l'acide phénique.

» Mais, à côté de cette action, je crois qu'il en possède une seconde très importante qu'il faut spécifier.

» Quand on tanne un muscle mort, on arrête la décomposition ; lorsque l'on tanne des sporules vivants, on peut les tuer. De même, quand on fait agir l'acide phénique sur des sporules, sur des germes en suspension dans les liquides fermentescibles, on les tue, absolument comme la créosote versée dans une dissolution sucrée arrête la fermentation alcoolique en tuant les ferments, et comme le tannin prévient la fermentation visqueuse.

» L'acide phénique, à mon sens, non-seulement arrête la décomposition organique, mais tue les germes, les agents vivants, dont le développement engendrerait ou propagerait les maladies épidémiques.

» C'est en partant de cette idée qu'il m'a paru toujours nécessaire de conserver les fumigations chlorées pour désinfecter l'air, mais de faire intervenir en outre l'acide phénique, dont les vapeurs vont en quelque sorte rechercher et tuer, dans une atmosphère viciée, les miasmes et les germes morbides. Les formules que j'ai données à l'autorité publique, et qu'elle a adoptées, sont fondées sur ces principes.

» En résumé, désinfecter et assainir sont deux. Il convient d'utiliser séparément et le chlore et l'acide phénique. »

Après les remarques de M. Dumas sur l'acide phénique, M. Chevreul s'exprime en ces termes :

« J'ai eu plaisir à entendre M. Dumas parler d'un *tannage* à propos de l'acide phénique, etc., etc. »

L'usage de l'acide phénique comme désinfectant, recommandé par le comité d'hygiène du ministère de l'intérieur, a commencé à être pratiqué à Paris dès 1865. Il devint réglementaire pour le service des pompes funèbres en 1866. C'est au docteur David Davis, de Bristol, affirme M. Salvert à l'Académie des sciences, que revient l'honneur d'avoir systématisé son emploi en Angleterre depuis 1867.

A l'époque de la dernière apparition du choléra à Bristol, ce docteur fit usage d'une poudre composée de 15 p. 100 d'acide phénique et crésylique, que l'on avait soin de répandre soit sur les matières en décomposition, soit sur les déjections des malades ; les vêtements des cholériques étaient lavés avec de l'eau contenant de l'acide phénique. Grâce à ce remède si simple, il n'eut pas deux cas de mort successifs dans la même habitation et vit rarement une seconde personne attaquée. En faisant boire chaque jour, matin et soir, un petit verre d'eau contenant 1/2 p. 100 d'acide phénique, il obtint des résultats extrêmement favorables contre le typhus, la dyssenterie, les fièvres typhoïdes, la scarlatine, la variole, et d'autres maladies infectieuses. La mortalité, qui s'élevait à Bristol au chiffre de 36 à 40 personnes sur 1,000 avant l'application de ce système, n'est plus aujourd'hui que de 18 à 20. Les villes de Glascow, Liverpool et Manchester s'empressèrent d'adopter ce nouveau traitement.

L'acide phénique, selon M. Salvert, a également été employé avec succès pour combattre une épidémie de typhus qui s'était déclarée dans le village de Terling (comté de Sussex) en janvier et février 1868. Avant l'application de l'acide phénique, sur 900 habitants, 300 avaient été attaqués du typhus. Pendant les trois semaines que dura l'application du nouvel élément curatif, deux personnes seulement furent attaquées, sans suite fatale, après quoi le mal disparut.

La marine britannique emploie l'acide phénique cristallisé en dissolution à raison de 1 p. 100 d'eau; cette dissolution est le seul désinfectant employé à bord des navires pour empêcher les eaux de la cale, les urinoirs, etc., d'émettre des odeurs désagréables et nuisibles.

Tous les navires marchands anglais sont forcés, par ordre du gouvernement, d'avoir à bord 5, 10 ou 25 litres d'acide phénique et crésylique, suivant le nombre d'hommes et le temps de la traversée. Tous les navires qui portent des émigrés sont tenus d'avoir à bord 28, 56, 112 ou 224 livres de poudre phénique.

L'armée anglaise se sert aussi, comme seul agent de désinfection, soit de la poudre phénique, soit du mélange liquide d'acide phénique et crésylique. Les prisons d'Etat emploient de la poudre phénique pour laver le linge des prisonniers, les planchers, etc.

Enfin, les hôpitaux emploient non-seulement des savons phéniques pour les usages ci-dessus cités, mais aussi des savons contenant jusqu'à 20 p. 100 d'acide phénique pour les maladies de la peau, et des acides phéniques très purs pour les besoins de la médecine et de la chirurgie, tant pour l'usage interne que pour l'usage externe.

L'acide phénique en solution et en poudre phéniquée a joué un grand rôle dans les moyens curatifs et désinfectants mis en usage par les médecins allemands dans la guerre de 1870 à 1871.

L'engrais minéral assainit comme le chlore, détruit les miasmes infectieux comme l'acide phénique, et jouit en outre de propriétés curatives spéciales qu'aucun corps connu ne présente encore, en agissant énergiquement sur les voies respiratoires et les poumons.

Examinons brièvement ces trois propriétés aussi importantes que distinctes.

J'ai placé dans un petit pot de la matière fécale en pleine fermentation, la plus puante que j'aie pu trouver, et me suis assuré, en la mélangeant avec de l'engrais minéral en poudre, qu'en moins de deux minutes la mauvaise odeur était tellement paralysée que l'odorat le plus délicat n'eût pu soupçonner la composition de la matière.

Le produit, devenu plus noir que ne le comportait la couleur de chacun des deux éléments séparés, se dessécha rapidement au soleil sans exhaler la moindre odeur décelant son origine, et devint le plus riche engrais que l'on pût rêver.

La vertu et les propriétés de l'engrais minéral opèrent et se révèlent avec une telle rapidité, par le simple contact, et aboutissent à un succès si complet, que j'ai la plus profonde conviction que dès qu'elles seront connues, partout des dispositions seront prises pour recueillir, enfermer, emprisonner avec le plus grand soin toutes les déjections humaines dans des fosses où, au moyen de la simple addition journalière de quelques poignées d'engrais minéral en poudre, elles se trouveront, au grand profit de tous, converties, pour moins d'un centime, en un engrais aussi énergique qu'inoffensif pour l'odorat.

Au triple point de vue du progrès agricole, du profit, de l'hygiène et de la salubrité publique, l'emploi de l'engrais minéral comme désinfectant sera une découverte de premier ordre.

Désormais plus de limons ou de vases malsaines, plus d'égouts écœurants, plus de foyers d'odeurs aussi dangereux que nauséabonds.

L'engrais minéral en poudre arrête subitement toute fermentation, prend corps à corps l'élément infectieux et, se combinant avec lui, neutralise ses effets funestes et le rend non-seulement inoffensif, mais encore précieux pour l'agriculture.

Mélangé avec la matière fécale, les boues infectes, le sang, les matières animales, il les convertit par son simple contact, sans manipulations multiples et coûteuses, de dangereuses et inutiles qu'elles étaient trop souvent, en une source nouvelle de fécondité et de richesses inappréciables.

Si l'engrais minéral détruit tout foyer d'infection, sa fumée et ses vapeurs, si on le jette sur un brasier ardent, s'élancent à leur tour pour combattre victorieusement toutes les émanations, gaz et odeurs méphitiques, quelle que soit leur nature, que recèle l'atmosphère, pour les neutraliser, les absorber et les tuer comme par enchantement.

La lutte est de si courte durée que l'air vicié se trouve subitement assaini avec une rapidité féerique. Tous ces germes, spores, molécules morbides, contagieux, épidémiques, dont nous ne connaissons que trop les affreux ravages, quoique leur composition et leur manière d'être échappent encore à nos investigations, tombent sous la puissance destructive de ces ennemis du mal.

Le bas prix et l'abondance de l'engrais minéral, joints à la facilité de son emploi, permettront d'aller combattre avec efficacité, jusqu'aux foyers d'où ils dérivent, ces terribles fléaux contagieux et épidémiques comme le choléra, la peste, la fièvre jaune, le typhus, la variole, etc., etc., contre lesquels tous les efforts de la science humaine sont jusqu'ici venus se heurter impuissants, et qui, dans leur marche rapide, déciment des populations entières. Il sera désormais facile de les attaquer dès leur apparition, de les suivre pas à pas, de les affaiblir sans cesse, et enfin de les détruire dans leur germe, non loin de leur berceau.

L'effrayante mortalité qui naît des réunions de malades, même dans les locaux spéciaux les mieux organisés, et des agglomérations d'hommes et de population, va disparaître pour la première fois.

Cette pourriture d'hôpital, qui fait le désespoir des chirurgiens militaires, et ces maladies contagieuses qui, dans les guerres, causent souvent plus de ravages que les batailles les plus sanglantes, n'existeront bientôt plus qu'à l'état de souvenir légendaire.

C'est surtout l'énergie de la puissance curative des fumées et gaz de l'engrais minéral dans les maladies des voies respiratoires et des poumons que je crois devoir signaler à mes lecteurs.

Et d'abord, indiquons dans quelles douloureuses circonstances j'ai été amené à faire les expériences qui m'ont mis sur la voie de cette miraculeuse découverte.

Un de mes enfants venait, malgré sa force et sa vigueur, de succomber, en juillet 1871, à l'âge de trois mois, aux atteintes de la coqueluche. Les soins les plus dévoués de sa mère, dont les bras furent, pendant les derniers jours de sa maladie, l'unique berceau ; son transport dans une autre localité ; la surveillance assidue et de tous les instants d'un médecin hors ligne, M. le docteur Froment, dont le cœur égale le talent, et qui poussa les bornes de l'amitié jusqu'à venir, ce dont je ne saurai lui prouver assez toute ma reconnaissance, s'installer près du chevet du petit malade pour suivre et combattre heure par heure toutes les phases du mal, ne purent le sauver. Tous les secours de la science la mieux entendue avaient été inutilement épuisés.

J'avais étudié cette maladie avec attention et cherché à en découvrir les causes, les effets et les remèdes. Ayant reconnu qu'elle prenait sa naissance dans un air vicié, je compris que c'était dans sa source même qu'il fallait l'attaquer.

Rejetant les extraits de belladone, le sirop de tolu et autres calmants et adoucissants, il me sembla que le docteur Rater, de Lyon, en systématisant le traitement de la coqueluche par l'aspiration des produits gazeux de la purification du gaz d'éclairage, était entré dans la véritable voie. De nombreux succès avaient répondu à l'emploi d'une méthode qui, cependant, je dois le constater, n'avait en certains cas fait qu'aggraver le mal et précipiter la catastrophe.

A quelle cause était due cette amélioration évidente dans les accidents de cette maladie? Les épurateurs dégagent de l'hydrogène carboné, de l'oxyde de carbone, de l'hydrogène sulfureux, des émanations goudronneuses et de l'ammoniaque. Quelques-uns de ces gaz sont sédatifs, d'autres excitants. Des expériences comparatives successivement faites sur l'un ou l'autre de ces gaz n'ont pas abouti au résultat que l'on devait espérer.

Si on se trouvait sur la voie de la solution du problème, elle était loin d'être atteinte.

. Un an après la perte de mon enfant, le même mal s'abattit avec un grave caractère d'intensité sur trois autres. Dans mon effroi, j'eus l'idée sublime de le traiter moi-même, sans le secours d'aucun médecin, par les fumigations d'engrais minéral. La réussite fut immédiate et dépassa toute attente.

C'est que j'avais constaté dans l'intervalle, par les nombreux essais que j'avais tentés sur la manière dont l'engrais minéral se conduisait au feu, que ses vapeurs avaient seules pu me délivrer d'un reliquat des fièvres paludéennes qui m'avaient miné pendant de longues années et dont la ténacité avait résisté aux traitements les plus variés et les plus énergiques. C'est que la science avait marché et que l'étude plus approfondie et plus complète des multiples éléments constitutifs de la houille avait fait soupçonner que c'était à la présence de l'acide phénique, de la paraphine, de la naphtaline et de la créosote qu'était due l'action bienfaisante des gaz émanés de la distillation de la houille.

A Lyon, où se continuaient avec le plus d'éclat les recherches qui avaient pris naissance dans cette ville, la science médicale venait de découvrir et d'inaugurer un traitement bien supérieur à tout ce qui avait été tenté jusqu'alors.

On était arrivé par des essais successifs à combiner le composé suivant :

Charbon de bois, 75. — Azotate de potasse, 2. — Naphtaline, 10. — Créosote, 8. — Acide phénique, 4. — Feuilles d'aconit pulvérisées, 0,75. —Mucilage de gomme adragante, 1. On mélangeait le tout et on en formait des trochisques d'un poids proportionnel au cube de la chambre où l'on devait opérer, en prenant 4 grammes par 10 mètres cubes. Deux fois par jour on en brûlait un dans la chambre où se trouvait l'enfant malade, que l'on laissait, pendant une heure, respirer dans cette nouvelle atmosphère. La coqueluche ainsi traitée diminuait rapidement d'intensité et n'avait qu'une faible durée.

L'étude minutieuse que j'avais faite de l'engrais minéral m'avait donné la certitude que non-seulement il contenait, en proportion notable, l'acide phénique, l'azotate de potasse, la créosote et la naphtaline, qui entraient dans la composition de ce remède, mais encore des résines aromatiques et désinfectantes, dont le suave parfum, jusqu'alors inconnu, devait concourir, d'une façon plus active encore, à la guérison désirée ; je ne m'étais pas trompé.

Renfermé avec mes enfants dans la chambre où brûlait l'engrais minéral, je pus constater une fois de plus, ce que je savais déjà, que ce gaz agréable et subtil dégageait le cerveau, facilitait la respiration, surexcitait sans fatigue toutes les forces de l'intelligence et plongeait l'être tout entier dans un bien-être et une gaieté de bon aloi.

L'esprit se sentait plus affranchi de la matière et semblait se trouver dans un monde meilleur ; toutes les fonctions physiques s'opéraient mieux dans ce milieu plus agréable, plus pur, plus léger, plus perfectionné et mieux approprié à notre fragile constitution. On eût dit la machine à vapeur, dont l'huile, introduite dans les rouages, rend les mouvements plus doux et plus naturels.

Les quintes et accès de toux, un moment avant si fatigants et si pénibles, diminuèrent bientôt, puis cessèrent comme par enchantement. Ce n'était plus qu'en riant qu'ils étaient acceptés par ces joyeux enfants.

Je ne saurais rendre la profonde émotion avec laquelle je remerciai le Seigneur de la magnifique découverte à laquelle il m'était donné d'assister le premier, et dont je saisissais toute la portée au point de vue du perfectionnement de la vie et du baume apporté aux douleurs de l'humanité.

La plupart des maladies qui nous affligent, et pour la guérison desquelles la science humaine est restée, malgré ses progrès, complétement impuissante, proviennent de l'irritation des bronches et voies respiratoires.

Aussi je ne doute pas que, dans un temps bien court, cette nouvelle thérapeutique, née de la découverte de l'engrais minéral, une fois qu'elle sera appliquée avec intelligence et attention, ne vienne révolutionner entièrement l'art de guérir et n'ait pour résultat aussi prochain qu'inévitable de prolonger et de fortifier la vie humaine, en abrégeant ses souffrances. Mon rôle n'est pas ici de chercher à découvrir quelles sont les causes réelles des propriétés curatives de l'engrais minéral ; je n'ai qu'à enregistrer des faits positifs, certains, que j'ai expérimentés moi-même, et à faire connaître qu'il renferme de l'acide phénique, de la paraphine, de la naphtaline, de la créosote, du chlore, de l'azotate de potasse, du soufre, et surtout des résines aromatiques d'essences disparues du globe depuis bien des révolutions géologiques, et dont nous ne pouvons qu'entrevoir les vertus inconnues.

A d'autres plus savants que moi se trouve dévolue la belle tâche d'expliquer comment toutes ces substances réunies assainissent l'air, fortifient les organes intérieurs et surtout les voies respiratoires, leur enlèvent toute irritation, et de tirer des faits nouveaux que je viens de révéler les conséquences, les déductions, les applications qu'ils comportent et qui se présentent en foule à l'esprit enivré et enthousiasmé de la découverte d'horizons si beaux et si vastes, jusqu'ici entièrement soustraits à nos regards.

L'étude approfondie des moyens dont Dieu s'est servi pour, avec l'aide du temps, convertir les substances les plus rebelles et les plus contraires à la constitution de l'homme en remèdes complexes les plus énergiquement efficaces que nous puissions concevoir, est bien digne de nos profondes méditations et de notre plus entière admiration.

Les miasmes putrides qui s'exhalaient de la fange infecte, pétrie des substances animales, végétales et minérales en putréfaction, qui formaient les rivages de la mer liassienne, étaient tellement épais et mortels que non-seulement l'homme n'eût pu les respirer impunément, mais qu'aucun mammifère n'a vécu et n'eût pu vivre à cette époque.

De cette fange durcie, modifiée, débarrassée de toutes les émanations contagieuses, transformée en un mot, est sorti l'engrais minéral dont les éléments se trouvent être devenus les plus désinfectants que nous connaissions, attirant à eux pour les absorber, leur enlever tout venin et les rendre utiles à la végétation, les substances gazeuses et moléculaires les plus dangereuses et les plus nuisibles à la vie animale.

De la mort devait naître, au jour lointain où l'homme apparaîtrait, bien postérieurement, après de longues périodes géologiques, et à l'heure où il sortirait de l'enfance, une vie nouvelle qui l'aiderait à gravir sans efforts les pentes les plus abruptes du progrès et à atteindre rapidement à l'apogée de sa puissance sur la terre.

La présence dans l'engrais minéral de la créosote, de la naphtaline, de la paraphine, et surtout de l'acide phénique, découvert par Rouge dans le goudron de houille et bien étudié par Laurent, des résines spéciales de la flore liassienne, des molécules impalpables de son charbon ligniteux, doué à un si haut degré du pouvoir absorbant et épurateur, du chlore, du soufre, du fer, de la potasse, les puissantes réactions qui s'effectueront au contact de l'air et de l'eau lorsqu'il sera réduit en poudre, constituent la matière désinfectante par excellence, non-seulement des substances solides et liquides en fermentation, mais encore des poussières, gaz et miasmes contagieux qui trop souvent empoisonnent l'atmosphère.

L'engrais minéral, mélangé en tout pays, mais surtout dans la zone torride, aux terres vierges, humides et marécageuses, arrêtera, emmagasinera et détruira toutes les vapeurs nuisibles qu'elles laissent aujourd'hui échapper, et supprimera dans leur source toutes ces fièvres et maladies épidémiques qui déciment si cruellement les populations du globe.

Le défrichement ne sera plus ce combat aussi meurtrier que nécessaire, où la nature et l'humanité se heurtant l'une contre l'autre, cette dernière, vaincue à l'avance, subit des pertes si effrayantes.

Ces miasmes qui, jusqu'ici, ont offert un danger permanent pour la vie de l'homme et des animaux, absorbés désormais par le réseau que formera dans le sol l'engrais minéral, deviendront, en l'enrichissant encore, l'auxiliaire le plus puissant de la végétation.

Cet ennemi indompté, le plus destructif et le plus acharné de ceux qui arrêtent le développement de la puissance de l'homme sur la terre, va devenir, une fois enchaîné, l'agent le plus actif et le plus efficace de sa grandeur.

Lorsque l'emploi de l'engrais minéral sera généralisé, toute maladie épidémique disparaîtra comme par enchantement sur un sol assaini et dans une atmosphère purifiée.

Toutes ces émanations dangereuses, toutes ces myriades de poussières, de corpuscules, d'animalcules infectieux et contagieux, qui échappent à notre vue et à notre action et sèment sur leur passage le choléra, la peste et tant de maladies épidémiques qui ont jusqu'à ce jour paralysé et entravé la marche de l'humanité, vont perdre tout venin, tout poison, toute action malfaisante, au seul contact des fumées et gaz qui s'échapperont de la combustion de l'engrais minéral, opérée dans les lieux malsains, les agglomérations d'hommes, les chambres de malades, les étables, voire même, en certaines circonstances, les places et rues publiques.

˗ Détruire le mal est un résultat qui, tout considérable qu'il paraisse, ne saurait suffire à l'œuvre de Dieu, qui ne peut être complétée que par l'active propagation du bien.

De même qu'il nous est permis de constater les conséquences aussi promptes que fatales du miasme infectieux sur les organes intérieurs de l'homme qu'il empoisonne, l'affaiblissement, le trouble, l'irritation, la perturbation et la décomposition qu'il occasionne, ainsi nous verrons agir en sens contraire la fumée et les gaz bienfaisants produits de la combustion de l'engrais minéral, qui, en assainissant, purifiant, rafraîchissant et fortifiant ces organes, viendront accroître et leur énergie et leur vitalité.

NOTE C, *page* 352.

Feu M. Dupont-Delporte, d'honorable mémoire, ancien député, mort préfet de la Haute-Marne, dans le numéro du 15 juillet 1869 du *Cultivateur bourguignon*, dont il était le

fondateur et le directeur, écrivait dans un article intitulé :
Engrais minéral de Belenet : « La *Gazette des Campagnes* a
publié une lettre de M. de Belenet, juge à Lure, qui annonce
la découverte d'un engrais minéral d'une puissance considérable. Nous reproduisons cette lettre. Si les espérances de
M. de Belenet se réalisent, si des convictions ardentes ne l'ont
pas conduit trop loin, il deviendra un des bienfaiteurs, un
des héros de l'agriculture. Pour notre part, nous l'engageons
à poursuivre vigoureusement son œuvre. »

Je m'empressai de remercier cet homme de bien, qui,
comprenant le rôle initiateur que doit jouer dans notre société moderne le grand propriétaire, avait consacré son cœur,
son temps, son intelligence, sa grande fortune et toutes ses
forces à créer des cultures modèles pour servir d'exemple aux
populations qui l'entouraient, et un journal pour répandre
au loin et faire fructifier, en les vulgarisant, les essais qu'il
avait lui-même expérimentés. Je lui répondis que l'engrais
minéral était l'œuvre de Dieu et non pas l'œuvre de l'homme,
qu'il y aurait à la fois profanation et mensonge à le couvrir
d'un nom usurpé qui ne pouvait que l'avilir.

Ma mission avait été de révéler et non de créer, et il ne
m'appartenait pas d'y faillir pour une misérable question de
vanité personnelle.

J'ai dû rechercher si la découverte de l'engrais minéral ne
pourrait pas, dans un grand nombre de circonstances parti-
culières et sociales, aider à tirer parti des masses énormes de
débris et détritus organiques qui généralement se perdent
inutiles sans profit pour personne.

Donnez à l'agriculture l'engrais qui lui est nécessaire, et
tous les autres biens en découleront naturellement. La première et la plus vive préoccupation du cultivateur intelligent
doit donc être d'augmenter la masse de ses engrais par tous
les moyens mis à sa disposition.

26*

Je possède dans le département de la Haute-Saône une vallée étroite et sauvage, traversée dans toute sa longueur par un ruisseau, éloignée de toute agglomération d'habitants, dite domaine de Saint-Berthaire, parce qu'elle a été arrosée du sang de ce martyr, d'une contenance d'une centaine d'hectares, entourée de toutes parts de magnifiques futaies et forêts communales et de bois de particuliers. Une partie se compose de friches incultes couvertes de fougères, de bruyères et de genévriers, que parcourt un rare bétail affamé.

Il y a là une source inépuisable de curures de ruisseau, de précieuses marnes calcaires, de plantes sauvages de toute nature qu'il convient d'utiliser.

Voici le plan que je compte suivre dès que j'aurai installé ma première usine ou fabrique d'engrais minéral.

Je ferai bétonner, à proximité d'une source, un large cercle de 7 à 8 mètres de diamètre, légèrement incliné, avec un cordon extérieur en relief, et des rigoles circulaires et droites tracées dans le sens de l'inclinaison et venant aboutir à un bassin également bétonné.

J'installerai, avec des pierres et des bois bruts, une espèce de châssis à quelques pouces du sol, de manière à faciliter et la circulation de l'air et l'écoulement du liquide. Ce châssis servira de base à ma meule ou tas d'engrais artificiel.

Je formerai cette meule de lits alternatifs ou superposés de fanes de pommes de terre, de feuilles d'arbres, de sarrasins coupés en vert, de curures de ruisseau, de fougères, de bruyères, de mousses et mauvaises herbes de toute nature, de balayures de rues, etc., etc., que je saupoudrerai d'engrais minéral, de plâtre, de marnes calcaires, de phosphates de chaux, de fazy ou résidus de place à charbon en poudre, en ayant soin de bien tasser le tout à l'aide de pilons et de bêches en acier tranchant.

Dans le bassin, dont les dimensions seront proportionnées

à celles de la meule, je jetterai toutes les matières fermentescibles les plus économiques que je pourrai me procurer dans le pays, du purin, des urines, de la colombine, des matières fécales, du sang, du crottin de cheval, des tourteaux de plantes oléagineuses pulvérisés, de la chaux vive ; puis, quelques jours après, du sel, des cendres que me donneront en abondance les combustions de mauvaises herbes, de la suie et quelque peu d'engrais minéral. Le tout sera bien délayé et bien mélangé dans l'eau dont on emplira le bassin pour en obtenir ce que Gauffret appelait son levain d'engrais.

J'arroserai abondamment, soit à l'aide d'une pompe rustique, ou, mieux encore, d'une chaîne à godets qui permettra de déverser au milieu même de la meule cette lessive, en ayant soin de renouveler cette opération à quelques jours de distance et de faciliter l'introduction du liquide dans la meule au moyen de trous que j'y ferai pratiquer à l'aide d'une barre de fer.

La masse s'échauffera rapidement, fumera, et la fermentation sera assez active, surtout après trois ou quatre arrosages, pour que la température puisse s'élever de 60 à 75 degrés au centre de la meule.

On réglera, du reste, la fermentation selon la nature des matières premières utilisées.

Au bout de 15 à 20 jours, la décomposition des matières sera assez avancée pour qu'elles puissent être employées comme engrais.

L'addition dans la proportion de 5 à 6 p. 100 d'engrais minéral dans cette fabrication donnera au produit obtenu une supériorité incontestable sur ceux que l'on prépare aujourd'hui d'après la même méthode.

Je n'oserais pas affirmer que ces engrais seront, relativement à leur pouvoir fertilisant, beaucoup plus économiques que le fumier de ferme ; mais je ne serai démenti par personne en donnant l'assurance qu'ils fourniront, en utilisant les attelages, le travail des femmes, des vieillards et des enfants, le temps perdu, toutes choses avec lesquelles on ne compte guère dans les campagnes, un supplément d'une extrême utilité, que l'on n'irait certainement point acheter près du marchand d'engrais industriels.

Au moment où j'écris la dernière ligne de cette étude, les cloches sonnent à toute volée et se mêlent aux ardentes prières réunies des habitants de la ville et des communes voisines. La longue procession, avec ses mille bannières déployant leurs couleurs variées, déroule ses plis sinueux sur le flanc de la montagne qu'elle enserre, et monte lentement, invoquant la miséricordieuse intercession de Notre-Dame de la Motte de Vesoul, qui, du sommet de ce vaste piédestal, étend au loin sa grâce protectrice.

Ne repoussez pas, Vierge sainte, nos humbles supplications, et ne rejetez pas cet essai informe inspiré par l'amour de Dieu, du roi et du pays !

Que la blanche oriflamme qui flotte au plus haut de l'édifice soit bientôt la seule qui guide et réunisse tous les enfants de cette France qui vous est consacrée, et que vous avez toujours comblée, entre toutes les nations, de faveurs spéciales.

Vesoul, 15 août 1873.

TABLE DES MATIÈRES.

BESANÇON, IMPRIMERIE DE J. JACQUIN.

L'étude sur l'*Engrais minéral* se vend, prise chez l'auteur, M. de Belenet, juge au tribunal civil de Vesoul (Haute-Saône), au prix de 3 francs.

Elle sera expédiée franco à toute personne qui en fera la demande affranchie, en y joignant 3 fr. 50 c. en timbres-poste, en un mandat sur la poste ou en un chèque à vue sur l'une des grandes Sociétés de Paris, à son choix.

Toute demande de cinq exemplaires donnera droit à un sixième gratuit.

———

Tout journal ou recueil périodique est autorisé à reproduire la présente étude, en tout ou en partie, mais seulement jusqu'au 1ᵉʳ juillet 1874, et sous la condition expresse d'insérer, à chaque publication, l'avis ci-dessus.